POMOLOGIE GÉNÉRALE

PAR A. MAS

SUITE DE LA PUBLICATION PÉRIODIQUE

LE VERGER

TROISIÈME VOLUME

POIRES — N⁰ˢ 97 à 192

BOURG (AIN)	PARIS
CHEZ Mᵐᵉ ALPHONSE MAS	LIBRAIRIE DE G. MASSON
Rue Lalande, 20.	Boulevard St-Germain, 120

1878

POMOLOGIE GÉNÉRALE

POIRES

TOME TROISIÈME

POMOLOGIE GÉNÉRALE

PAR A. MAS

SUITE DE LA PUBLICATION PÉRIODIQUE

LE VERGER

TROISIÈME VOLUME

POIRES — Nos 97 à 192

BOURG (AIN)
CHEZ Mme ALPHONSE MAS
Rue Lalande, 20.

PARIS
LIBRAIRIE DE G. MASSON
Boulevard St-Germain, 120

1878

Bourg, imprimerie Villefranche.

ALPHONSE MAS

ET SES ŒUVRES

Le 15 novembre 1875, la mort frappait Alphonse Mas dans la force de l'âge, il avait alors 58 ans. Il y a de cela trois ans et sa perte a laissé un vide immense qui n'a pas été comblé.

Alphonse Mas n'était pas effectivement un homme ordinaire ; à une intelligence rare, il joignait un esprit d'observation pour ainsi dire innée. Curieux des choses de la nature, il s'était adonné dès sa jeunesse à la botanique ; puis, spécialisant ses études, il en était arrivé à consacrer tout son temps à la culture et à l'étude des arbres fruitiers.

Originaire de Lyon, il se fixe à Bourg-en-Bresse (Ain) à la suite de son mariage ; libre de son temps, possesseur d'une fortune plus que suffisante pour ses goûts modestes, il crée un jardin pomologique où il rassemble d'abord les variétés d'élite ; mais ce jardin s'agrandira d'année en année, et M. Mas arrivera à y réunir les collections les plus riches et les plus complètes qu'il soit donné de voir.

Ce n'est pas pour un vain plaisir d'amateur et d'amour-propre qu'Alphonse Mas collectionne et qu'il étudie en même temps les meilleurs modes de culture ; sa nature généreuse, son esprit d'initiative en feront un propagateur ardent, et son unique ambition sera de répandre autour de lui les connaissances acquises. Il s'astreindra à des cours théoriques et pratiques ; il formera une pépinière de jardiniers ; il fondera une société d'horticulture modèle, et de longtemps ses auditeurs n'oublieront la clarté d'expression, la sûreté de méthode du professeur en même temps que la générosité du propriétaire, car ses collections sont à la disposition de tous.

Cet enseignement par la parole qui plus tard devait s'étendre à bien des régions, et même à l'étranger, à la suite des Congrès pomologiques qu'il présidera, ne lui suffit plus : Alphonse Mas comprend qu'il se doit, qu'il doit à son pays un monument plus durable, il entreprend Le Verger.

Je n'ai pas à revenir sur cet ouvrage où sont classés et appréciés de main de maître près de 800 fruits : qu'il me soit permis seulement d'insister, une fois pour toutes, sur la fidélité de la description. Avec M. Mas pas de compilation, pas de plagiats déguisés, pas de conjectures hasardées ; tout est étudié sur nature, tout est pris sur le fait, tout est *conscience* ; et qu'on le sache bien, cette qualité est rare !

Certes l'auteur s'entourera de tous les renseignements désirables ; il consultera les écrits anciens et nouveaux, car sa bibliothèque pomologique est des plus complètes. Il fera appel, non seulement aux auteurs français, mais encore à ceux de l'étranger, car il entend leurs langues : mais le *criterium*, le dernier mot, il ira toujours le demander à son jardin.

Le *Verger* n'était pas achevé qu'Alphonse Mas conçoit l'idée du *Vignoble*, digne pendant de la première publication. Il est impossible effectivement de nier l'utilité de l'une et de l'autre, et toutes les qualités de la première se retrouvent dans la seconde. Pour cette œuvre Alphonse Mas s'était adjoint un collaborateur ; je n'ai pas à faire l'éloge de celui-ci : son premier titre est d'avoir été choisi par M. Mas ; le second est de poursuivre l'œuvre commencée. Le *Vignoble* s'achèvera, il s'achèvera dans les conditions du début, et tous les viticulteurs doivent à M. Pulliat de la reconnaissance et un concours actif.

Le Verger n'avait fait qu'effleurer les richesses pomologiques rassemblées de toute part ; Alphonse Mas veut compléter son œuvre, il entreprend la *Pomologie générale*, suite naturelle du *Verger*. Même format, mêmes caractères d'impression, description tout aussi détaillée, tout aussi consciencieuse ; la seule différence consiste dans la gravure : les fruits sont peints dans *Le Verger*, ils ne sont figurés qu'au trait dans la *Pomologie générale*. Le prix forcément élevé de la première publication, 25 fr. le volume, n'est plus que de 12 fr. dans la seconde. Deux volumes paraissent et c'est à ce moment que la mort interrompt violemment l'œuvre poursuivie avec tant de constance.

La fatale nouvelle ne tarde pas à se répandre, les témoignages de regrets, d'estime et de considération affluent de toutes parts, de l'étranger comme de la France, car Alphonse Mas est depuis longtemps en relation suivie avec les pomologues les plus distingués de l'Angleterre, de l'Allemagne, de l'Amérique, et le Congrès de Gand, qu'il a si brillamment présidé, vient à peine de se clore. Chacun d'exalter à l'envi son intelligence supérieure, son instruction solide, ses connaissances pratiques, son esprit d'observation et toutes les qualités qui ont fait de lui, je ne crains pas de le dire maintenant que je ne risque plus d'effaroucher son extrême modestie, le pomologue le plus marquant de son époque ! Mais en même temps, plus on admire l'ensemble de l'œuvre, plus on regrette de la voir inachevée.

Je viens donc aujourd'hui, porteur d'une bonne nouvelle : Alphonse Mas n'est pas mort tout entier, ses travaux sont beaucoup plus avancés qu'on ne l'a cru. Il laisse après lui non-seulement des matériaux, mais des études complètes, qui n'attendent que l'impression.

Ces précieux manuscrits sont restés entre les mains pieuses et dévouées de la compagne de sa vie ; il fallait laisser agir le temps. Maintenant qu'il a remplacé par une sainte résignation les cuisants chagrins des premières années, Mme Alexandrine Mas se fait un devoir de livrer au public les derniers travaux de son mari.

Nulle idée de spéculation ne saurait entrer dans sa pensée ; elle prévoit au contraire des embarras nombreux. « Je tiens, m'écrit-elle, à acquitter une double dette : dette d'affectueuse vénération pour l'auteur ; dette de reconnaissance envers les souscripteurs et les amis de M. Alphonse Mas. »

Ces sentiments seront compris, nous n'en doutons pas ; les souscripteurs anciens qui possèdent déjà les divers volumes du *Verger*, du *Vignoble* et de la *Pomologie générale*, tiendront à compléter ce dernier ouvrage ; et des souscripteurs nouveaux voudront, en se procurant les anciens, réunir les œuvres d'un homme dont le nom restera dans les fastes de la pomologie, et qui sera toujours un guide aussi sûr qu'éclairé.

Sept nouveaux volumes seront publiés successivement et dans l'espace de trois années : les quatre premiers volumes traiteront des poires, les trois autres : des pommes, prunes et cerises. — Chaque volume contiendra autant de matières que ceux déjà parus, 200 pages environ ; le format, le papier, la typographie seront exactement semblables, les mêmes soins seront apportés aux figures ; le prix seul sera abaissé aux dernières limites, de façon à couvrir strictement les frais ; un avantage marqué sera fait aux souscripteurs. Je le répète en finissant : l'œuvre d'Alphonse Mas n'est pas une œuvre *continuée* ou *retouchée*, elle appartient toute entière à l'*Auteur*, et son travail est aussi complet, aussi achevé dans les volumes manuscrits, que dans les deux précédemment publiés. Il était donc impossible de les laisser dans l'ombre ; et l'opinion publique sera reconnaissante envers Mme Mas de sa généreuse détermination.

Quant à moi, je la remercie sincèrement de m'avoir fourni l'occasion de rendre un nouvel hommage au maître et à l'ami.

De MORTILLET.

Meylan, près Grenoble, 15 novembre 1878.

AVIS IMPORTANT

Le texte manuscrit de M. Alphonse Mas ayant été scrupuleusement reproduit, nous avons dû laisser en blanc la description des *Fleurs* manquant à quelques fruits.

L'impression de ce volume était terminée, lorsque nous avons trouvé ces *descriptions* parmi les notes que l'auteur n'avait pu transcrire ; nous les donnons ici pour compléter l'ouvrage.

N° 99. MUNGO-PARK.

Fleurs petites ; pétales ovales ou ovales-elliptiques, peu concaves, à onglet très-court, se touchant entre eux ; divisions du calice extraordinairement courtes, larges, peu recourbées ; pédicelles très-courts, un peu forts et un peu laineux.

N° 169. FONDANTE DES CÉLESTINES.

Fleurs petites ; pétales arrondis ou elliptiques-arrondis, bien concaves, à onglet très-court, se recouvrant un peu entre eux ; divisions du calice courtes, épaisses, peu recourbées ; pédicelles courts, assez grêles, un peu laineux.

N° 176. BOUVIER D'AUTOMNE.

Fleurs très-petites ou petites ; pétales ovales-elliptiques, un peu allongés et peu larges, peu concaves, à onglet court, écartés entre eux ; divisions du calice moyennes, finement aiguës et peu recourbées ; pédicelles moyens, très-grêles et peu duveteux.

N° 182. MALVOISIE DE LANSBERG.

Fleurs grandes ; pétales ovales-elliptiques, à onglet peu long, peu concaves, peu écartés entre eux ; divisions du calice moyennes, larges, peu recourbées ; pédicelles moyens, forts et assez laineux.

N° 189. KING.

Fleurs bien petites ; pétales elliptiques-arrondis ou parfois tronqués à leur sommet, un peu concaves, à onglet court, un peu écartés entre eux ; divisions du calice courtes, bien finement aiguës, peu recourbées ; pédicelles courts, un peu forts, peu duveteux.

POMOLOGIE GÉNÉRALE

BEAUVALOT

(N° 97)

Notices pomologiques. DE LIRON D'AIROLES.
The Fruits and the fruit-trees of America. DOWNING.

OBSERVATIONS. — D'après M. de Liron d'Airoles, cette variété aurait été obtenue de semis faits de 1816 à 1820 par M. Sageret. — M. Decaisne, et après lui M. André Leroy, ont cru devoir la réunir comme synonyme à la poire Augier. Si l'origine de la Beauvalot pouvait être contestée, malgré l'indication positive de M. de Liron d'Airoles, je puis affirmer qu'elle constitue une variété bien distincte, et je n'aurais qu'à citer comme un signe caractéristique bien sensible, les épines et les dards anticipés qui se produisent presque toujours sur les rameaux de l'arbre de la Beauvalot et qui manquent entièrement sur celui de la poire Augier. La différence entre les fruits de l'une et de l'autre n'est pas moins grande, comme le prouvent les deux descriptions que j'en donne. — L'arbre, de végétation assez maigre sur cognassier, ne se prête pas facilement aux formes régulières. Sa fertilité, peu précoce, devient bonne par la suite, et son fruit est seulement de seconde qualité.

DESCRIPTION.

Rameaux peu forts, unis dans leur contour, coudés à leurs entre-nœuds, de couleur brune ; lenticelles blanches, larges, tantôt arrondies, tantôt allongées, assez nombreuses et bien apparentes.

Boutons à bois gros, coniques, épais, à pointe courte, à direction presque parallèle au rameau, soutenus sur des supports saillants dont les côtés et l'arête médiane ne se prolongent pas ; écailles d'un marron presque noir et presque entièrement recouvert de gris argenté.

Pousses d'été bien fluettes, d'un vert décidé, lavées de rouge brun terne du côté du soleil, presque glabres à leur sommet.

Feuilles des pousses d'été moyennes, ovales, se terminant un peu brusquement en une pointe courte, un peu repliées sur leur nervure médiane et peu arquées, bordées de dents peu profondes et obtuses, retombant bien sur des pétioles de moyenne longueur, très-grêles et flexibles.

Stipules courtes, très-fines et très-caduques.

Feuilles stipulaires très-fréquentes.

Boutons à fruit petits, conico-ovoïdes, à pointe longue ; écailles d'un beau marron très-foncé et bordé de blanc argenté.

Fleurs moyennes ; pétales ovales, bien allongés, étroits, légèrement ondulés dans leur contour, souvent blancs avant l'épanouissement et bien écartés entre eux ; divisions du calice très-étroites, recourbées en dessous ; pédicelles courts, grêles et duveteux.

Feuilles des productions fruitières ovales-elliptiques, étroites et allongées, se terminant tantôt régulièrement, tantôt un peu brusquement en une pointe courte, peu repliées sur leur nervure médiane et un peu arquées, bordées de dents très-fines, très-peu profondes et émoussées, assez bien soutenues sur des pétioles longs, grêles et cependant raides.

Caractère saillant de l'arbre : teinte générale du feuillage d'un vert jaune et gai ; branchage et feuillage remarquablement menus ; dards anticipés très-fréquents.

Fruit petit, turbiné-piriforme, atteignant sa plus grande épaisseur bien au-dessous du milieu de sa hauteur ; au-dessus de ce point, s'atténuant assez sensiblement par une courbe d'abord légèrement convexe, puis un peu concave, en une pointe peu longue et un peu aiguë ; au-dessous du même point, s'arrondissant d'abord pour ensuite s'aplatir un peu autour de la cavité de l'œil.

Peau épaisse, ferme, un peu rude au toucher, d'abord d'un vert intense semé de points d'un brun verdâtre, assez nombreux, arrondis et saillants. On remarque aussi une tache d'une rouille brune, un peu épaisse, soit dans la cavité de l'œil, soit sur le sommet du fruit. A la maturité, **novembre**, le vert fondamental s'éclaircit un peu en jaune, et le côté du soleil se dore parfois légèrement.

Œil petit, ouvert, à divisions ordinairement caduques, placé dans une petite dépression plutôt que dans une cavité.

Queue courte, un peu forte, de couleur bois, attachée le plus souvent un peu obliquement à fleur de la pointe du fruit.

Chair d'un blanc très-légèrement jaunâtre, fine, fondante, suffisante en eau douce, sucrée, mais quelquefois pas assez relevée.

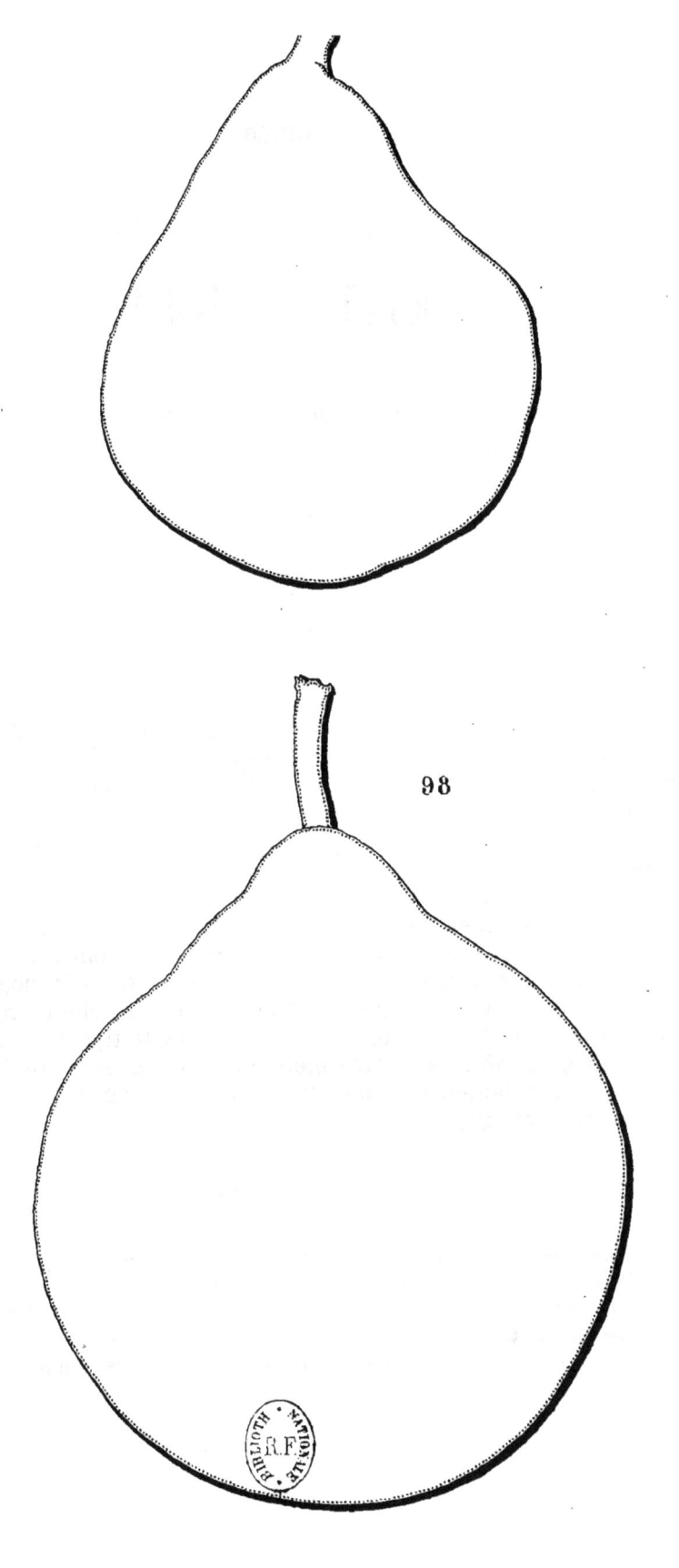

PETIT CATILLAC

(KLEINER KATZENKOPF)

(N° 98)

Pomona franconica. Mayer.
KLEINER (DEUTSCHER) KATZENKOPF. *Illustrirtes Handbuch der Obstkunde.* Jahn.

Observations. — Ce fruit, probablement d'origine allemande, comme l'indique M. Jahn, a des rapports de ressemblance avec notre ancien Catillac, mais il s'en distingue par son volume souvent moins développé, par l'époque bien plus précoce de sa maturité, par sa chair moins cassante, plus sucrée et non entachée d'âpreté. Quelques auteurs ont donné le nom Kleiner deutscher Katzenkopf comme synonyme au Gelber Löwenkopf ou Rateau blanc; la variété que je décris ici, et que je tiens de M. Jahn, n'a aucun rapport de ressemblance avec cette variété ancienne et bien connue.— L'arbre, de grande vigueur aussi bien sur cognassier que sur franc, s'accommode bien des formes régulières et surtout de celle de pyramide ou de vase. Sa véritable destination est la haute tige dans le verger de campagne, où il peut être bien apprécié par sa rusticité et ses récoltes abondantes et soutenues, formant une excellente provision de ménage.

DESCRIPTION.

Rameaux forts, unis dans leur contour, un peu flexueux, à entre-nœuds de moyenne longueur ou un peu longs, d'un brun vineux très-foncé; lenticelles grisâtres, larges, arrondies, rares et un peu apparentes.
Boutons à bois moyens, coniques, courts, très-épais et courtement aigus, à direction écartée du rameau, soutenus sur des supports un peu

saillants dont les côtés et l'arête médiane ne se prolongent pas ; écailles d'un marron rougeâtre sombre et terne.

Pousses d'été d'un vert intense, bien colorées de rouge et duveteuses à leur sommet.

Feuilles des pousses d'été moyennes ou assez petites, elliptiques ou ovales-arrondies, se terminant un peu brusquement en une pointe un peu longue et bien aiguë, bien creusées en gouttière et arquées, bordées de dents peu profondes, inégalement écartées entr'elles et émoussées, bien soutenues sur des pétioles courts, grêles et redressés.

Stipules en alênes fines et de moyenne longueur.

Feuilles stipulaires manquant ordinairement.

Boutons à fruit gros, conico-ovoïdes, épais, courtement aigus ; écailles d'un marron très-foncé et un peu noir.

Fleurs grandes ; pétales elliptiques-arrondis, bien concaves, se recouvrant peu entre eux ; divisions du calice un peu longues et recourbées en dessous ; pédicelles de moyenne longueur, forts et peu duveteux.

Feuilles des productions fruitières grandes, ovales-élargies ou elliptiques-arrondies, se terminant plus ou moins brusquement en une pointe très-courte et très-fine, largement concaves, bordées de dents très-fines, extraordinairement peu profondes et émoussées ou souvent presque entières, assez peu soutenues sur des pétioles de moyenne longueur, de moyenne force et un peu souples.

Caractère saillant de l'arbre : teinte générale du feuillage d'un vert herbacé vif et brillant ; feuilles des pousses d'été très-épaisses et très-fermes ; la plupart des feuilles tendant à la forme arrondie.

Fruit gros, ovoïde-piriforme et très-ventru, uni dans son contour, atteignant sa plus grande épaisseur peu au-dessous du milieu ou presque au milieu de sa hauteur ; au-dessus de ce point, s'atténuant brusquement par une courbe d'abord bien convexe puis largement concave en une pointe plus ou moins maigre, obtuse ou presque aiguë à son sommet ; au-dessous du même point, s'atténuant par une courbe largement convexe, pour diminuer sensiblement d'épaisseur vers la cavité de l'œil.

Peau un peu épaisse, d'abord d'un vert assez décidé semé de points bruns, larges, bien régulièrement espacés et bien apparents ; souvent un nuage d'une rouille fine couvre le sommet du fruit et les bords de la cavité de l'œil, et manque ordinairement sur le reste de sa surface. A la maturité, **octobre, novembre**, le vert fondamental passe au jaune citron, et le côté du soleil, sur les fruits bien exposés, est lavé d'un nuage de rouge brun.

Œil grand, fermé, placé dans une cavité étroite, peu profonde, plissée dans ses parois et presque unie par ses bords.

Queue courte, peu forte, ligneuse, attachée perpendiculairement à fleur de la pointe du fruit.

Chair blanche, grossière, demi-beurrée, bien abondante en eau assez sucrée, un peu vineuse et sans parfum bien appréciable.

MUNGO-PARK

(N° 99)

Sichere Füher. DOCHNAL.
Catalogue JAHN. 1864.
Catalogue JOHN SCOTT, de Merriott.

OBSERVATIONS. — Cette variété est un semis de Van Mons qu'il nomma probablement ainsi en l'honneur de Mungo-Park, le célèbre voyageur écossais. — L'arbre, de bonne vigueur sur cognassier, s'accommode bien des formes régulières et surtout de celle de pyramide. Sa fertilité est précoce et grande. Son fruit est de première qualité.

DESCRIPTION.

Rameaux peu forts, bien fluets à leur partie supérieure, presque unis dans leur contour, un peu flexueux, à entre-nœuds de moyenne longueur et très-inégaux entre eux, d'un vert jaunâtre du côté de l'ombre, lavés de rouge clair du côté du soleil ; lenticelles jaunâtres, un peu allongées, nombreuses et apparentes.

Boutons à bois petits, coniques, courts, épâtés, très-courtement aigus, à direction peu écartée du rameau, soutenus sur des supports peu saillants dont l'arête médiane se prolonge très-peu distinctement ; écailles d'un marron foncé et brillant.

Pousses d'été d'un vert clair, lavées de rouge et un peu duveteuses à leur sommet.

Feuilles des pousses d'été petites, exactement ovales, se terminant régulièrement en une pointe courte, à peine repliées sur leur nervure médiane et arquées, bordées de dents larges, écartées, profondes et un peu aiguës, s'abaissant plus ou moins sur des pétioles courts, grêles, un peu redressés et flexibles.

Stipules en alènes de moyenne longueur ou un peu longues.

Feuilles stipulaires manquant ordinairement.

Boutons à fruit moyens, coniques, un peu aigus ; écailles d'un marron clair, bordées d'un marron foncé.

Fleurs . . . .

Feuilles des productions fruitières beaucoup plus grandes que celles des pousses d'été, ovales-allongées et souvent un peu élargies, se terminant régulièrement en une pointe finement aiguë, très-peu repliées sur leur nervure médiane, et souvent bien arquées, bordées de dents peu profondes, couchées, émoussées ou peu aiguës, se recourbant sur des pétioles longs, grêles, redressés et un peu fermes.

Caractère saillant de l'arbre : teinte générale du feuillage d'un vert pré clair et vif ; feuilles des pousses d'été très-largement dentées ; grande différence de proportion entre les feuilles des pousses d'été et celles des productions fruitières ; tous les pétioles plus ou moins grêles.

Fruit petit, turbiné-piriforme et bien ventru, uni dans son contour seulement à sa partie supérieure, atteignant sa plus grande épaisseur bien au-dessous du milieu de sa hauteur ; au-dessus de ce point, s'atténuant par une courbe d'abord convexe puis brusquement concave, en une pointe un peu longue, maigre et aiguë à son sommet ; au-dessous du même point, s'arrondissant par une courbe bien convexe jusque dans la cavité de l'œil.

Peau un peu épaisse, d'abord d'un vert très-pâle semé de points fauves, très-petits, assez nombreux et peu apparents. Une rouille très-fine, jaunâtre, couvre ordinairement le sommet du fruit. A la maturité, **octobre**, le vert fondamental passe au jaune paille blanchâtre, et le côté du soleil est à peine un peu doré.

Œil petit, fermé, placé dans une cavité peu profonde, évasée, divisée dans ses parois et par ses bords en des côtes épaisses et aplanies qui se prolongent souvent, mais très-obscurément, jusque vers le ventre du fruit.

Queue courte, forte, charnue, attachée à fleur de la pointe du fruit.

Chair blanche, très-fine, très-fondante, sans pierre, abondante en eau sucrée, relevée et agréablement parfumée.

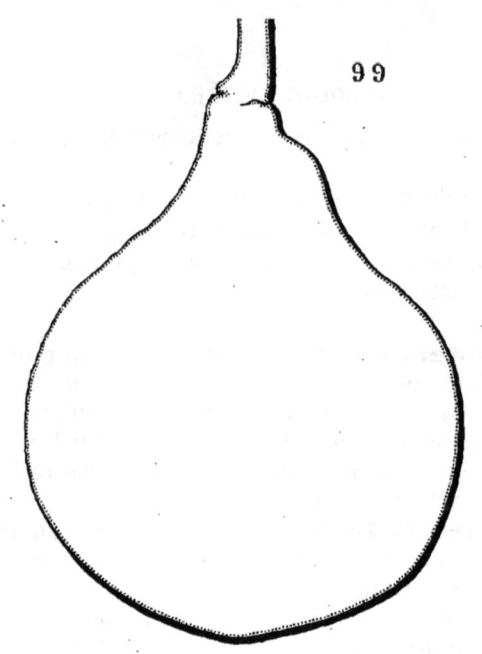

99

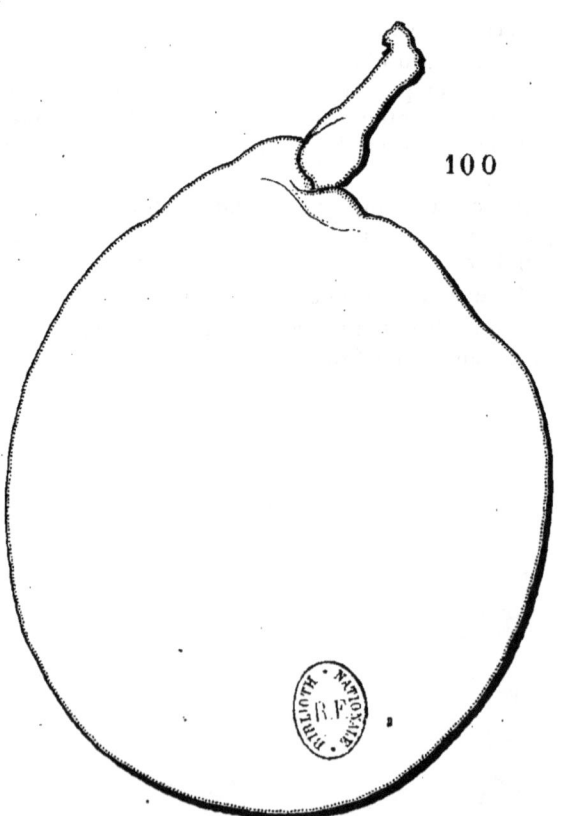

100

ANGÉLIQUE LECLERC

(N° 100)

Dictionnaire de pomologie. André Leroy.
The Fruits and the fruit-trees of America. Downing.
Catalogue John Scott, de Merriott.

Observations. — Cette variété est le résultat d'un semis de M. Léon Leclerc, de Laval (Mayenne). Elle fut propagée, en 1861, par son ancien jardinier, M. Hutin, devenu depuis pépiniériste, et fut dédiée, par lui, à l'une des filles du député pomologiste. — L'arbre, de vigueur normale sur cognassier, s'accommode assez bien des formes régulières. Sa fertilité est assez précoce et bonne. Son fruit est de première qualité.

DESCRIPTION.

Rameaux de moyenne force, presque unis dans leur contour, presque droits, à entre-nœuds de moyenne longueur, d'un gris jaunâtre terne ; lenticelles blanchâtres, un peu larges, nombreuses et apparentes.

Boutons à bois petits, courts, un peu épais, très-courtement et finement aigus, à direction peu écartée du rameau, soutenus sur des supports très-peu saillants dont l'arête médiane ne se prolonge pas ou très-peu distinctement ; écailles d'un marron rougeâtre très-foncé.

Pousses d'été d'un vert très-clair, très-légèrement lavées d'un rouge terne à leur sommet et un peu duveteuses sur toute leur longueur au premier moment de leur végétation.

Feuilles des pousses d'été moyennes ou assez grandes, ovales-arrondies ou ovales bien élargies, s'atténuant promptement pour se terminer plus ou moins brusquement en une pointe longue et large, repliées sur leur nervure médiane et arquées, bordées de dents larges, peu profondes et obtuses, s'abaissant un peu sur des pétioles assez courts, de moyenne force et un peu souples.

Stipules longues, lancéolées-étroites.

Feuilles stipulaires fréquentes.

Boutons à fruit gros, conico-ovoïdes, un peu allongés et courtement aigus; écailles d'un beau marron rougeâtre foncé.

Fleurs moyennes; pétales ovales-élargis, concaves, à onglet long, écartés entre eux; divisions du calice de moyenne longueur, étroites et peu recourbées en dessous; pédicelles assez courts, de moyenne force et un peu duveteux.

Feuilles des productions fruitières plus grandes, plus allongées que celles des pousses d'été, ovales un peu élargies, se terminant régulièrement en une pointe très-courte, bien creusées en gouttière et bien arquées, bordées de dents très-écartées, extraordinairement peu profondes, ordinairement peu appréciables, se recourbant sur des pétioles longs, forts et divergents.

Caractère saillant de l'arbre : teinte générale du feuillage d'un beau vert vif et brillant; toutes les feuilles bien creusées en gouttière ou repliées sur leur nervure médiane et bien arquées.

Fruit moyen, ovoïde, un peu épais, uni dans son contour, atteignant sa plus grande épaisseur peu au-dessous du milieu de sa hauteur; au-dessus de ce point, s'atténuant par une courbe peu convexe et une pointe peu longue, assez épaisse et obtuse à son sommet; au-dessous du même point, s'atténuant par une courbe largement convexe pour diminuer assez sensiblement d'épaisseur vers la cavité de l'œil.

Peau un peu épaisse, très-finement chagrinée, d'abord d'un vert clair semé de points d'un gris brun, très-petits, irrégulièrement espacés et peu apparents. Une rouille fine, de couleur fauve, couvre la dépression de l'œil. A la maturité, **octobre**, le vert fondamental passe au jaune citron clair et brillant, et le côté du soleil est chaudement doré ou, sur les fruits bien exposés, lavé d'un léger nuage de rose.

Œil grand, bien ouvert, à divisions étroites et bien étalées dans une dépression très-peu profonde, évasée et bien unie dans ses parois et par ses bords.

Queue courte, un peu forte, attachée obliquement à fleur de la pointe du fruit et semblant former sa continuation.

Chair jaunâtre, bien fine, tassée, beurrée, fondante, abondante en eau richement sucrée et agréablement parfumée.

POIRES

FORME DE CURTET

(N° 101)

Catalogue Bivort. 1851-1852.
Catalogue de Bavay. Pépinières royales de Vilvorde.
Catalogue Papeleu.
Catalogue Thiery, de Haelen.

Observations.—Cette variété est un gain de Van Mons.—L'arbre, d'une végétation un peu insuffisante sur cognassier, est d'une bonne vigueur sur franc et forme des pyramides d'une belle dimension, bien régulières, d'un rapport assez précoce, bon et soutenu. Son fruit est seulement de seconde qualité.

DESCRIPTION.

Rameaux assez peu forts, unis ou presque unis dans leur contour, presque droits, à entre-nœuds assez courts, d'un vert gai; lenticelles blanches, larges, très-largement espacées et bien apparentes.

Boutons à bois petits, très-courts, épatés, obtus, à direction très-peu écartée du rameau auquel ils sont presque appliqués, soutenus sur des supports peu saillants dont les côtés et l'arête médiane ne se prolongent pas ou indistinctement; écailles d'un marron noirâtre.

Pousses d'été d'un vert très-clair et teinté de jaune, non lavées de rouge à leur sommet et un peu duveteuses sur presque toute leur longueur.

Feuilles des pousses d'été moyennes, ovales-cordiformes, s'atténuant promptement pour se terminer brusquement en une pointe très-longue, creusées en gouttière et à peine arquées, bordées de dents bien couchées et peu aiguës, assez bien soutenues sur des pétioles longs, un peu forts et redressés.

Stipules très-courtes, filiformes et très-caduques.

Feuilles stipulaires manquant toujours.

Boutons à fruit moyens, ovo-ellipsoïdes, épais et obtus ; écailles d'un marron foncé largement bordé de gris blanchâtre.

Fleurs assez grandes ; pétales ovales-arrondis, à onglet long, peu concaves ; divisions du calice courtes, finement aiguës et peu recourbées en dessous ; pédicelles assez longs, grêles et cotonneux.

Feuilles des productions fruitières assez petites, ovales-elliptiques ou ovales-élargies, se terminant brusquement en une pointe longue, bien concaves, souvent largement ondulées dans leur contour, entières par leurs bords, bien soutenues sur des pétioles courts, très-grêles et fermes.

Caractère saillant de l'arbre : teinte générale du feuillage d'un vert bien clair, vif et brillant ; toutes les feuilles bien creusées en gouttière ou bien concaves et très-longuement acuminées ; tous les pétioles fermes.

Fruit petit, exactement turbiné, bien uni dans son contour, atteignant sa plus grande épaisseur au-dessous du milieu de sa hauteur ; au-dessus de ce point s'atténuant promptement par une courbe d'abord convexe puis à peine concave en une pointe courte, maigre et aiguë à son sommet ; au-dessous du même point s'arrondissant par une courbe bien convexe jusque vers l'œil.

Peau fine, mince, unie, d'abord d'un vert gai semé de points d'un gris vert, assez peu nombreux et très-peu apparents. On remarque parfois quelques traces de rouille sur la base du fruit et rarement sur sa surface. A la maturité, **septembre, octobre**, le vert fondamental passe au jaune citron clair ; les points, quoique petits, deviennent assez apparents et le côté du soleil se dore ou se lave d'un léger nuage de rouge.

Œil grand, ouvert, placé presque à fleur de la base du fruit dans une dépression très-peu profonde, très-évasée et plissée dans ses parois.

Queue assez courte, grêle, ligneuse, un peu épaissie à son point d'attache au rameau et souvent courbée, attachée à fleur de la pointe du fruit.

Chair blanche, demi-fine, demi-cassante, suffisante en eau douce, sucrée et légèrement parfumée.

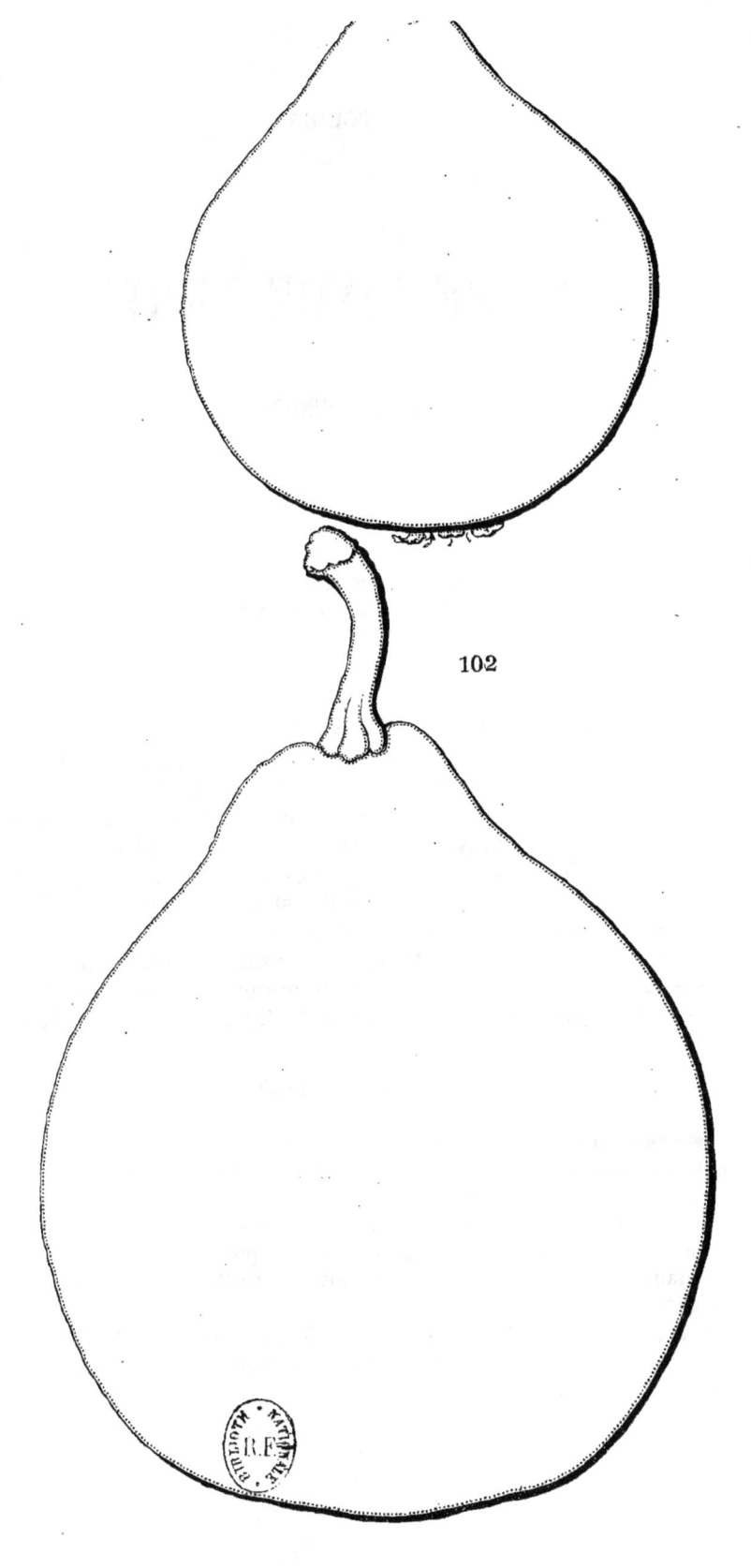

POIRE LIVRE VERTE

(GRUNE PFUNDBIRNE)

(N° 102)

Systematische Beschreibung der Kernobstsorten. Diel.
Illustrirtes Handbuch der Obstkunde. Jahn.
Pomologische Notizen. Oberdieck.
Sichere Führer. Dochnahl.

Observations.—Diel dit qu'il reçut cette variété de Cologne et ne donne pas d'autres renseignements sur son origine. — L'arbre, de vigueur bien contenue sur cognassier, s'accommode assez bien de toutes formes sur ce sujet. Sa véritable destination est la haute tige sur franc dans le verger de campagne. Sa fertilité est précoce et grande. Son fruit est seulement propre aux usages du ménage et doit être employé promptement, car il est sujet à blettir à l'intérieur, sans que rien dans son apparence annonce sa maturité. Ce caractère distingue bien cette variété de notre Poire Livre, de si longue conservation, qui est souvent aussi nommée Rateau gris, et que j'ai reçue d'Allemagne sous le nom de Présent royal de Naples.

DESCRIPTION.

Rameaux de moyenne force, anguleux dans leur contour, flexueux, à entre-nœuds longs, d'un vert olivâtre; lenticelles fines, allongées, peu nombreuses et peu apparentes.

Boutons à bois coniques-allongés, bien aigus, parallèles ou presque appliqués au rameau, soutenus sur des supports peu saillants dont l'arête médiane se prolonge bien distinctement; écailles d'un marron rougeâtre peu foncé.

Pousses d'été d'un vert d'eau peu foncé, à peine lavées de rouge à leur sommet et longtemps couvertes sur toute leur longueur d'un duvet court, blanc et cotonneux.

Feuilles des pousses d'été moyennes, ovales-allongées, se terminant presque régulièrement en une pointe un peu longue et bien recourbée en dessous, repliées sur leur nervure médiane et bien arquées, souvent largement ondulées dans leur contour, irrégulièrement festonnées plutôt que dentées par leurs bords, irrégulièrement soutenues sur des pétioles un peu longs, de moyenne force et redressés.

Stipules courtes, en alênes fines et très-caduques.

Feuilles stipulaires manquant le plus souvent.

Boutons à fruit moyens, conico-ovoïdes, un peu courts et bien aigus; écailles d'un marron rougeâtre peu foncé.

Fleurs moyennes; pétales bien arrondis, bien concaves, à onglet un peu long, se touchant entre eux; divisions du calice de moyenne longueur, finement aiguës et recourbées en dessous; pédicelles assez courts, peu forts et bien cotonneux.

Feuilles des productions fruitières de même grandeur et plus élargies que celles des pousses d'été, se terminant brusquement en une pointe très-courte et recourbée en dessous, peu repliées sur leur nervure médiane et bien arquées, souvent ondulées dans leur contour, entières ou irrégulièrement et très-peu profondément dentées par leurs bords garnis d'un duvet blanc et fin, retombant un peu sur des pétioles assez longs, très-grêles et un peu flexibles.

Caractère saillant de l'arbre : teinte générale du feuillage d'un beau vert d'eau vif et luisant; toutes les feuilles bien arquées ou même contournées et souvent ondulées dans leur contour ; tous les pétioles et les nervures des feuilles restant longtemps couverts d'un duvet blanc et soyeux.

Fruit gros, ovoïde-piriforme, uni dans son contour, atteignant sa plus grande épaisseur peu au-dessous du milieu de sa hauteur; au-dessus de ce point, s'atténuant par une courbe d'abord à peine convexe puis à peine concave en une pointe peu longue, épaisse et bien obtuse à son sommet; au-dessous du même point, s'atténuant par une courbe largement convexe pour diminuer assez peu sensiblement d'épaisseur vers la cavité de l'œil.

Peau épaisse, d'abord d'un vert vif semé de points d'un gris noir ou presque noirs, petits, extraordinairement nombreux, bien régulièrement espacés et bien distincts malgré leur petite étendue. Une tache d'une rouille fauve couvre ordinairement la cavité de l'œil. A la maturité, **octobre**, le vert fondamental s'éclaircit à peine en jaune et le côté du soleil se couvre d'un ton un peu plus chaud.

Œil très-grand, ouvert, à divisions larges, noirâtres, placé dans une cavité très-étroite, un peu profonde et ordinairement régulière.

Queue de moyenne longueur, forte, bien ligneuse, bien ferme, souvent contournée, de couleur bois, attachée entre des plis divergents sur la pointe du fruit.

Chair d'un blanc à peine teinté de vert, assez grossière, marcescente, demi-cassante, abondante en eau douce, sucrée et un peu musquée.

BEURRÉ LÉON REY

Notices pomologiques. DE LIRON D'AIROLES.
Revue horticole. LAUJOULET. 1862.
LÉON REY. *Dictionnaire de pomologie*. ANDRÉ LEROY.
Catalogue JOHN SCOTT, de Merriott.

OBSERVATIONS. — D'après M. Laujoulet, professeur d'arboriculture à Toulouse, cette variété aurait été obtenue par M. Rey, pépiniériste de cette ville. Son premier rapport eut lieu en 1861. — L'arbre, d'une végétation contenue sur cognassier, par son bois ferme et disposé à se maintenir garni de bonnes productions fruitières, s'accommode bien des formes de pyramide et de fuseau. Sans être très-vigoureux, il est rustique, d'une fertilité soutenue, et son fruit ne peut être d'un mérite douteux que par rapport à son volume, souvent un peu petit, et seulement pour des amateurs trop exigents.

DESCRIPTION.

Rameaux assez forts, souvent épaissis à leur sommet, unis dans leur contour, bien coudés à leurs entre-nœuds courts, d'un brun verdâtre ; lenticelles blanchâtres, très-larges, un peu nombreuses et bien apparentes.
Boutons à bois gros, coniques, aigus, à direction très-écartée du rameau, soutenus sur des supports bien renflés dont les côtés et l'arête médiane ne se prolongent pas ; écailles presque noires et largement bordées de gris blanchâtre.
Pousses d'été d'un vert clair sur presque toute leur longueur, un peu lavées de rouge clair et peu duveteuses à leur sommet.

Feuilles des pousses d'été moyennes, ovales-elliptiques, se terminant un peu brusquement en une pointe peu longue, peu repliées sur leur nervure médiane et non arquées, plutôt crénelées que dentées, soutenues à peu près horizontalement sur des pétioles de moyenne longueur, redressés et un peu flexibles.

Stipules moyennes, en alênes aiguës.

Feuilles stipulaires assez fréquentes.

Boutons à fruit moyens, conico-ovoïdes, bien allongés, finement aigus; écailles d'un marron rougeâtre foncé.

Fleurs petites; pétales presque elliptiques, bien arrondis à leur sommet, souvent irrégulièrement découpés par leurs bords, un peu roses avant l'épanouissement; divisions du calice longues, étroites, très-finement aiguës, étalées ou peu recourbées en dessous; pédicelles assez courts, grêles et glabres.

Feuilles des productions fruitières bien plus grandes que celles des pousses d'été, ovales bien élargies, se terminant un peu brusquement en une pointe large et courte, repliées sur leur nervure médiane et arquées, bordées de dents très-fines, très-peu profondes et émoussées, retombant peu sur des pétioles de moyenne longueur, forts, raides et redressés.

Caractère saillant de l'arbre : teinte générale du feuillage d'un vert gai et brillant; les plus jeunes feuilles légèrement lavées de rouge par leurs bords.

Fruit petit ou presque moyen, turbiné-sphérique, ordinairement uni dans son contour, atteignant sa plus grande épaisseur au-dessous du milieu de sa hauteur; au-dessus de ce point, s'atténuant par une courbe d'abord convexe puis à peine concave en une pointe courte, peu épaisse, un peu obtuse ou presque aiguë; au-dessous du même point, s'arrondissant par une courbe bien convexe pour ensuite s'aplatir un peu autour de la cavité de l'œil.

Peau un peu épaisse et ferme, d'abord d'un vert décidé semé de points bruns, larges, tantôt largement espacés, tantôt un peu plus rapprochés. Une tache de rouille brune, assez dense, couvre le sommet du fruit et la cavité de la queue, au dehors de laquelle elle s'étend sur la base du fruit. A la maturité, **fin de septembre, commencement d'octobre**, le vert fondamental passe au jaune citron brillant, sur lequel les points deviennent très-apparents, et sur les fruits bien exposés le côté du soleil est lavé d'un peu de rouge orangé.

Œil moyen, presque fermé, placé dans une cavité assez peu profonde et souvent largement évasée par ses bords.

Queue courte, un peu forte, un peu élastique, attachée le plus souvent obliquement à fleur de la petite pointe du fruit, ou rarement dans un pli charnu.

Chair blanche, un peu transparente, demi-fine et un peu pierreuse vers le cœur, cependant bien juteuse et abondante en eau richement sucrée et parfumée.

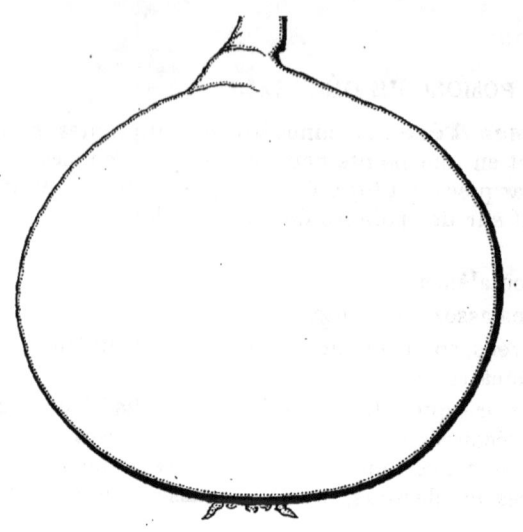
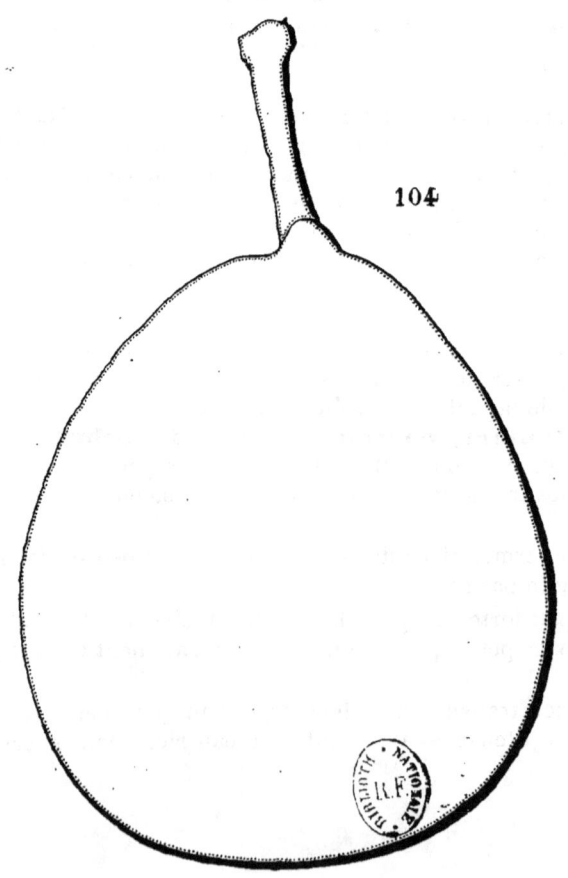

104

BEURRÉ LOISEL

(N° 104)

Notices pomologiques. DE LIRON D'AIROLES.
Dictionnaire de pomologie. ANDRÉ LEROY.
Catalogue JOHN SCOTT, de Merriott.

OBSERVATIONS.—Cette variété date d'environ une vingtaine d'années et fut obtenue par M. Loisel, pomologue à Fauquemont, province de Limbourg (Pays-Bas), qui a enrichi la pomologie de quelques gains estimés. Sa bonne végétation et la qualité de son fruit la rendent bien digne de la culture.

DESCRIPTION.

Rameaux peu forts, bien allongés et fluets à leur sommet, unis dans leur contour, bien coudés à leurs entre-nœuds courts, d'un brun jaunâtre à l'ombre, à peine teintés de rouge du côté du soleil, et d'un brun verdâtre à leur sommet ; lenticelles assez petites, largement et très-irrégulièrement espacées, assez peu apparentes.

Boutons à bois petits, coniques, bien aigus, à direction parallèle ou presque parallèle au rameau, soutenus sur des supports très-peu saillants dont les côtés et l'arête médiane ne se prolongent pas ; écailles d'un marron noirâtre, finement bordées de gris blanchâtre.

Pousses d'été d'un vert clair, colorées de rouge et duveteuses à leur sommet.

Feuilles des pousses d'été petites ou moyennes, obovales, se terminant presque régulièrement en une pointe courte et aiguë, creusées en gouttière et non arquées, bordées de dents larges, très-peu profondes et obtuses, s'abaissant bien sur des pétioles longs, grêles et bien flexibles.

Stipules longues, linéaires-étroites.

Feuilles stipulaires se montrant quelquefois.

Boutons à fruit petits, coniques, bien allongés et aigus; écailles un peu entr'ouvertes, d'un marron foncé et uniforme.

Fleurs moyennes; pétales ovales-élargis, sensiblement atténués à leur sommet, à onglet court, concaves, veinés de rose vif avant l'épanouissement; divisions du calice longues, finement aiguës et peu recourbées en dessous; pédicelles de moyenne longueur, de moyenne force et un peu duveteux.

Feuilles des productions fruitières moyennes, obovales-elliptiques, étroites et allongées, se terminant un peu brusquement en une pointe courte et bien fine, creusées en gouttière ou concaves, souvent ondulées dans leur contour, bordées de dents fines et très-peu profondes, retombant sur des pétioles longs, grêles et très-flexibles.

Caractère saillant de l'arbre: teinte générale du feuillage d'un vert clair; toutes les feuilles remarquablement creusées en gouttière, bien atténuées à leur base et retombant mollement sur des pétioles grêles et bien flexibles.

Fruit moyen ou presque gros, conique plus ou moins ventru, souvent irrégulier dans son contour, atteignant sa plus grande épaisseur bien au-dessous du milieu de sa hauteur; au-dessus de ce point, s'atténuant par une courbe tantôt entièrement convexe, tantôt d'abord convexe puis légèrement concave en une pointe tantôt courte, tantôt plus longue, toujours épaisse et bien obtuse; au-dessous du même point, s'arrondissant par une courbe régulièrement convexe jusque dans la cavité de l'œil.

Peau épaisse, ferme, cependant bien unie et douce au toucher, d'abord d'un vert clair semé de points bruns, larges, bien arrondis et bien régulièrement espacés. Une rouille dense et fine, de couleur fauve, couvre le plus souvent le sommet du fruit et se disperse irrégulièrement sur sa surface. A la maturité, **octobre**, le vert fondamental passe au jaune citron vif, doré ou lavé d'un peu de rouge du côté du soleil.

Œil moyen, demi-ouvert, à divisions courtes, fermes et souvent caduques, placé dans une dépression large et irrégulière.

Queue de moyenne longueur, un peu forte, d'un brun rougeâtre, insérée tantôt obliquement, tantôt perpendiculairement dans une dépression irrégulière.

Chair d'un blanc un peu jaunâtre, fine, entièrement fondante, abondante en eau sucrée, agréablement musquée, vineuse, constituant un fruit de première qualité.

BEURRÉ DÉLICAT

(N° 105)

Catalogue SIMON-LOUIS. Metz.
Catalogue JOHN SCOTT, de Merriott.

OBSERVATIONS. — J'ai reçu cette variété de MM. Simon-Louis frères, pépiniéristes à Metz, et probablement elle est un gain de M. de Jonghe, de Bruxelles; ou en furent-ils seulement les premiers propagateurs? — L'arbre est d'une végétation insuffisante sur cognassier et réclame un sol très-riche pour assurer à son fruit un volume suffisant. Sa fertilité est très-précoce et grande. Le nom que porte cette poire lui a sans doute été donné pour la grande finesse de sa chair et la délicatesse de sa saveur.

DESCRIPTION.

Rameaux peu forts ou assez grêles, unis dans leur contour, un peu flexueux, à entre-nœuds courts, d'un brun rougeâtre clair; lenticelles blanchâtres, petites, assez peu nombreuses et peu apparentes.

Boutons à bois moyens, coniques, un peu épais et courtement aigus, à direction un peu écartée du rameau, soutenus sur des supports saillants dont les côtés et l'arête médiane ne se prolongent pas; écailles d'un marron rougeâtre et presque entièrement recouvertes de gris blanchâtre.

Pousses d'été d'un vert pâle teinté de jaune, lavées de rouge et duveteuses à leur sommet.

Feuilles des pousses d'été petites, obovales-étroites et allongées, se terminant un peu brusquement en une pointe courte et bien fine, peu repliées sur leur nervure médiane et peu arquées, bordées de dents un peu profondes et aiguës, assez peu soutenues sur des pétioles longs, peu forts et à peu près horizontaux.

Stipules assez longues, linéaires, très-étroites, presque filiformes.

Feuilles stipulaires fréquentes.

Boutons à fruit moyens, conico-ovoïdes, bien aigus; écailles d'un marron rougeâtre peu foncé.

Fleurs moyennes; pétales ovales-élargis, concaves, un peu dressés, légèrement lavés de rose avant l'épanouissement; divisions du calice longues, fines et recourbées en dessous; pédicelles assez courts, grêles et peu duveteux.

Feuilles des productions fruitières petites, ovales-étroites et un peu allongées, se terminant un peu brusquement en une pointe très-courte et très-fine, planes ou presque planes, entières ou bordées de dents inappréciables, bien soutenues sur des pétioles courts, grêles et raides.

Caractère saillant de l'arbre : pétioles des feuilles des pousses d'été remarquables par leur direction bien horizontale; toutes les feuilles très-finement acuminées; branchage et feuillage menus.

Fruit petit, turbiné un peu allongé, bien uni dans son contour, atteignant sa plus grande épaisseur au-dessous du milieu de sa hauteur; au-dessus de ce point, s'atténuant plus ou moins promptement par une courbe à peine convexe en une pointe peu longue et aiguë à son sommet; au-dessous du même point, s'arrondissant par une courbe assez convexe pour s'aplatir ensuite un peu autour de la dépression de l'œil.

Peau fine, un peu ferme, d'abord d'un vert clair et gai semé de points d'un gris fauve, extraordinairement petits, très-nombreux et à peine visibles. Une rouille brune, un peu dense couvre le sommet du fruit et une partie de sa base, et souvent se disperse en petites taches sur sa surface. A la maturité, **octobre**, le vert fondamental passe au jaune citron clair ou au jaune paille et le côté du soleil est seulement un peu doré.

Œil assez grand pour le volume du fruit, ouvert, placé presque à fleur de sa base dans une dépression étroite, très-peu profonde et bien régulière.

Queue de moyenne longueur, un peu forte, bien ligneuse, attachée un peu obliquement à fleur de la pointe du fruit ou souvent formant exactement sa continuation.

Chair blanche, bien fine, bien fondante jusque vers le cœur, abondante en eau douce, sucrée et délicatement parfumée.

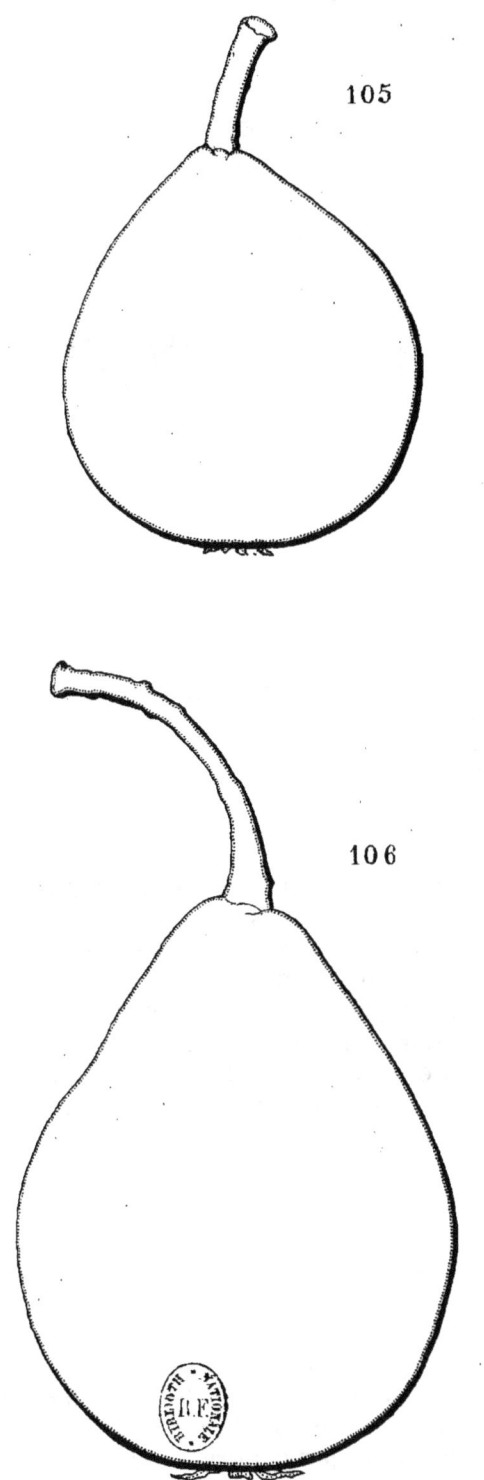

105. BEURRÉ DÉLICAT. 106. COMTE DE PARIS.

COMTE DE PARIS

(N° 106)

Album de pomologie. BIVORT.
The Fruits and the fruit-trees of America. DOWNING.
Dictionnaire de pomologie. ANDRÉ LEROY.
Catalogue JOHN SCOTT, *de Merriott.*
GRAF VON PARIS. *Sichere Führer.* DOCHNAHL.

OBSERVATIONS. — Cette variété est un gain posthume de Van Mons dont M. Bivort avait acquis les pépinières. Son premier rapport eut lieu en 1847. Elle fut bien estimée dès qu'elle parut dans le commerce et récemment des pomologistes ont encore vanté le mérite de son fruit—Sa culture dans mon jardin a confirmé les qualités de son arbre; mais son fruit, depuis plusieurs années, a toujours manqué de l'eau et de la saveur nécessaires à une bonne poire à couteau; toutefois, par la richesse de son sucre, il peut être excellent à sécher.

DESCRIPTION.

Rameaux forts et allongés, obscurément anguleux dans leur contour, un peu flexueux ou coudés à leurs entre-nœuds, d'un vert olive foncé; lenticelles blanchâtres, bien larges, un peu allongées et bien apparentes.

Boutons à bois petits, coniques, aigus, souvent éperonnés et à direction bien écartée du rameau, d'autrefois à direction rapprochée, soutenus sur des supports saillants dont l'arête médiane se prolonge seule et obscurément; écailles jaunâtres et un peu ombrées de gris.

Pousses d'été d'un vert terne, un peu colorées de rouge à leur sommet et duveteuses sur une assez grande partie de leur longueur.

Feuilles des pousses d'été moyennes, ovales un peu élargies, se terminant un peu brusquement en une pointe courte et bien aiguë, creusées en gouttière et arquées; bordées de dents inégales, très-peu profondes et émoussées, bien soutenues sur des pétioles très-courts, forts et redressés.

Stipules en alênes assez courtes et recourbées.

Feuilles stipulaires fréquentes.

Boutons à fruit moyens, conico-ovoïdes, un peu épais et un peu aigus; écailles d'un marron clair et terne.

Fleurs petites; pétales arrondis, peu concaves, bien étalés; divisions du calice de moyenne longueur et un peu recourbées en dessous; pédicelles longs, grêles et peu duveteux.

Feuilles des productions fruitières un peu plus grandes que celles des pousses d'été, ovales, un peu allongées, se terminant peu brusquement en une pointe longue et bien finement aiguë, bien creusées en gouttière et non arquées, bordées de dents très-fines, très-peu profondes et émoussées, souvent entières sur une partie de leurs bords et vers le pétiole, assez bien soutenues sur des pétioles de moyenne longueur, forts, redressés et peu flexibles.

Caractère saillant de l'arbre : teinte générale du feuillage d'un beau vert des plus intenses; toutes les feuilles et surtout celles des pousses d'été remarquablement épaisses et bien creusées en gouttière; aspect général de vigueur.

Fruit moyen ou presque gros, conique-piriforme, ordinairement uni dans son contour, atteignant sa plus grande épaisseur bien au-dessous du milieu de sa hauteur; au-dessus de ce point, s'atténuant par une courbe à peine convexe d'abord, puis à peine concave en une pointe longue, plus ou moins épaisse et tronquée à son sommet; au-dessous du même point, s'atténuant brusquement par une courbe peu convexe pour diminuer sensiblement d'épaisseur autour de la cavité de l'œil.

Peau un peu épaisse et cependant tendre, d'abord d'un vert vif et gai semé de points d'un gris vert, un peu larges, très-nombreux, très-serrés, bien régulièrement espacés et très-apparents. On ne remarque ordinairement aucune trace de rouille sur sa surface. A la maturité, **fin de septembre**, le vert fondamental passe au jaune citron teinté de vert, et le côté du soleil se dore ou se flamme parfois d'un rouge très-léger.

Œil grand, ouvert, placé dans une petite cavité ou presque à fleur de la base un peu saillante du fruit, souvent divisée en côtes très-aplanies.

Queue bien longue, grêle, épaissie à son point d'attache au rameau, ligneuse, un peu courbée, charnue à son point d'attache à la pointe du fruit souvent plissée circulairement ou un peu plus élevée d'un côté que de l'autre.

Chair d'un blanc jaunâtre, peu fine, grenue, insuffisante en eau douce, bien sucrée, ayant la saveur du vin doux.

BERGAMOTTE POITEAU

(N° 107)

Revue horticole. JACQUES. 1851.
POIRE POITEAU (des Français). *Dictionnaire de pomologie.* ANDRÉ LEROY.

OBSERVATIONS. — Cette variété est issue d'un semis de pepins que fit M. Poiteau, dans le jardin de la Société d'horticulture de la Seine. Son premier rapport eut lieu en 1851 ; elle fut dédiée à son obtenteur par M. Jacques, jardinier en chef du château royal de Neuilly; M. André Leroy ajoute à sa dénomination l'indication (des Français), pour distinguer cette variété d'une autre poire Poiteau décrite par les pomologistes belges, et qui lui est inférieure en qualité. — L'arbre, de végétation assez maigre sur cognassier, est disposé naturellement à la forme pyramidale. Sa fertilité assez grande ne se fait pas longtemps attendre et son fruit est de première qualité.

DESCRIPTION.

Rameaux de moyenne force, presque droits, unis dans leur contour, à entre-nœuds très-courts, d'un brun sombre à leur partie inférieure et d'un brun rouge à leur sommet; lenticelles grisâtres, petites, peu nombreuses et peu apparentes.

Boutons à bois petits, coniques, très-courts, très-épais et à peine aigus, soutenus sur des supports très-peu saillants et dont les côtés ne se prolongent pas; écailles presque noires et très-largement bordées de gris blanchâtre.

Pousses d'été d'un vert très-clair sur toute leur longueur et presque glabres à leur sommet.

Feuilles des pousses d'été moyennes ou assez petites, ovales ou ovales un peu allongées, se terminant presque régulièrement en une pointe courte, à peine repliées sur leur nervure médiane ou presque planes, peu arquées, bordées de dents un peu larges, un peu irrégulières, très-peu profondes, couchées et un peu aiguës, s'abaissant un peu sur des pétioles de moyenne longueur, grêles et redressés.

Stipules assez courtes, filiformes.

Feuilles stipulaires manquant ordinairement.

Boutons à fruit petits, coniques, courtement aigus; écailles d'un marron foncé et un peu verdâtre.

Fleurs moyennes ; pétales ovales-elliptiques, concaves, à onglet long, presque blancs avant l'épanouissement; divisions du calice de moyenne longueur, finement aiguës et un peu réfléchies en dessous ; pédicelles de moyenne longueur, de moyenne force et presque glabres.

Feuilles des productions fruitières ovales-allongées et peu larges, se terminant régulièrement en une pointe peu aiguë, à peine repliées sur leur nervure médiane ou presque planes et peu arquées, bordées de dents fines, très-peu profondes, couchées et peu aiguës, assez peu soutenues sur des pétioles un peu longs, peu forts et un peu redressés.

Caractère saillant de l'arbre : teinte générale du feuillage d'un vert clair; toutes les feuilles très-peu profondément dentées; stipules filiformes et très-caduques.

Fruit moyen, turbiné-sphérique, ordinairement irrégulier et déformé dans son contour par des côtes inégalement saillantes, atteignant sa plus grande épaisseur bien près de sa base; au-dessus de ce point, s'atténuant par une courbe d'abord peu convexe, souvent irrégulière, puis à peine concave en une pointe très-courte, épaisse et largement tronquée; au-dessous du même point, s'arrondissant brusquement par une courbe bien convexe jusque dans la cavité de l'œil.

Peau bien fine, mince, bien unie, d'abord d'un vert très-clair semé de points gris, extraordinairement petits, très-nombreux et souvent peu visibles sur quelques parties de sa surface. Une tache de rouille d'un brun fauve couvre ordinairement la cavité de la queue, aussi celle de l'œil, et s'étend un peu sur la base du fruit. A la maturité, **octobre**, le vert fondamental passe au jaune citron doré et le côté du soleil se teint d'un peu de rouge formant ordinairement un nuage très-léger.

Œil moyen, ouvert, placé au fond d'une cavité étroite dans son fond, un peu évasée par ses bords divisés en petites côtes aplanies.

Queue courte ou de moyenne longueur, un peu forte, bien ligneuse, attachée un peu obliquement dans une cavité un peu profonde dont les bords peu épais sont divisés en côtes inégales entr'elles et peu prononcées.

Chair d'un blanc un peu jaune, fine, fondante, abondante en eau douce, sucrée et agréablement parfumée.

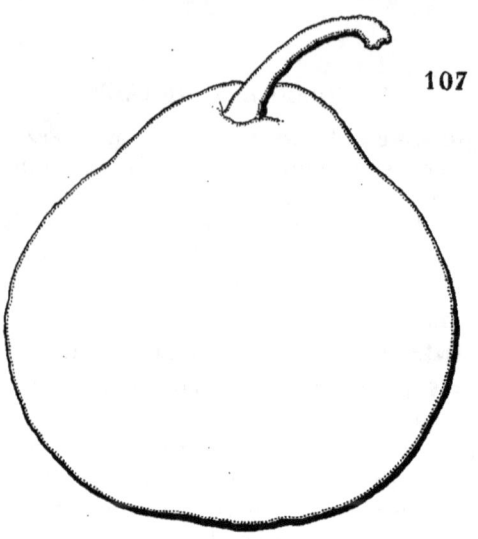
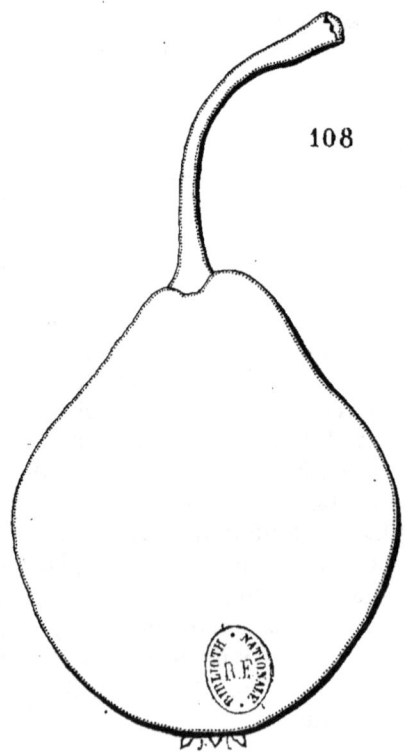

107. BERGAMOTTE POITEAU. 108. ROUSSELET JAUNE D'ÉTÉ.

ROUSSELET JAUNE D'ÉTÉ

(GELBE SOMMERROUSSELET)

(N° 108)

Versuch einer systematischen Beschreibung der Kernobstsorten. Diel.
Sichere Führer. Dochnahl.
ROUSSELET MUSQUÉ D'ÉTÉ. *Handbuch über die Obstbaumzucht.* Christ.
Handbuch aller bekannten Obstsorten. Biedenfeld.
Pomologische Notizen. Oberdieck.

Observations. — Cette variété serait-elle d'origine française ? Diel dit qu'il la reçut de Nancy et ajoute avec raison qu'elle ne doit pas être confondue avec le Rousselet de Reims auquel Knoop attribue le synonyme Rousselet musqué. — L'arbre est de vigueur contenue sur cognassier. Sa végétation capricieuse ne s'accommode pas facilement des formes régulières. Il convient mieux en haute tige sur franc dont la tête prend une grande dimension et devient bientôt d'un rapport riche et peu interrompu par des alternats incomplets. Son fruit, de seconde qualité, est surtout propre aux usages du ménage.

DESCRIPTION.

Rameaux de moyenne force, très-obscurément anguleux dans leur contour, droits, à entre-nœuds longs, d'un brun verdâtre à l'ombre, d'un brun rougeâtre intense du côté du soleil ; lenticelles blanchâtres, peu larges, assez peu nombreuses et peu apparentes.

Boutons à bois moyens, coniques, allongés et aigus, à direction parallèle au rameau lorsqu'ils sont situés à sa partie inférieure, à direction écartée du rameau lorsqu'ils sont situés à sa partie supérieure ; écailles d'un marron foncé.

Pousses d'été d'un vert d'eau, lavées de rouge rosat et couvertes sur toute leur longueur d'un duvet très-court et souvent épais.

Feuilles des pousses d'été moyennes ou assez petites, ovales-allongées et peu larges, sensiblement atténuées vers le pétiole, se terminant régulièrement en une pointe longue, étroite, bien aiguë et bien recourbée en dessous, un peu repliées sur leur nervure médiane, très-largement ondulées dans leur contour ou largement contournées sur leur longueur, irrégulièrement bordées de dents peu profondes et émoussées, ou souvent presque entières, assez bien soutenues sur des pétioles longs, grêles, redressés et peu souples.

Stipules de moyenne longueur, presque filiformes.

Feuilles stipulaires manquant ordinairement.

Boutons à fruit gros, conico-ovoïdes, allongés et aigus ; écailles d'un marron peu foncé et bien ombré de gris.

Fleurs assez grandes, souvent semi-doubles ; pétales ovales-élargis, tronqués et crénelés à leur sommet, presque planes, irrégulièrement découpés par leurs bords, entièrement blancs avant l'épanouissement ; divisions du calice longues, étroites, aiguës et bien recourbées en dessous, couvertes d'un duvet laineux et blanchâtre, ainsi que les pédicelles qui sont longs et assez forts.

Feuilles des productions fruitières à peine un peu plus grandes que celles des pousses d'été et non atténuées vers le pétiole, se terminant en une pointe extraordinairement longue, fine et recourbée en dessous, repliées sur leur nervure médiane, à peine arquées et bien sensiblement ondulées dans leur contour, irrégulièrement et peu profondément dentées ou presque entières, assez peu soutenues sur des pétioles longs, très-grêles et flexibles.

Caractère saillant de l'arbre : teinte générale du feuillage d'un vert bleu un peu foncé, vif et brillant ; toutes les feuilles bien longuement acuminées et sensiblement ondulées dans leur contour ; tous les pétioles grêles et surtout ceux des feuilles des productions fruitières.

Fruit assez petit, ovoïde ou ovoïde-piriforme, ordinairement uni dans son contour, atteignant sa plus grande épaisseur peu au-dessous du milieu de sa hauteur ; au-dessus de ce point, s'atténuant par une courbe d'abord convexe puis largement concave en une pointe courte, peu épaisse et obtuse à son sommet ; au-dessous du même point, s'atténuant par une courbe largement convexe pour diminuer sensiblement d'épaisseur vers la cavité de l'œil.

Peau fine, mince, d'abord d'un vert clair semé de points d'un vert plus foncé, nombreux et apparents. On ne remarque ordinairement aucune trace de rouille sur sa surface. A la maturité, **août**, le vert fondamental passe au jaune citron brillant, et le côté du soleil est lavé de rouge sanguin clair sur lequel ressortent bien des points d'un rouge plus intense et plus vif.

Œil grand, ouvert, à divisions longues et fines, placé dans une très-petite cavité qui le contient exactement et dont souvent ses divisions dépassent les bords.

Queue longue, grêle, courbée, attachée à fleur de la pointe du fruit, et souvent sur un pli charnu et circulaire.

Chair blanchâtre, un peu grossière, demi-cassante, suffisante en eau sucrée et assez agréablement parfumée.

D'ŒUF

(N° 109)

Traité des arbres fruitiers. Duhamel.
Pomologie. Jean Hermann Knoop.
Jardin fruitier du Muséum. Decaisne.
Dictionnaire de pomologie. André Leroy.
Catalogue John Scott, de Merriott.
ŒUF. *The Fruit Manual.* Robert Hogg.
The Fruits and the fruit-trees of America. Downing.
GRISE D'ÉTÉ. *Les Meilleurs fruits.* de Mortillet.
SOMMER EIERBIRNE BESTBIRNE. *Versuch einer Systematischen Beschreibung der Kernobstsorten.* Diel.
Illustrirtes Handbuch der Obstkunde. Jahn.
Schweizerische Obstsorten.
Pomologische Notizen. Oberdieck.

Observations. — M. Jahn considère cette variété comme d'origine allemande. Elle me semble assez anciennement cultivée en France aussi bien qu'en Allemagne pour se contenter de déclarer inconnu le lieu de sa naissance. Knoop la dit originaire de la Suisse et répandue aux environs de Bâle. Il appuyait sans doute son opinion sur la mention qu'en fait, sous le nom d'Eierbirne, le célèbre botaniste suisse, Jean Bauhin, dans son *Historia universalis plantarum*. C'est donc une variété d'une ancienneté très-respectable, et je ne sais si les partisans de la dégénérescence des variétés fruitières pourraient reconnaître dans son arbre et dans son fruit la moindre trace d'un commencement d'affaiblissement. — L'arbre, de vigueur contenue sur cognassier, s'accommode bien de la forme de pyramide et sa haute tige sur franc forme une tête de moyenne dimension et un peu compacte. Sa fertilité précoce est bonne, mais interrompue par des alternats réguliers. Son fruit est de bonne qualité et de maturation assez prolongée.

DESCRIPTION.

Rameaux peu forts, unis dans leur contour, à peine flexueux, à entrenœuds courts, d'un brun verdâtre à l'ombre, plus ou moins colorés de rouge du côté du soleil ; lenticelles grisâtres, assez petites, assez peu nombreuses et peu apparentes.

Boutons à bois petits, coniques, un peu courts, peu épais, courtement aigus, à direction écartée du rameau, soutenus sur des supports très-peu saillants dont les côtés et l'arête médiane ne se prolongent pas distinctement; écailles d'un marron rougeâtre intense et sombre.

Pousses d'été d'un vert d'eau clair, à peine ou non lavées de rouge à leur sommet et laineuses sur toute leur longueur.

Feuilles des pousses d'été petites, elliptiques-cordiformes, se terminant très-brusquement en une pointe courte et un peu large, à peine repliées sur leur nervure médiane et même un peu convexe par leurs côtés, entières par leurs bords, bien soutenues sur des pétioles courts, très-grêles et fermes.

Stipules en alêne, courtes et très-caduques.

Feuilles stipulaires manquant ordinairement.

Boutons à fruit moyens, coniques, bien allongés, bien maigres et aigus; écailles d'un marron rougeâtre foncé.

Fleurs assez grandes; pétales elliptiques-arrondis, concaves et souvent largement ondulés dans leur contour, à onglet extraordinairement court, se recouvrant un peu entre eux; divisions du calice de moyenne longueur, étroites et recourbées en dessous.

Feuilles des productions fruitières moins petites que celles des pousses d'été, ovales un peu élargies, un peu échancrées vers le pétiole, se terminant régulièrement en une pointe peu aiguë ou nulle, très-peu repliées sur leur nervure médiane et parfois largement ondulées ou contournées sur leur longueur, arquées, entières par leurs bords, assez bien soutenues sur des pétioles courts, grêles et assez fermes.

Caractère saillant de l'arbre : teinte générale du feuillage d'un vert d'eau peu foncé et souvent voilé d'un duvet aranéeux; toutes les feuilles petites et tendant plus ou moins à la forme en cœur; tous les pétioles courts et grêles.

Fruit petit, exactement ovoïde, bien uni dans son contour, atteignant sa plus grande épaisseur à peine au-dessous du milieu de sa hauteur; au-dessus de ce point, s'atténuant par une courbe largement convexe en une pointe courte, épaisse et bien obtuse à son sommet; au-dessous du même point, s'atténuant par une courbe à peine un peu plus convexe et jusque vers l'œil.

Peau épaisse, d'abord d'un vert d'eau semé de points d'un gris brun, larges et bien régulièrement espacés. Parfois de larges taches de rouille s'étendent sur sa surface ou même la recouvrent entièrement. A la maturité, **septembre**, le vert fondamental passe au jaune citron, et sur le côté du soleil lavé de rouge, les points grisâtres et plus concentrés sont largement cernés de rouge plus foncé.

Œil grand, fermé ou presque fermé, à divisions dressées, saillant sur la base du fruit.

Queue de moyenne longueur, un peu forte, bien ligneuse, un peu courbée, attachée à fleur de la pointe du fruit.

Chair blanchâtre, assez fine, beurrée, un peu pierreuse vers le cœur, suffisante en jus bien sucré et agréablement parfumé.

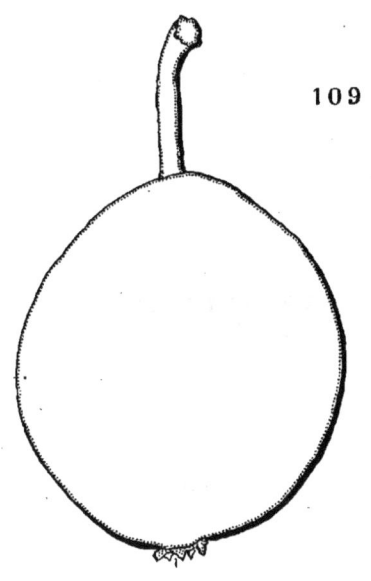
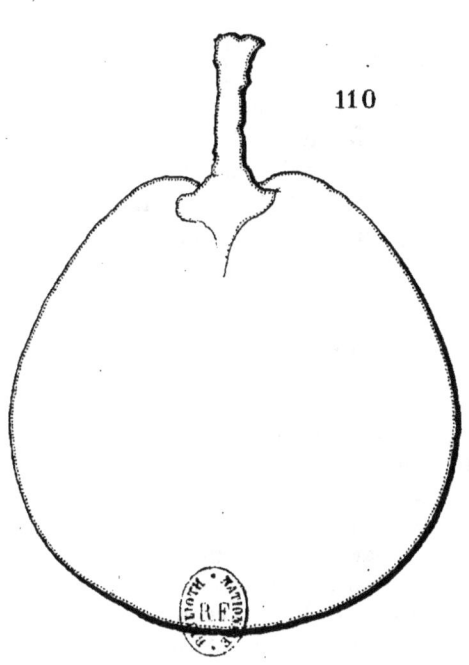

109, D'ŒUF. 110, WILKINSON.

WILKINSON

(N° 110)

The Fruits and the fruit-trees of America. Downing.
The American fruit Culturist. Thomas.
Catalogue John Scott, de Merriott.

Observations. — Downing dit de cette variété : « Le pied-mère est encore vivant sur les terres de la ferme de M. J. Wilkinson, Cumberland, Rhode-Island. » — L'arbre, d'une bonne vigueur sur cognassier, ne se prête pas facilement par sa végétation aux formes régulières ; celles de vase et de fuseau semblent le mieux lui convenir. Il est d'une fertilité moyenne, et son fruit, de bonne qualité, manque cependant quelquefois de parfum.

DESCRIPTION.

Rameaux de moyenne force et bien allongés, finement anguleux dans leur contour, à peine flexueux, à entre-nœuds longs, de couleur jaunâtre ; lenticelles blanches, allongées, largement espacées et un peu apparentes.

Boutons à bois petits, coniques, courts et cependant bien aigus, bien renflés sur le dos, à direction parallèle au rameau, soutenus sur des supports saillants dont l'arête médiane se prolonge très-finement ; écailles d'un marron presque noir et brillant, bordées de blanc argenté.

Pousses d'été d'un vert clair, bien colorées de rouge à leur sommet couvert d'un duvet blanc, soyeux, long et épais.

Feuilles des pousses d'été grandes, ovales bien allongées et étroites, sensiblement atténuées vers le pétiole, se terminant régulièrement en une pointe très-courte et ferme, bien creusées en gouttière et bien arquées, bordées de dents écartées entre elles, peu profondes et aiguës, se recourbant sur des pétioles bien longs, forts et un peu flexibles.

Stipules de moyenne longueur, linéaires-étroites.

Feuilles stipulaires manquant presque toujours.

Boutons à fruit gros, conico-ovoïdes et bien aigus ; écailles d'un beau marron rougeâtre et brillant.

Fleurs moyennes ; pétales ovales-élargis, peu concaves, à onglet très-long, écartés entre eux, veinés de rose avant et après l'épanouissement ; divisions du calice courtes, très-finement aiguës et recourbées en dessous ; pédicelles très-courts et un peu forts.

Feuilles des productions fruitières assez grandes, ovales-élargies, presque cordiformes, s'atténuant lentement pour se terminer régulièrement en une pointe le plus souvent nulle, planes ou peu concaves, bordées de dents très-peu profondes, peu appréciables, s'abaissant un peu sur des pétioles de moyenne longueur, de moyenne force et peu flexibles.

Caractère saillant de l'arbre : teinte générale du feuillage d'un vert jaune ; différence bien tranchée dans la forme des feuilles des pousses d'été et celles des feuilles des productions fruitières ; toutes les feuilles très-courtement acuminées.

Fruit moyen, ovoïde ou turbiné-ovoïde, parfois un peu bosselé dans son contour, atteignant sa plus grande épaisseur tantôt au milieu de sa hauteur, tantôt au-dessous ; au-dessus de ce point, s'atténuant par une courbe peu convexe et parfois à peine concave en une pointe courte, épaisse et tronquée à son sommet ; au-dessous du même point, s'atténuant par une courbe largement convexe pour diminuer sensiblement d'épaisseur vers la cavité de l'œil.

Peau assez mince et cependant un peu ferme, d'abord d'un vert décidé mais non brillant semé de points d'un gris noirâtre, espacés et inégaux entre eux. Une tache d'une rouille grisâtre couvre ordinairement la cavité de l'œil. A la maturité, **octobre, novembre**, le vert fondamental passe au jaune terne sur lequel les points deviennent plus apparents, et sur le côté du soleil se répand quelquefois un léger nuage d'un rouge terreux.

Œil grand, ouvert ou demi-ouvert, à divisions cornées, enfoncé dans une cavité étroite, un peu profonde et dont les bords se divisent en côtes assez régulières pour que le fruit puisse se tenir solidement debout.

Queue courte, un peu forte, ligneuse, attachée obliquement dans une cavité large et profonde.

Chair blanche, assez fine, beurrée, fondante, suffisante eu eau douce, sucrée, mais peu relevée.

MARMION

(N° 111)

Bulletin de la Société Van Mons.
Catalogue PAPELEU. 1860-1861.

OBSERVATIONS. — Le *Bulletin* de la Société Van Mons indique cette variété comme ayant été obtenue ou propagée par M. Bivort. — L'arbre, de vigueur normale sur cognassier, s'accommode bien des formes régulières et surtout de celle de pyramide. Sa fertilité est précoce, grande et soutenue. Son fruit ne peut être employé qu'aux usages de la cuisine.

DESCRIPTION.

Rameaux de moyenne force, presque unis dans leur contour, à peine flexueux, à entre-nœuds de moyenne longueur ou un peu longs, de couleur noisette parfois à peine teintée de rouge du côté du soleil ; lenticelles blanchâtres, un peu larges, un peu allongées, largement espacées et apparentes.

Boutons à bois assez gros, coniques, un peu élargis à leur base et un peu aigus, à direction écartée du rameau, soutenus sur des supports un peu saillants dont les côtés et l'arête médiane se prolongent un peu distinctement ; écailles d'un marron foncé et presque entièrement recouvert d'un gris blanchâtre.

Pousses d'été d'un vert assez intense, lavées de rouge vif et un peu duveteuses sur une grande longueur à leur partie supérieure.

Feuilles des pousses d'été assez grandes, ovales, souvent brusquement et un peu sensiblement atténuées vers le pétiole, se terminant peu brusquement en une pointe large et bien aiguë, un peu creusées en gouttière et non arquées, bordées de dents larges, profondes et émoussées, s'abaissant à peine sur des pétioles un peu longs, de moyenne force, redressés et peu souples.

Stipules en alêne de moyenne longueur et fines.

Feuilles stipulaires manquant ordinairement.

Boutons à fruit moyens, conico-ovoïdes, un peu allongés et peu aigus; écailles d'un beau marron rougeâtre foncé.

Fleurs petites; pétales ovales-elliptiques, presque planes, à onglet extraordinairement court, peu écartés entre eux; divisions du calice courtes, bien aiguës et peu recourbées en dessous; pédicelles courts, forts et cotonneux.

Feuilles des productions fruitières un peu plus grandes que celles des pousses d'été, ovales bien allongées et peu larges, se terminant régulièrement en une pointe peu fine, bien creusées en gouttière et bien arquées, bordées de dents bien couchées, assez peu profondes et émoussées, bien soutenues sur des pétioles longs, de moyenne force et fermes.

Caractère saillant de l'arbre : teinte générale du feuillage d'un vert bleu, peu foncé, vif et brillant; feuilles des productions fruitières remarquablement allongées, bien creusées en gouttière et bien arquées; toutes les feuilles bien épaisses.

Fruit presque moyen, turbiné, uni dans son contour, atteignant sa plus grande épaisseur bien au-dessous du milieu de sa hauteur; au-dessus de ce point, s'atténuant promptement par une courbe d'abord un peu convexe puis à peine concave en une pointe courte, plus ou moins épaisse et obtuse à son sommet; au-dessous du même point, s'atténuant brusquement par une courbe largement convexe pour s'aplatir ensuite un peu autour de la cavité de l'œil.

Peau un peu épaisse, d'abord d'un vert d'eau terne semé de points bruns, un peu larges, nombreux et un peu saillants; une rouille fine et d'un brun fauve couvre ordinairement le sommet du fruit et sa base. A la maturité, **septembre**, le vert fondamental passe au jaune citron et le côté du soleil est chaudement doré.

Œil grand, demi-fermé, creusé dans une cavité étroite, peu profonde, sillonnée dans ses parois et dont les bords saillissent sur la base du fruit.

Queue de moyenne longueur, forte, ligneuse, attachée dans un pli peu prononcé formé par la pointe du fruit.

Chair blanche, peu fine, cassante, peu abondante en eau douce, sucrée et peu relevée.

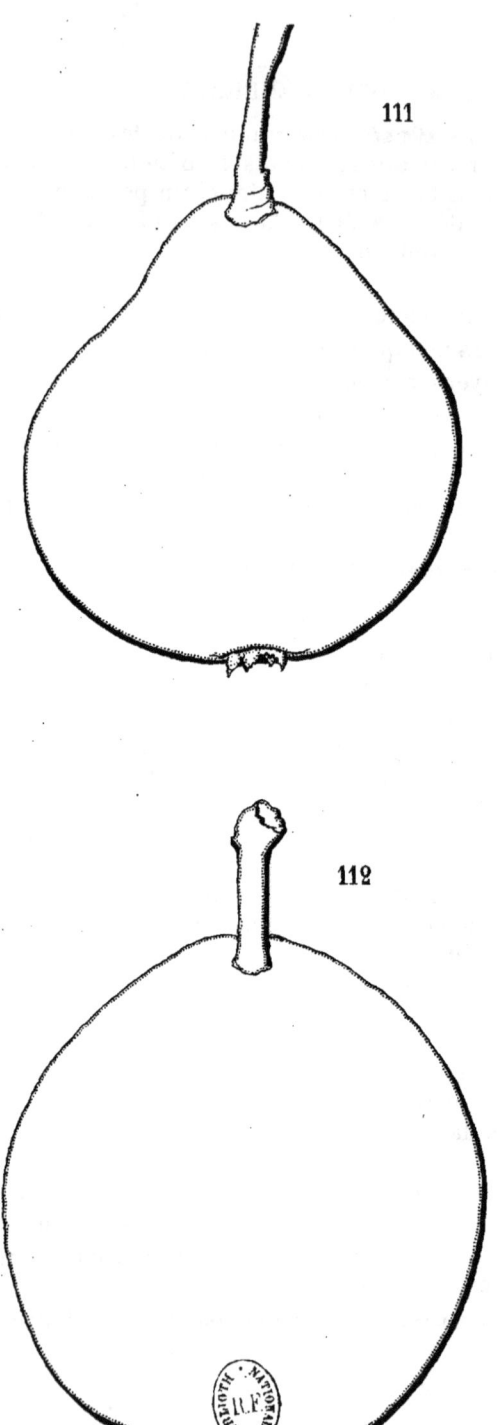

111, MARMION. 112, GÉNÉRAL DE LOURMEL.

GÉNÉRAL DE LOURMEL

(N° 112)

Pomologie de Maine-et-Loire.
Notices pomologiques. DE LIRON D'AIROLES.
Horticulteur français. 1856.
Dictionnaire de pomologie. ANDRÉ LEROY.
The Fruits and the fruit-trees of America. DOWNING.
Catalogue JOHN SCOTT, *de Merriott.*
GÉNÉRAL VON LOURMEL. *Illustrirtes Handbuch der Obstkunde.* JAHN.

OBSERVATIONS. — Obtenue dans le jardin du Comice horticole d'Angers (Maine-et-Loire), cette variété reçut des membres de cette association le nom du général de Lourmel, tué le 5 novembre 1854, à la bataille d'Inkermann. Son premier rapport eut lieu en 1854. — La végétation de l'arbre est assez faible sur cognassier et se prête facilement à la forme pyramidale. Son rapport est précoce; sa fertilité seulement moyenne, et son fruit de bonne qualité.

DESCRIPTION.

Rameaux peu forts, anguleux dans leur contour, presque droits, à entre-nœuds courts et inégaux entre eux, bruns et un peu ombrés de gris du côté du soleil ; lenticelles très-petites, un peu allongées, assez nombreuses et peu apparentes.

Boutons à bois gros, coniques, courts et très-épais, obtus, à direction peu écartée du rameau, soutenus sur des supports saillants dont l'arête médiane se prolonge seule et distinctement; écailles d'un marron rougeâtre presque entièrement recouvert de gris blanchâtre.

Pousses d'été d'un vert mat, colorées d'un rouge sanguin vif et peu duveteuses à leur sommet.

Feuilles des pousses d'été moyennes, ovales ou un peu obovales, s'atténuant lentement pour se terminer régulièrement en une pointe courte et contournée, largement ondulées dans leur contour, bordées de dents larges, peu profondes et émoussées, soutenues horizontalement sur des pétioles un peu courts, un peu forts et flexibles.

Stipules courtes, filiformes.

Feuilles stipulaires fréquentes.

Boutons à fruit gros, ovo-ellipsoïdes, obtus; écailles d'un rouge clair.

Fleurs moyennes; pétales ovales-élargis; divisions du calice courtes et bien recourbées en dessous; pédicelles courts, de moyenne force et presque glabres.

Feuilles des productions fruitières plus petites que celles des pousses d'été, ovales un peu allongées, s'atténuant lentement pour se terminer régulièrement en une pointe courte, un peu ferme et contournée, largement ondulées dans leur contour, bordées de dents très-peu profondes, souvent peu appréciables, bien soutenues sur des pétioles longs, grêles et et cependant très-raides.

Caractère saillant de l'arbre : teinte générale du feuillage d'un vert jaune; toutes les feuilles largement ondulées et remarquablement contournées par leur pointe.

Fruit moyen ou presque moyen, sphérico-conique, atteignant sa plus grande épaisseur bien au-dessous du milieu de sa hauteur; au-dessus de ce point, s'atténuant peu par une courbe convexe en une pointe courte, épaisse et largement tronquée; au-dessous du même point, s'arrondissant assez brusquement jusque vers la cavité de l'œil.

Peau épaisse, ferme, d'abord d'un vert clair semé de points d'un gris brun, très-petits et à peine visibles du côté de l'ombre. On remarque aussi sur sa surface quelques traits d'une rouille fine et surtout dans la cavité de l'œil. A la maturité, **octobre**, le vert fondamental passe au jaune paille du côté de l'ombre, et le côté du soleil se dore ou se couvre d'un rouge de grenade disposé comme sur ce fruit à noircir au moindre frottement.

Œil moyen, ouvert ou demi-ouvert, à divisions courtes, fermes, souvent caduques, enfoncé dans une cavité étroite dans son fond, assez profonde, largement évasée par ses bords divisés en côtes aplanies qui se prolongent obscurément sur la hauteur du fruit.

Queue assez courte, un peu forte, ligneuse, d'un beau brun moucheté de blanc, bien épaissie à son point d'attache au rameau, insérée bien perpendiculairement dans une cavité assez large et profonde, dont les bords sont divisés par des rudiments de côtes.

Chair d'un blanc jaunâtre, assez fine, beurrée, fondante, suffisante en eau bien sucrée, vineuse et assez agréablement relevée.

GILAIN J. J.

(N° 113)

Pomone Tournaisienne. Du Mortier.
Catalogue Galopin. Liége.
Catalogue John Scott, de Merriott.

Observations. — M. du Mortier cite cette variété dans une liste des gains de M. Grégoire, de Jodoigne. M. Galopin, de qui je l'ai reçue, lui attribue la même origine et indique son fruit comme très-gros, tandis que chez moi il n'a encore atteint qu'un volume moyen. — L'arbre, de vigueur normale sur cognassier, s'accommode assez bien des formes régulières. Sa fertilité précoce est seulement moyenne, et interrompue par des alternats complets. Son fruit est d'assez bonne qualité.

DESCRIPTION.

Rameaux de moyenne force, unis ou presque unis dans leur contour, presque droits, à entre-nœuds très-inégaux entre eux, d'un brun olivâtre ombré de gris du côté du soleil ; lenticelles blanches, allongées, assez rares et apparentes.

Boutons à bois moyens, coniques, un peu courts, renflés sur le dos et très-courtement aigus, à direction parallèle ou presque appliqués au rameau, soutenus sur des supports assez peu saillants dont l'arête médiane ne se prolonge pas ou peu distinctement ; écailles d'un marron rougeâtre brillant.

Pousses d'été d'un vert jaune, colorées de rouge vif et couvertes à leur sommet d'un duvet gris blanchâtre et peu épais.

Feuilles des pousses d'été moyennes, ovales-elliptiques, se terminant régulièrement en une pointe courte, un peu repliées sur leur nervure médiane et arquées, sensiblement ondulées dans leur contour, bordées de dents larges, profondes, recourbées et peu aiguës, assez peu soutenues sur des pétioles de moyenne longueur, de moyenne force, d'abord dressés puis fléchissant sous le poids de la feuille.

Stipules courtes, lancéolées, étroites et très-caduques.

Feuilles stipulaires rares.

Boutons à fruit moyens, conico-ovoïdes, courtement aigus ; écailles d'un marron clair.

Fleurs assez grandes ; pétales ovales, un peu concaves, écartés entre eux, un peu ondulés dans leur contour, veinés de rose vif avant l'épanouissement ; divisions du calice longues, finement aiguës et étalées ; pédicelles longs, grêles et glabres.

Feuilles des productions fruitières plus petites que celles des pousses d'été, ovales, un peu allongées, se terminant assez régulièrement en une pointe peu longue, peu repliées sur leur nervure médiane et peu arquées, plus brusquement ondulées que celles des pousses d'été, bordées de dents régulières, fines et un peu aiguës, mal soutenues sur des pétioles assez longs, très-grêles et très-flexibles.

Caractère saillant de l'arbre : pousses d'été bien allongées et bien colorées de rouge ; toutes les feuilles plus ou moins ondulées dans leur contour.

Fruit moyen, ovoïde-court, uni dans son contour, atteignant sa plus grande épaisseur au-dessous du milieu de sa hauteur ; au-dessus de ce point, s'atténuant par une courbe largement convexe ou parfois à peine concave en une pointe courte, épaisse, obtuse ou peu aiguë à son sommet ; au-dessous du même point, s'arrondissant par une courbe assez convexe jusque dans la cavité de l'œil.

Peau un peu épaisse et cependant tendre, d'abord d'un vert d'eau mat semé de points d'un vert plus foncé, assez nombreux et peu apparents. Une rouille brune et dense se disperse souvent sur la surface du fruit et se condense sur son sommet. A la maturité, **septembre**, le vert fondamental s'éclaircit un peu en jaune, et, sur le côté du soleil chaudement doré, les points sont plus concentrés et prennent un ton un peu fauve.

Œil grand, ouvert, à divisions larges, placé dans une cavité étroite et peu profonde qui le contient exactement.

Queue courte, peu forte, attachée dans un pli formé par la pointe du fruit.

Chair blanche, fine, à peine pierreuse vers le cœur, beurrée, suffisante en eau douce, sucrée et un peu parfumée.

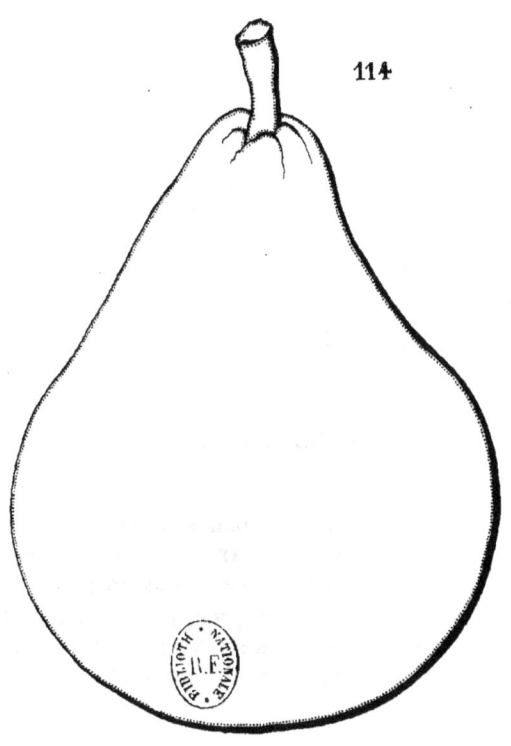

113. GILAIN J.J.   114. GÉNÉRAL DUVIVIER

Peingeon, Del.

GÉNÉRAL DUVIVIER

(N° 114)

Bulletin du cercle pratique d'horticulture de la Seine-Inférieure.
Boisbunel.
Dictionnaire de pomologie. André Leroy.
Catalogue John Scott, de Merriott.

Observations. — Cette variété est un gain du semeur émérite de Rouen, M. Boisbunel. Son premier rapport eut lieu en 1856 et il la dédia à son compatriote, le général Duvivier. L'arbre, d'une végétation normale sur cognassier, n'est guère plus vigoureux et presque aussi précoce au rapport sur franc. Sa conduite est facile sous toutes formes. Sa fertilité est seulement moyenne et peu sujette à l'alternat. Son fruit, d'assez bonne qualité, se recommande aussi par sa maturité souvent très-tardive.

DESCRIPTION.

Rameaux assez forts, souvent un peu épaissis à leur sommet, anguleux dans leur contour, à peine flexueux, d'un vert jaunâtre ; lenticelles blanchâtres, bien allongées, assez nombreuses et un peu apparentes.
Boutons à bois un peu gros, coniques, peu allongés et peu aigus, à direction parallèle au rameau, soutenus sur des supports saillants dont les côtés et l'arête médiane se prolongent distinctement ; écailles d'un marron foncé et largement bordé de gris.

Pousses d'été d'un vert clair et jaune, à peine lavées de rouge et glabres à leur sommet.

Feuilles des pousses d'été moyennes, ovales-elliptiques ou elliptiques un peu élargies, se terminant très-brusquement en une pointe large et courte, concaves, irrégulièrement bordées de dents très-peu profondes, couchées et souvent peu appréciables, soutenues horizontalement sur des pétioles un peu longs, peu forts et un peu souples.

Stipules courtes, en alêne très-finement aiguës et très-caduques.

Feuilles stipulaires manquant ordinairement.

Boutons à fruit assez gros, conico-ovoïdes, allongés et aigus; écailles d'un marron foncé et brillant.

Fleurs petites; pétales arrondis, bien concaves, à onglet court, se touchant entre eux; divisions du calice assez longues, finement aiguës et recourbées en dessous; pédicelles assez courts, de moyenne force et peu duveteux.

Feuilles des productions fruitières moyennes, ovales-elliptiques, sensiblement atténuées à leurs deux extrémités et surtout du côté du pétiole, se terminant peu brusquement en une pointe très-courte et très-aiguë, un peu concaves, presque entières par leurs bords, bien soutenues sur des pétioles un peu longs, de moyenne force et divergents.

Caractère saillant de l'arbre: teinte générale du feuillage d'un vert peu foncé et vif; toutes les feuilles assez régulièrement concaves; stipules tombant à mesure que la pousse d'été s'allonge.

Fruit moyen, conique-piriforme et allongé, ordinairement uni dans son contour, atteignant sa plus grande épaisseur bien au-dessous du milieu de sa hauteur; au-dessus de ce point, s'atténuant par une courbe d'abord à peine convexe puis à peine concave en une pointe longue, peu épaisse et presque aiguë à son sommet; au-dessous du même point, s'atténuant par une courbe largement convexe pour diminuer sensiblement d'épaisseur vers la cavité de l'œil.

Peau fine, mince et cependant peu ferme, d'abord d'un vert clair semé de points bruns, petits, assez nombreux et peu apparents. Une rouille fauve couvre le sommet du fruit et la cavité de l'œil. A la maturité, **fin d'hiver et printemps**, le vert fondamental passe au jaune paille, conservant par places un ton un peu verdâtre, et le côté du soleil est ordinairement seulement un peu doré ou rarement lavé d'un soupçon de rouge brun.

Œil grand, ouvert ou demi-ouvert, placé dans une cavité étroite, peu profonde et ordinairement régulière.

Queue courte, un peu forte, un peu courbée, ligneuse, attachée à fleur de la pointe du fruit, tantôt obtuse, tantôt presque aiguë et semblant alors en former la continuation.

Chair blanche, fine, tassée, demi-beurrée, suffisante en eau douce, sucrée, légèrement parfumée, constituant un fruit d'assez bonne qualité pour la saison.

PLASCART

(N° 115)

Bulletin de la Société Van Mons.
Catalogue Simon-Louis. Metz.

Observations. — J'ai reçu cette variété de la Société Van Mons ; serait-elle un de ses gains ? je n'ai pu trouver dans son *Bulletin* aucun renseignement sur son origine. L'arbre végète assez faiblement sur cognassier. Sa vigueur est meilleure sur franc et il forme facilement sur ce sujet de jolies pyramides dont le rapport se fait attendre un peu plus longtemps pour devenir bon par la suite. Sa rusticité le recommande aussi pour le verger, et son fruit, quoique manquant de finesse, peut plaire au plus grand nombre par sa saveur excitante.

DESCRIPTION.

Rameaux assez peu forts, allongés et fluets à leur partie supérieure, presque unis dans leur contour, presque droits, à entre-nœuds de moyenne longueur ou un peu allongés, d'un jaune clair ; lenticelles blanches, assez larges, largement espacées et apparentes.

Boutons à bois moyens, coniques, épais et courtement aigus, à direction plus ou moins écartée du rameau, souvent éperonnés, soutenus sur des supports saillants dont l'arête médiane ne se prolonge pas ou très-peu distinctement ; écailles d'un marron rougeâtre peu foncé.

Pousses d'été d'un vert très-clair et un peu teinté de jaune, non lavées de rouge et couvertes à leur sommet d'un duvet bien blanc et épais.

Feuilles des pousses d'été moyennes ou assez petites, ovales, très-sensiblement atténuées vers le pétiole, se terminant régulièrement en une pointe finement aiguë, creusées en gouttière et largement ondulées dans leur contour, bordées de dents un peu profondes et aiguës, soutenues horizontalement sur des pétioles courts, peu forts et peu flexibles.

Stipules longues, linéaires étroites et caduques.

Feuilles stipulaires manquant ordinairement.

Boutons à fruit moyens, coniques allongés, peu renflés et aigus ; écailles d'un marron clair.

Fleurs presque moyennes ; pétales elliptiques-élargis, concaves, à onglet court, se touchant entre eux ; divisions du calice de moyenne longueur et recourbées en dessous ; pédicelles de moyenne longueur, un peu forts et peu duveteux.

Feuilles des productions fruitières plus grandes que celles des pousses d'été, ovales-elliptiques, se terminant plus ou moins brusquement en une pointe longue, large et finement aiguë, peu concaves, ondulées dans leur contour, bordées de dents fines, peu profondes et aiguës, assez mal soutenues sur des pétioles longs, peu forts et un peu flexibles.

Caractère saillant de l'arbre : teinte générale du feuillage d'un vert pré peu brillant ; feuilles des pousses d'été sensiblement atténuées vers le pétiole ; toutes les feuilles plus ou moins ondulées dans leur contour.

Fruit assez petit ou presque moyen, turbiné-ovoïde, uni dans son contour, atteignant sa plus grande épaisseur peu au-dessous du milieu de sa hauteur ; au-dessus de ce point, s'atténuant assez promptement par une courbe d'abord bien convexe, puis bien concave en une pointe plus ou moins courte, maigre et aiguë à son sommet ; au-dessous du même point, s'arrondissant par une courbe largement convexe jusque dans la cavité de l'œil.

Peau un peu ferme, d'abord d'un vert d'eau pâle semé de points bruns, un peu larges, nombreux, bien régulièrement espacés et bien apparents. Une tache d'une rouille brune couvre la cavité de l'œil et rarement se disperse sur la surface du fruit. A la maturité, **octobre**, le vert fondamental passe au beau jaune doré, et le côté du soleil, sur une large étendue, est lavé et marbré d'un beau rouge vermillon vif, sur lequel ressortent bien de larges points d'un jaune doré.

Œil petit, fermé, placé dans une cavité étroite, un peu profonde et ordinairement régulière.

Queue courte ou de moyenne longueur, peu forte, un peu souple, attachée à fleur de la pointe du fruit.

Chair jaunâtre, demi-fine, un peu ferme, un peu cassante et cependant très-abondante en eau très-richement sucrée et parfumée.

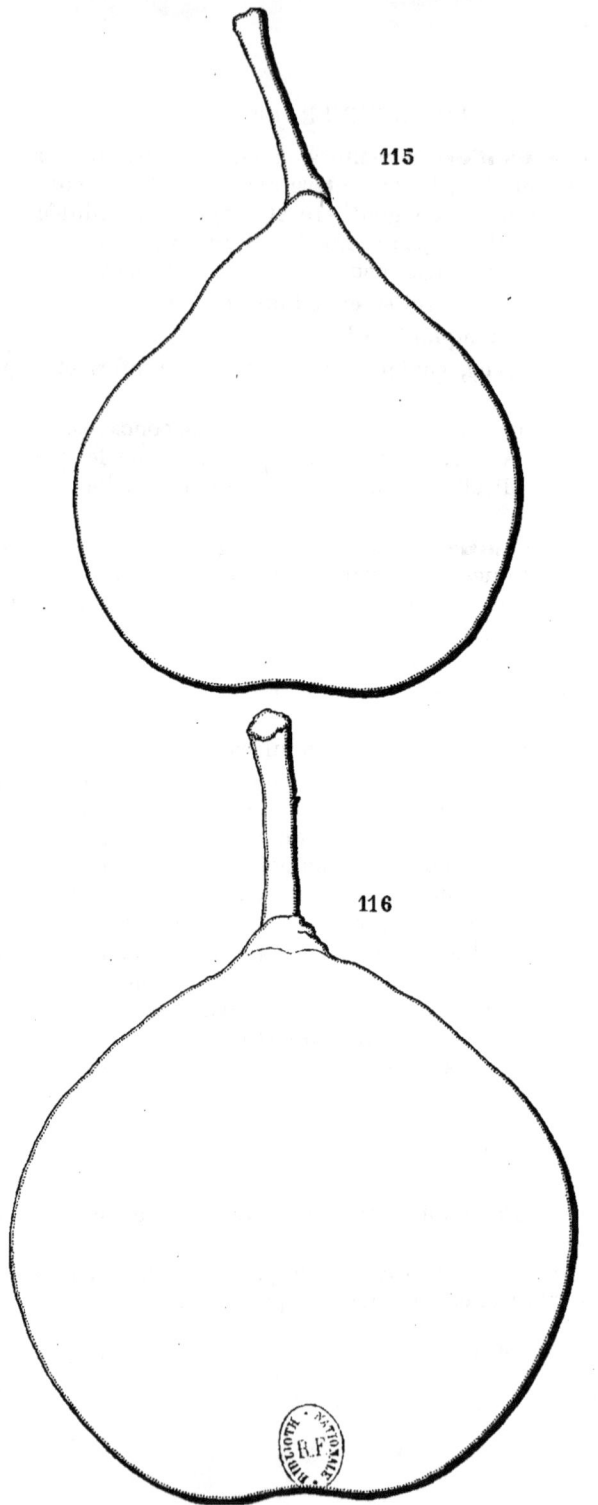

115, PLASCART.   116, STONE.

Imp. E. Protat, à Mâcon.

STONE

(N° 116)

The Fruits and the fruit-trees of America. Downing.
The American fruit Culturist. Thomas.

Observations. — Cette variété, d'après Downing, est originaire de l'Etat de l'Ohio ; mais il n'explique pas la cause de son nom qui, en français, signifie pierre, et qui n'est pas justifié par la chair de son fruit qui est beurrée, et n'a rien qui ressemble à la consistance d'une pierre. L'arbre, de vigueur contenue sur cognassier, exige quelques soins pour être maintenu sous formes régulières. Sa fertilité est précoce, bonne et soutenue. Son fruit est assez agréable, toutes les fois que son eau n'est pas un peu astringente.

DESCRIPTION.

Rameaux de moyenne force, presque unis ou très-finement anguleux dans leur contour, flexueux, à entre-nœuds très-inégaux entre eux, de couleur jaunâtre ; lenticelles blanchâtres, un peu allongées, assez nombreuses et un peu apparentes.

Boutons à bois moyens, coniques, courts, épais, très-courtement aigus, à direction écartée du rameau, soutenus sur des supports bien renflés dont l'arête médiane ne se prolonge pas ou très-finement et peu distinctement ; écailles d'un marron peu foncé et brillant.

Pousses d'été d'un vert très-pâle teinté de jaune, un peu lavées de rouge et couvertes d'un duvet blanc et soyeux à leur sommet.

Feuilles des pousses d'été moyennes, elliptiques-arrondies, s'atténuant promptement et brusquement en une pointe longue et finement aiguë, un peu concaves et un peu recourbées en dessous, quelquefois seulement par leur pointe, bien régulièrement bordées de dents-très-fines, peu profondes et très-aiguës, assez peu soutenues sur des pétioles de moyenne longueur, de moyenne force et un peu flexibles.

Stipules longues, presque filiformes et très-caduques.

Feuilles stipulaires manquant presque toujours.

Boutons à fruit moyens, coniques, un peu renflés et peu aigus ; écailles d'un marron extraordinairement foncé.

Fleurs moyennes ; pétales obovales-arrondis, entièrement blancs avant et après l'épanouissement ; divisions du calice assez longues et finement aiguës ; pédicelles longs, forts et presque glabres.

Feuilles des productions fruitières grandes, elliptiques-élargies, se terminant brusquement en une pointe peu longue, planes, bordées de dents fines, très-peu profondes et aiguës, bien soutenues sur des pétioles très-longs, peu forts et cependant assez fermes.

Caractère saillant de l'arbre : couleur pâle des jeunes pousses ; toutes les feuilles tendant à la forme arrondie ; feuilles des productions fruitières planes.

Fruit gros ou assez gros, sphérico-ovoïde, bien uni dans son contour, atteignant sa plus grande épaisseur très-peu au-dessous du milieu de sa hauteur ; au-dessus de ce point, s'atténuant brusquement par une courbe largement convexe, en une pointe très-courte et obtuse ou se terminant presque en demi-sphère ; au-dessous du même point, s'atténuant par une courbe un peu plus convexe pour diminuer un peu sensiblement d'épaisseur vers la cavité de l'œil.

Peau un peu ferme, d'abord d'un vert très-clair sur lequel ressortent très-peu des points d'un vert un peu plus foncé. Souvent une tache de rouille de peu d'étendue couvre le sommet du fruit. A la maturité, **fin d'août**, le vert fondamental passe au jaune paille, et le côté du soleil est lavé ou flammé de rose sur lequel apparaissent peu de petits points jaunes.

Œil grand, ouvert, placé dans une cavité peu profonde, évasée et parfois largement plissée par ses bords.

Queue de moyenne longueur, forte, ligneuse, attachée à fleur de la pointe du fruit.

Chair bien blanche, demi-fine, beurrée, assez abondante en eau douce, sucrée et un peu parfumée.

SECKEL DE FOOTE

(FOOTE'S SECKEL)

(N° 117)

The Fruits and the fruit-trees of America. DOWNING.
Catalogue JOHN SCOTT, de Merriott.

OBSERVATIONS. — D'après Downing, M. Asahel Foote, de Williamstown, Massachussets, aurait obtenu cette variété d'un pepin de la poire Seckel, cette ancienne célébrité américaine. — L'arbre, de vigueur insuffisante sur cognassier, s'accommode toutefois des formes régulières. Sa fertilité est précoce, grande et bien soutenue. Son fruit, de première qualité, n'est pas aussi hautement parfumé que celui de la Seckel.

DESCRIPTION.

Rameaux grêles, un peu anguleux dans leur contour, un peu flexueux, à entre-nœuds courts, d'un gris rougeâtre; lenticelles blanchâtres, petites, rares et peu apparentes.

Boutons à bois petits, coniques, courts, épais, courtement aigus, à direction écartée du rameau, soutenus sur des supports peu saillants dont l'arête médiane se prolonge un peu distinctement; écailles d'un marron peu foncé et largement maculé de gris.

Pousses d'été d'un vert foncé et un peu teinté de jaune, lavées de rouge sanguin et presque glabres à leur sommet.

Feuilles des pousses d'été petites, ovales-elliptiques, brusquement atténuées vers le pétiole, se terminant régulièrement en une pointe étroite, concaves, bordées de dents fines, peu profondes, couchées et un peu aiguës, bien soutenues sur des pétioles assez courts, grêles, fermes et redressés.

Stipules assez longues, linéaires-étroites.

Feuilles stipulaires manquant ordinairement.

Boutons à fruit moyens, coniques, un peu allongés, un peu renflés, courtement aigus ; écailles d'un marron jaunâtre.

Fleurs moyennes ; pétales obovales-élargis, largement arrondis ou tronqués à leur sommet, concaves, à onglet court, peu écartés entre eux ; divisions du calice courtes, étalées ou à peine recourbées en dessous ; pédicelles courts, grêles et peu duveteux.

Feuilles des productions fruitières moyennes ou assez grandes, ovales-élargies, se terminant presque régulièrement en une pointe très-courte, peu repliées sur leur nervure médiane ou peu concaves, bordées de dents bien couchées, un peu aiguës et souvent peu appréciables, s'abaissant peu sur des pétioles courts, forts, redressés et fermes.

Caractère saillant de l'arbre : teinte générale du feuillage d'un vert gai et brillant ; différence de dimension très-grande entre les feuilles supérieures et les feuilles inférieures des pousses d'été ; tous les pétioles fermes et plus ou moins redressés.

Fruit assez petit, sphérico-conique, uni dans son contour, atteignant sa plus grande épaisseur peu au-dessous ou presque au milieu de sa hauteur ; au-dessus de ce point, s'atténuant promptement par une courbe largement convexe en une pointe courte, épaisse et obtuse à son sommet ; au-dessous du même point, s'arrondissant par une courbe plus convexe pour s'aplatir ensuite un peu autour de la cavité de l'œil.

Peau fine et tendre, d'abord d'un vert décidé, que le plus souvent on entrevoit seulement à travers une couche d'une rouille brune et très-fine qui le recouvre entièrement ou presque entièrement. A la maturité, **septembre**, le vert fondamental passe au jaune citron intense et chaud et le côté du soleil est lavé d'un rouge brun taché de rouge cerise sur lequel apparaissent de la manière la plus distincte des points blancs et très-nombreux.

Œil petit, ouvert, placé dans une cavité peu profonde, un peu évasée, peu profondément plissée dans ses parois et par ses bords.

Queue assez courte, forte, ligneuse et un peu charnue, attachée dans un pli formé par la pointe du fruit.

Chair d'un blanc à peine teinté de jaune, bien fine, tassée, beurrée, entièrement fondante, suffisante en eau richement sucrée, vineuse et agréablement parfumée.

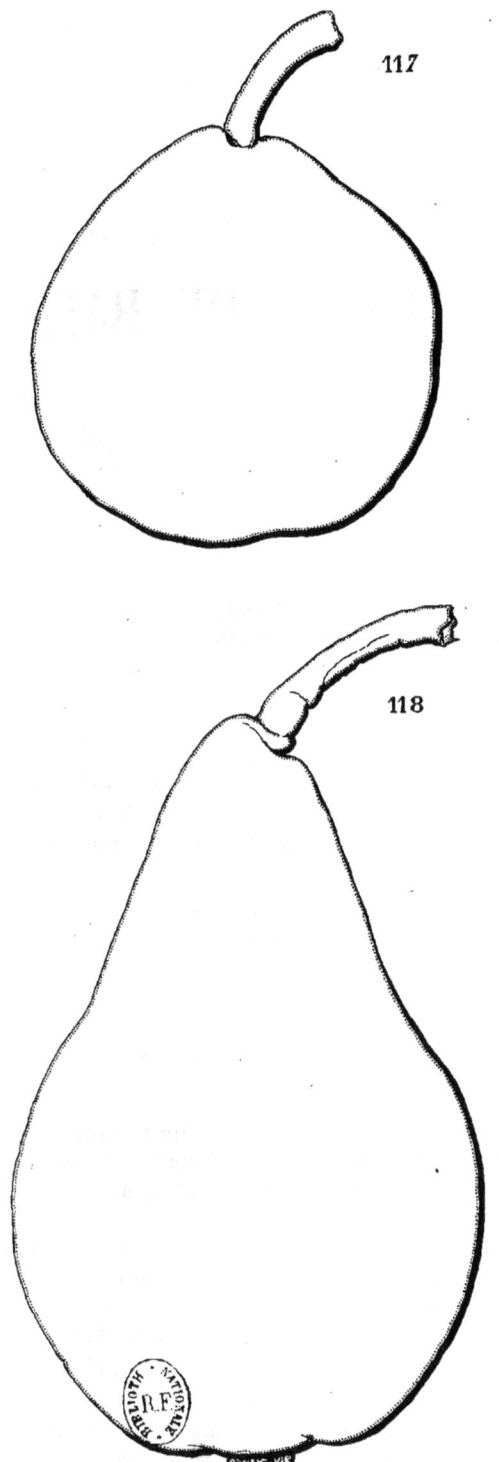

117, SECKEL DE FOOTE. 118, LORIOL DE BARNY

LORIOL DE BARNY

(N° 118)

Dictionnaire de pomologie. ANDRÉ LEROY.
Catalogue JOHN SCOTT, de Merriott.

OBSERVATIONS. — Cette variété est un gain de M. André Leroy. Elle donna ses premiers fruits en 1862 et il la dédia à un de ses gendres. — L'arbre, de vigueur moyenne sur cognassier, ne se plie pas facilement aux formes régulières. Sa fertilité est précoce, seulement moyenne et interrompue par des alternats complets. Son fruit n'a, jusqu'à présent, chez moi atteint que la seconde qualité.

DESCRIPTION.

Rameaux assez peu forts, presque unis dans leur contour, émettant souvent des dards anticipés, un peu flexueux, à entre-nœuds courts, d'un jaune terne ; lenticelles blanchâtres, petites, assez nombreuses et peu apparentes.

Boutons à bois assez petits, coniques, bien aigüs, à direction bien écartée du rameau, souvent éperonnés, soutenus sur des supports peu saillants dont l'arête médiane ne se prolonge pas ou très-peu distinctement ; écailles d'un marron rougeâtre peu foncé et brillant.

Pousses d'été d'un vert clair un peu teinté de jaune, à peine lavées de rouge et duveteuses à leur sommet.

Feuilles des pousses d'été moyennes, ovales, un peu élargies du côté du pétiole, se terminant presque régulièrement en une pointe un peu longue, concaves, bordées de dents bien larges, profondes et bien recourbées, s'abaissant sur des pétioles longs, forts et recourbés en dessous.

Stipules longues, linéaires.

Feuilles stipulaires très-fréquentes.

Boutons à fruit moyens, coniques allongés, finement aigus; écailles d'un marron clair.

Fleurs petites; pétales ovales-ellitiques, concaves, à onglet un peu long, écartés entre eux ; divisions du calice longues, très-étroites, et très-finement aiguës; pédicelles de moyenne longueur, peu forts et presque glabres.

Feuilles des productions fruitières à peu près de même grandeur que celles des pousses d'été, ovales, un peu élargies et souvent un peu échancrées vers le pétiole, se terminant brusquement en une pointe très-courte, peu repliées sur leur nervure médiane, régulièrement bordées de dents bien couchées, peu profondes et émoussées, bien soutenues sur des pétioles de moyenne longueur, grêles et fermes.

Caractère saillant de l'arbre : teinte générale du feuillage d'un vert bleu peu intense et peu brillant; feuilles des pousses d'été très-épaisses et bordées d'une serrature formée de dents remarquablement larges.

Fruit gros, ovoïde-piriforme et bien allongé, souvent bosselé dans son contour, atteignant sa plus grande épaisseur bien au-dessous du milieu de sa hauteur ; au-dessus de ce point, s'atténuant par une courbe d'abord convexe puis largement concave en une pointe très-longue, maigre et aiguë à son sommet ; au-dessous du même point, s'atténuant par une courbe largement convexe pour diminuer sensiblement d'épaisseur vers la cavité de l'œil.

Peau un peu ferme, d'abord d'un vert d'eau semé de points d'un vert plus foncé, assez nombreux, apparents et assez régulièrement espacés. Rarement on remarque un peu de rouille sur la base du fruit. A la maturité, **fin d'août, commencement de septembre**, le vert fondamental passe au jaune citron clair, seulement un peu doré du côté du soleil.

Œil petit, fermé ou presque fermé, placé dans une cavité étroite, très-peu profonde, sensiblement plissée dans ses parois et par ses bords.

Queue assez courte, forte, bien souple, le plus souvent courbée, attachée à fleur de la pointe du fruit.

Chair blanche, peu fine, demi-fondante, un peu marcescente, abondante en eau sucrée et légèrement parfumée.

DORSORIS

(N° 119)

The Fruits and the fruit-trees of America. DOWNING.

OBSERVATIONS. — Cette variété, à laquelle Downing donne le synonyme American Beauty, est d'origine américaine, sans que l'on connaisse exactement le lieu de sa naissance. Il est seulement constant qu'elle fut d'abord propagée par Isaac Coles, de Glen Cove, Long-Island.— L'arbre, de vigueur insuffisante sur cognassier, peut cependant former sur ce sujet des fuseaux bien garnis et sur lesquels ses fruits nombreux, bien colorés, présentent le plus joli aspect. Sa fertilité est très-précoce, grande et soutenue. Son fruit réunit au mérite de sa grande beauté celui d'une bonne qualité.

DESCRIPTION.

Rameaux de moyenne force, finement anguleux dans leur contour, presque droits, à entre-nœuds courts, jaunâtres du côté de l'ombre et un peu teintés de rouge vineux du côté du soleil ; lenticelles blanches, petites, assez nombreuses et un peu apparentes.

Boutons à bois assez petits, coniques, bien aigus, à direction peu écartée du rameau, soutenus sur des supports saillants dont l'arête médiane se prolonge finement ; écailles d'un marron foncé.

Pousses d'été d'un vert très-clair, lavées de rouge vineux et duveteuses sur une assez grande longueur à leur sommet.

Feuilles des pousses d'été moyennes, ovales un peu allongées, se terminant assez brusquement en une pointe un peu longue et bien finement aiguë, creusées en gouttière et à peine arquées, bordées de dents larges, profondes et émoussées, soutenues horizontalement sur des pétioles de moyenne longueur, grêles, un peu souples et redressés.

Stipules en alêne, assez courtes, fines et très-caduques.

Feuilles stipulaires se présentant quelquefois.

Boutons à fruit assez gros, conico-ovoïdes, un peu aigus ; écailles extérieures d'un marron un peu foncé ; écailles intérieures couvertes d'un duvet court et de couleur fauve.

Fleurs assez grandes ; pétales ovales-élargis, concaves, à onglet court, peu écartés entre eux ; divisions du calice longues, un peu larges, bien aiguës et recourbées en dessous ; pédicelles longs, forts et un peu laineux.

Feuilles des productions fruitières moyennes et cependant un peu plus grandes que celles des pousses d'été, ovales-allongées, se terminant brusquement en une pointe extraordinairement courte et fine, creusées en gouttière et le plus souvent ondulées dans leur contour, bordées de dents larges, profondes et un peu aiguës, assez mal soutenues sur des pétioles de moyenne longueur, grêles et flexibles.

Caractère saillant de l'arbre : teinte générale du feuillage d'un vert gai et cependant peu brillant ; serrature de toutes les feuilles formée de dents remarquablement larges et profondes ; tous les pétioles grêles et souples.

Fruit moyen, ovoïde, court et épais, uni dans son contour, atteignant sa plus grande épaisseur bien au-dessous du milieu de sa hauteur ; au-dessus de ce point, s'atténuant par une courbe largement convexe en une pointe plus ou moins courte, épaisse et obtuse à son sommet ; au-dessous du même point, s'arrondissant par une courbe assez convexe pour ensuite s'aplatir un peu autour de la cavité de l'œil.

Peau un peu épaisse et ferme, d'abord d'un vert vif et gai semé de points d'un vert plus foncé, nombreux, bien régulièrement espacés et un peu apparents. Souvent on remarque un peu de rouille fauve soit sur le sommet du fruit, soit dans la cavité de l'œil. A la maturité, **commencement d'août**, le vert fondamental passe au jaune citron clair et brillant et le côté du soleil est taché d'un joli rouge vermillon sur lequel apparaissent des points gris, cernés de rouge plus foncé.

Œil grand, ouvert, placé dans une cavité peu profonde, bien évasée, unie dans ses parois et par ses bords.

Queue courte, un peu forte, un peu charnue, le plus souvent repoussée obliquement sur la pointe du fruit dont elle semble former la continuation.

Chair blanche, fine, serrée, beurrée, suffisante en eau douce, sucrée, agréablement et délicatement parfumée.

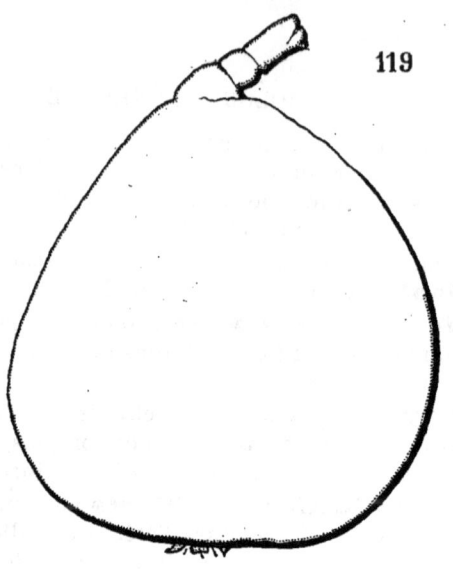

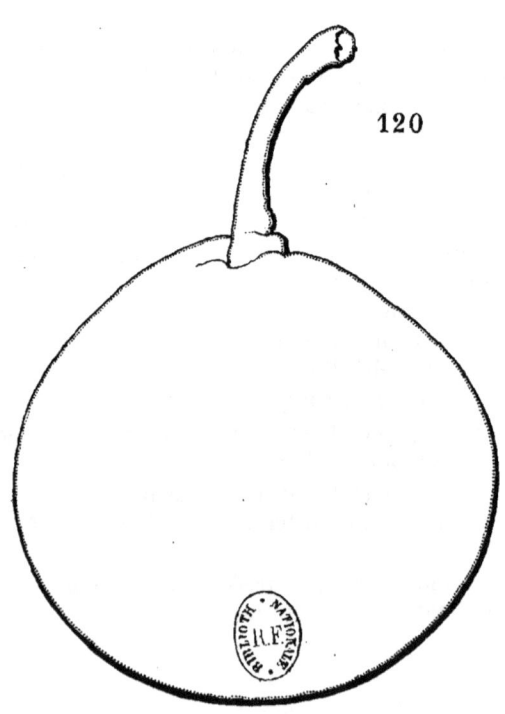

119, DORSORIS . 120, BERGAMOTTE LESÈBLE

BERGAMOTTE LESÈBLE

(N° 120)

Revue horticole. DE LIRON D'AIROLES. 1865.
Dictionnaire de pomologie. ANDRÉ LEROY.
The Fruits and the fruit-trees of America. DOWNING.
Catalogue JOHN SCOTT, de Merriott.

OBSERVATIONS. — Cette variété est un semis de hasard trouvé par M. Lesèble, président du Comice horticole de Tours, dans une vigne de son domaine du Rochefuret.—L'arbre, de vigueur moyenne sur cognassier, s'accommode assez bien des formes régulières. Sa fertilité est assez précoce et seulement moyenne. Son fruit, de bonne qualité, est relevé d'une saveur assez semblable à celle de la Crassane.

DESCRIPTION.

Rameaux peu forts, allongés et fluets à leur partie supérieure, un peu flexueux, à entre-nœuds de moyenne longueur, jaunâtres et un peu teintés de rouge à leur partie supérieure ; lenticelles fines, allongées, assez peu nombreuses et peu apparentes.

Boutons à bois moyens, coniques, peu aigus, à direction bien écartée du rameau, soutenus sur des supports un peu renflés dont l'arête médiane se prolonge très-peu distinctement ; écailles d'un marron rougeâtre très-foncé et finement bordées de gris argenté.

Pousses d'été d'un vert vif et gai, bien colorées de rouge et couvertes d'un duvet fin et épais à leur sommet.

Feuilles des pousses d'été moyennes, obovales-elliptiques, se terminant presque régulièrement en une pointe très-courte et très-fine, bien creusées en gouttière et à peine arquées, bordées de dents larges, profondes et obtuses, s'abaissant sur des pétioles un peu longs, de moyenne force, horizontaux ou presque horizontaux.

Stipules de moyenne longueur, filiformes.

Feuilles stipulaires fréquentes.

Boutons à fruit moyens, conico-ovoïdes, un peu allongés et aigus ; écailles d'un marron rougeâtre très-foncé et un peu brillant.

Fleurs presque grandes ; pétales arrondis, concaves, à onglet court, un peu écartés entre eux, très-légèrement lavés de rose avant l'épanouissement ; divisions du calice courtes et un peu recourbées en dessous ; pédicelles longs, grêles et duveteux.

Feuilles des productions fruitières assez grandes, ovales ou ovales-elliptiques, se terminant un peu brusquement en une pointe courte, peu repliées sur leur nervure médiane et à peine arquées, bordées de dents un peu larges, peu profondes et obtuses, assez bien soutenues sur des pétioles longs, de moyenne force et peu souples.

Caractère saillant de l'arbre : teinte générale du feuillage d'un beau vert intense ; feuilles des pousses d'été épaisses et fermes.

Fruit moyen, sphérico-conique, souvent un peu bosselé dans son contour, atteignant sa plus grande épaisseur peu au-dessous du milieu de sa hauteur ; au-dessus de ce point, s'atténuant par une courbe peu convexe en une pointe courte, épaisse et largement obtuse à son sommet ; au-dessous du même point, s'atténuant par une courbe plus convexe pour ensuite s'aplatir un peu autour de la cavité de l'œil.

Peau un peu ferme, d'abord d'un vert d'eau semé de points d'un vert plus foncé, très-nombreux, serrés et bien régulièrement espacés. On remarque souvent un peu de rouille dans la cavité de l'œil. A la maturité, **commencement de septembre**, le vert fondamental s'éclarcit en jaune, en conservant cependant un ton un peu verdâtre et le côté du soleil se dore chaudement ou se couvre d'un nuage de rouge orangé ou de rouge rosat.

Œil moyen, fermé ou presque fermé, placé dans une cavité large, peu profonde, souvent plissée dans ses parois et par ses bords.

Queue longue, un peu forte, charnue à son point d'attache dans un pli plus ou moins prononcé formé par la pointe du fruit.

Chair blanchâtre, assez fine, fondante, abondante en eau sucrée et agréablement parfumée.

VAN DEVENTER

(N° 121)

The Fruits and the fruit-trees of America. Downing.
Catalogue John Scott, de Merriott.

Observations. — Cette variété, d'après Downing, est originaire du New-Jersey.—L'arbre est d'une vigueur souvent insuffisante sur cognassier. Sa fertilité très-précoce et très-grande doit être ménagée par une taille courte. Il exige quelques soins pour être maintenu sous forme régulière. Son fruit, d'assez bonne qualité, doit être entre-cueilli.

DESCRIPTION.

Rameaux de moyenne force, anguleux dans leur contour, presque droits, à entre-nœuds courts, d'un brun jaunâtre à l'ombre, d'un brun rougeâtre du côté du soleil; lenticelles extraordinairement petites et extraordinairement nombreuses.

Boutons à bois moyens, coniques, un peu courts, épais et courtement aigus, à direction peu écartée du rameau, soutenus sur des supports un peu saillants dont l'arête médiane se prolonge distinctement; écailles d'un marron rougeâtre peu foncé.

Pousses d'été d'un vert clair un peu teinté de jaune, un peu lavées de rouge et un peu soyeuses à leur sommet.

Feuilles des pousses d'été moyennes, ovales-arrondies, se terminant un peu brusquement en une pointe un peu longue et large, très-peu repliées sur leur nervure médiane et à peine arquées, bordées de dents larges, profondes et peu aiguës, bien soutenues sur des pétioles très-courts, grêles, bien fermes et redressés.

Stipules très-caduques.

Feuilles stipulaires manquant ordinairement.

Boutons à fruit moyens, conico-ovoïdes, allongés et un peu aigus ; écailles d'un beau marron rougeâtre.

Fleurs assez petites ; pétales obovales-elliptiques, peu concaves, à onglet court, un peu écartés entre eux ; divisions du calice courtes et peu recourbées en dessous ; pédicelles longs, grêles et un peu duveteux.

Feuilles des productions fruitières à peu près de même dimension que celles des pousses d'été, ovales-élargies et quelques-unes régulièrement elliptiques, se terminant brusquement en une pointe très-courte, planes ou presque planes, très-régulièrement bordées de dents fines, peu profondes et aiguës, soutenues horizontalement sur des pétioles courts, grêles, fermes et redressés.

Caractère saillant de l'arbre : teinte générale du feuillage d'un vert pré clair et mat ; pétioles des feuilles des pousses d'été extraordinairement courts ; feuilles des productions fruitières se présentent bien horizontalement ; toutes les feuilles un peu élargies ou tendant à la forme arrondie.

Fruit petit ou assez petit, ovoïde-piriforme, atteignant sa plus grande épaisseur bien au-dessous du milieu de sa hauteur ; au-dessus de ce point, s'atténuant par une courbe d'abord un peu convexe puis largement concave, en une pointe un peu longue, maigre et aiguë à son sommet ; au-dessous du même point, s'arrondissant par une courbe largement convexe jusque vers l'œil.

Peau un peu épaisse et cependant tendre, d'abord d'un vert gai semé de points gris, nombreux et assez peu apparents. On remarque parfois quelques traces de rouille sur la surface du fruit et surtout sur sa base. A la maturité, **commencement d'août**, le vert fondamental passe au jaune citron intense et le côté du soleil, sur lequel se concentrent des points grisâtres, est souvent aussi lavé ou flammé de rouge sanguin.

Œil moyen, demi-ouvert, creusé dans une dépression étroite, peu profonde, tantôt unie, tantôt à peine plissée dans ses parois.

Queue de moyenne longueur ou courte, ordinairement bien souple, charnue à son point d'attache à la pointe du fruit, dont elle forme exactement la continuation, et qui est souvent plissée circulairement.

Chair blanche, fine, demi-beurrée, suffisante en eau sucrée, agréablement et délicatement parfumée.

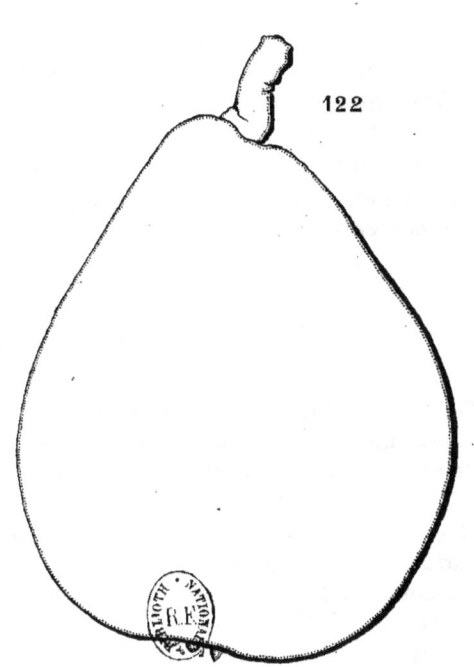

121, VAN DEVENTER.   122, ANDRÉ DESPORTES.

Peingeon, Del.

ANDRÉ DESPORTES

(N° 122)

Dictionnaire de pomologie. ANDRÉ LEROY.
Catalogue JOHN SCOTT, de Merriott.

OBSERVATIONS. — Cette variété est un gain de M. André Leroy. Elle donna ses premiers fruits en 1854 et fut dédiée par lui au fils aîné de M. Baptiste Desportes, le directeur de la partie commerciale de son établissement. — L'arbre, sur cognassier, végète bien dans son jeune âge, mais sa vigueur est bientôt contenue par une production précoce et grande. Sa véritable destination est la haute tige sur franc formant une tête élevée, peu compacte, dont les branches se subdivisent peu. Son fruit, d'un assez beau volume, est de bonne qualité et souvent de première surtout pour l'époque de la maturité.

DESCRIPTION.

Rameaux forts, unis dans leur contour, droits ou presque droits, à entre-nœuds de moyenne longueur ou plus allongés, d'un brun verdâtre sombre; lenticelles blanchâtres, peu larges, le plus souvent arrondies et un peu apparentes.

Boutons à bois gros, coniques, épais, renflés sur le dos, peu aigus, appliqués ou presque appliqués au rameau. soutenus sur des supports peu saillants dont les côtés et l'arête médiane ne se prolongent pas; écailles d'un marron sombre ombré d'un duvet gris.

Pousses d'été d'un vert terne, bien colorées de rouge sanguin, et bien duveteuses à leur sommet.

Feuilles des pousses d'été moyennes, ovales, un peu allongées et peu élargies, se terminant un peu brusquement en une pointe courte et fine, bien creusées en gouttière et arquées, bordées de dents très-peu profondes, souvent inégales entre elles et aiguës, soutenues à peu près horizontalement sur des pétioles longs, assez grêles, redressés et un peu souples.

Stipules longues, linéaires-étroites.

Feuilles stipulaires très-fréquentes.

Boutons à fruit gros, coniques, épais, émoussés ou un peu obtus ; écailles extérieures d'un marron rougeâtre, ombré d'un duvet grisâtre ; écailles intérieures couvertes d'un duvet fauve.

Fleurs moyennes ou assez grandes ; pétales arrondis-élargis, bien concaves, entièrement blancs avant l'épanouissement, à onglet court, se recouvrant bien entre eux ; divisions du calice assez courtes, finement aiguës et peu recourbées en dessous ; pédicelles de moyenne longueur, peu forts et peu duveteux.

Feuilles des productions fruitières à peu près de même grandeur et de même forme que celles des pousses d'été, se terminant régulièrement en une pointe recourbée, largement creusées en gouttière et à peine arquées, entières ou presque entières par leurs bords, s'abaissant un peu sur des pétioles de moyenne longueur, bien grêles et flexibles.

Caractère saillant de l'arbre : teinte générale du feuillage d'un vert herbacé assez intense et mat ; toutes les feuilles bien creusées en gouttière ; tous les pétioles plus ou moins grêles.

Fruit moyen ou assez gros, conique ou conique-piriforme, uni dans son contour, atteignant sa plus grande épaisseur bien au-dessous du milieu de sa hauteur ; au-dessus de ce point, s'atténuant par une courbe d'abord à peine convexe puis à peine concave en une pointe plus ou moins longue, un peu épaisse et obtuse à son sommet ; au-dessous du même point, s'arrondissant par une courbe largement convexe pour ensuite s'aplatir sur une très-petite étendue autour de l'œil.

Peau fine, mince, unie, devenant brillante lorsqu'elle est frottée, d'abord d'un vert clair et gai semé de points d'un vert un peu plus foncé et très-peu distincts. On remarque quelquefois un peu de rouille fine et d'un brun clair sur le sommet du fruit. A la maturité, **commencement d'août**, le vert fondamental s'éclaircit en jaune et le côté du soleil est lavé ou flammé d'un soupçon de rouge sur lequel ressortent peu quelques points grisâtres.

Œil petit, fermé, à divisions fines, très-courtes, dressées, placé dans une dépression très-étroite, très-peu profonde, ordinairement finement plissée dans ses parois et par ses bords.

Queue courte ou de moyenne longueur, peu forte, ligneuse, attachée dans un pli charnu, et le plus souvent repoussée un peu obliquement.

Chair blanche, fine, fondante, abondante en eau sucrée, vineuse et relevée d'une saveur rafraîchissante.

PAIN-ET-VIN

(N° 123)

Dictionnaire de pomologie. André Leroy.
Catalogue John Scott, de Merriott.
POIRE DE CHENEVIN. *Traité des fruits.* Couverchel.

Observations. — Cette variété est probablement originaire de la Normandie, et c'est à tort que Dochnal, dans son *Sichere Füher*, la considère comme synonyme de la Fondante de Brest. — L'arbre, de bonne vigueur sur cognassier, s'accommode facilement de la forme pyramidale. Sa fertilité est très-précoce, grande et bien soutenue. Son fruit, de bonne qualité, se distingue par sa chair un peu consistante et bien savoureuse, d'où son nom semblant signifier qu'il peut servir tout à la fois de nourriture et de boisson. Il convient surtout à la grande culture.

DESCRIPTION.

Rameaux assez forts, peu anguleux dans leur contour, presque droits, à entre-nœuds de moyenne longueur, de couleur noisette et teintés de rouge sanguin à leur partie supérieure; lenticelles blanchâtres, assez larges, assez nombreuses et un peu apparentes.

Boutons à bois gros, coniques, aigus, à direction parallèle ou presque parallèle au rameau, soutenus sur des supports peu saillants dont les côtés et l'arête médiane se prolongent plus ou moins distinctement; écailles d'un marron rougeâtre foncé.

Pousses d'été bien lavées de rouge sanguin et longtemps couvertes sur une grande longueur d'un duvet gris et très-court.

Feuilles des pousses d'été moyennes, épaisses, ovales-elliptiques, se terminant brusquement en une pointe peu longue, peu repliées sur leur nervure médiane et non arquées, bordées de dents un peu larges, un peu profondes et aiguës, soutenues horizontalement sur des pétioles de moyenne longueur, un peu forts et redressés.

Stipules en alènes un peu longues et finement aiguës, très-caduques.

Feuilles stipulaires se présentant quelquefois.

Boutons à fruit presque moyens, conico-ovoïdes, un peu allongés et aigus ; écailles d'un marron rougeâtre foncé.

Fleurs assez grandes ; pétales obovales-arrondis, un peu concaves, colorés d'un rose vif avant l'épanouissement ; divisions du calice longues, étroites et bien recourbées en dessous ; pédicelles de moyenne longueur, un peu forts, colorés de rouge et duveteux.

Feuilles des productions fruitières moyennes, ovales-élargies, se terminant brusquement en une pointe fine et un peu longue, peu repliées sur leur nervure médiane, bordées de dents peu profondes et émoussées, mal soutenues sur des pétioles longs, peu forts et flexibles.

Caractère saillant de l'arbre : toutes les feuilles bien épaisses ; direction bien perpendiculaire des rameaux qui sont d'une force bien soutenue jusqu'à leur sommet.

Fruit moyen ou presque moyen, ovoïde un peu tronqué à ses deux pôles, ordinairement uni dans son contour, atteignant sa plus grande épaisseur au-dessous du milieu de sa hauteur ; au-dessus de ce point, s'atténuant par une courbe à peine convexe en une pointe peu longue, épaisse et tronquée à son sommet ; au-dessous du même point, s'atténuant par une courbe largement convexe pour diminuer sensiblement d'épaisseur vers la cavité de l'œil.

Peau assez mince, d'abord d'un vert d'eau pâle semé de points bruns, nombreux, serrés, saillants et bien apparents. Une rouille fauve couvre ordinairement le sommet du fruit et la cavité de l'œil. A la maturité, **septembre**, le vert fondamental passe au blanc jaunâtre et le côté du soleil est largement lavé de rouge orangé sur lequel ressortent peu des points grisâtres se touchant presque entre eux.

Œil grand, demi-ouvert, à divisions larges, placé presque à fleur de la base du fruit dans une dépression étroite, très-peu profonde et sensiblement plissée dans ses parois.

Queue de moyenne longueur, de moyenne force, bien ligneuse, le plus souvent repoussée un peu obliquement dans un pli formé par la pointe du fruit.

Chair d'un blanc un peu teinté de jaune, demi-fine, demi-beurrée, bien abondante en eau richement sucrée, vineuse, relevée d'un parfum assez semblable à celui du Martin-Sec, rarement un peu entachée d'âpreté.

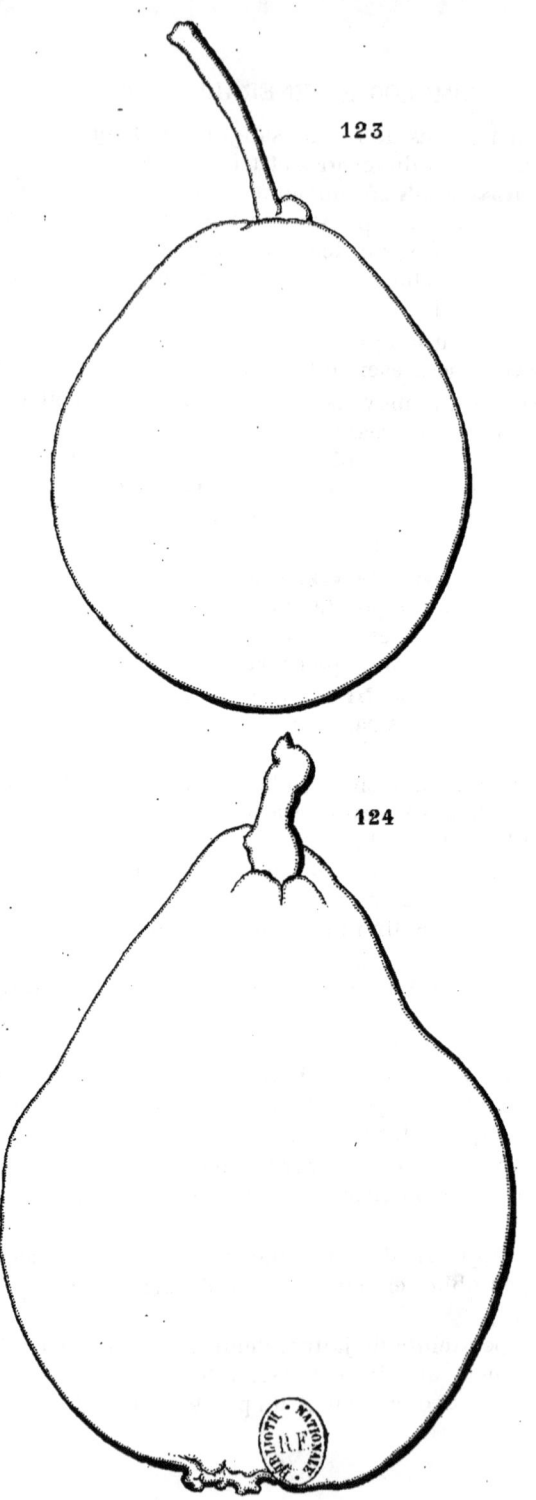

123. PAIN-ET-VIN. 124. SAINT-PÈRE.

Imp E. Protat, à Mâcon.

SAINT-PÈRE

(N° 124)

Traité des arbres fruitiers. Duhamel.
Catalogue John Scott, de Merriott.
A Guide to the Orchard. Lindley.
DE SAINT-PÈRE. *Dictionnaire de pomologie.* André Leroy.
DE SAINT-PÈRE ou SAIMPAIR. *Traité des fruits.* Couverchel.
COMPOT BIRNE. *Sichere Füher.* Dochnal.

Observations. — Sans accepter les synonymies fort douteuses de Bugiarda et de Brute-Bonne de Rome appliquées à cette variété par M. André Leroy, son nom toutefois permet de supposer qu'elle est d'origine italienne et d'une ancienneté indéterminée ; car celle de quatre siècles qu'il lui attribue ne nous semble pas suffisamment prouvée par des citations qui présentent des caractères souvent opposés à ceux qu'il est facile de constater dans la description que nous allons donner de ce fruit. — L'arbre, de bonne vigueur sur cognassier, forme de belles pyramides bien régulières. Sa fertilité se fait un peu attendre et devient ensuite bonne et soutenue. Son fruit, de longue et facile conservation, est de bonne qualité pour les usages du ménage.

DESCRIPTION.

Rameaux assez forts, finement anguleux dans leur contour et plus sensiblement à leur partie supérieure, un peu flexueux et à entre-nœuds longs, verdâtres du côté de l'ombre et d'un vert olivâtre du côté du soleil ; lenticelles blanchâtres, larges, peu nombreuses et bien apparentes.

Boutons à bois gros, coniques, un peu courts, épais et courtement aigus, à direction parallèle ou presque parallèle au rameau, soutenus sur des supports extraordinairement saillants ; écailles d'un marron rougeâtre foncé et largement bordé de gris blanchâtre.

Pousses d'été d'un vert vif, lavées d'un beau rouge sanguin et couvertes d'un duvet blanc et soyeux à leur sommet.

Feuilles des pousses d'été moyennes, ovales-elliptiques, cependant parfois un peu obovales, se terminant brusquement en une pointe assez courte et bien fine, peu concaves, régulièrement bordées de dents un peu larges, profondes et émoussées, très-mal soutenues sur des pétioles longs, de moyenne force, très-flexibles et colorés de rouge.

Stipules longues, filiformes.

Feuilles stipulaires fréquentes.

Boutons à fruit moyens, conico-ovoïdes, un peu allongés et bien aigus ; écailles d'un beau marron foncé.

Fleurs moyennes ; pétales ovales-élargis, bien atténués à leur sommet, peu concaves, souvent ondulés dans leur contour, bordés de rose vif avant l'épanouissement ; divisions du calice courtes et très-finement aiguës, peu recourbées en dessous ; pédicelles très-courts, forts et un peu duveteux.

Feuilles des productions fruitières assez grandes, presque elliptiques ou obovales-elliptiques, se terminant brusquement en une pointe très-courte et fine, bien creusées en gouttière et non arquées, bien régulièrement bordées de dents fines, peu profondes et aiguës, mal soutenues sur des pétioles de moyenne longueur, de moyenne force et bien flexibles.

Caractère saillant de l'arbre : teinte générale du feuillage d'un vert vif et gai ; feuilles des productions fruitières bordées d'une serrature remarquablement fine et régulière; mollesse de tous les pétioles.

Fruit moyen ou gros, tantôt conique-piriforme, tantôt ovoïde-piriforme, toujours bien ventru et parfois déformé dans son contour par des élévations très-aplanies, atteignant sa plus grande épaisseur plus ou moins au-dessous du milieu de sa hauteur ; au-dessus de ce point, s'atténuant par une courbe d'abord un peu convexe, puis largement concave en une pointe plus ou moins longue, peu épaisse, aiguë ou un peu obtuse à son sommet; au-dessous du même point, s'atténuant par une courbe, tantôt plus, tantôt moins convexe, pour diminuer sensiblement d'épaisseur vers la cavité de l'œil.

Peau un peu épaisse, d'abord d'un vert d'eau semé de points bruns, arrondis, un peu larges, très-nombreux, serrés, se confondant souvent avec des traits ou taches d'une rouille de même couleur qui se dispersent sur la surface du fruit et se condensent sur certaines parties, surtout dans la cavité de l'œil. A la maturité, **fin d'hiver et printemps**, le vert fondamental passe au jaune doré intense, le côté du soleil se couvre d'un ton de roux doré et parfois se lave d'un peu de rouge vermillon sur les fruits les plus exposés.

Œil grand, ouvert ou demi-ouvert, à divisions dressées, placé presque à fleur de la base du fruit dans une cavité étroite, très-peu profonde, un peu plissée dans ses parois et par ses bords qui offrent peu d'épaisseur.

Queue courte ou de moyenne longueur, un peu forte, un peu épaissie à son point d'attache au rameau, fixée tantôt perpendiculairement, tantôt un peu obliquement à fleur de la pointe du fruit dont elle semble former la continuation.

Chair d'un blanc un peu teinté de jaune, fine, tassée, cassante, sans pierre, suffisante en eau douce, bien sucrée, sans parfum appréciable.

BELLE DE GUASCO

(N° 125)

Catalogue des pépinières royales de Vilvorde. DE BAVAY.
Bulletin de la Société Van Mons.
Dictionnaire de pomologie. ANDRÉ LEROY.
Catalogue JOHN SCOTT, *de Merriott.*

OBSERVATIONS. — M. de Bavay semble indiquer dans son Catalogue que cette variété serait un gain de M. de Guasco, dont les qualités nous sont inconnues. — L'arbre, de bonne vigueur aussi bien sur cognassier que sur franc, est bien disposé à prendre la forme pyramidale. Sa fertilité, assez précoce, est bonne mais interrompue par des alternats complets. Son fruit est seulement de seconde qualité.

DESCRIPTION.

Rameaux assez forts, un peu anguleux dans leur contour, presque droits, à entre-nœuds de moyenne longueur, d'un brun jaunâtre du côté de l'ombre, d'un brun foncé du côté du soleil; lenticelles jaunâtres, un peu allongées, très-rares et peu apparentes.

Boutons à bois moyens, coniques, assez courts, épais et bien aigus, à direction écartée du rameau, soutenus sur des supports bien saillants dont l'arête médiane se prolonge assez distinctement; écailles d'un marron presque noir et largement bordé de gris argenté.

Pousses d'été d'un vert très-pâle et très-légèrement duveteuses sur oute leur longueur.

Feuilles des pousses d'été moyennes ou assez petites, ovales-elliptiques, se terminant brusquement en une pointe longue, concave et un peu recourbées en dessous par leur pointe, irrégulièrement bordées de dents larges, peu profondes, obtuses et manquant souvent, bien soutenues sur des pétioles un peu longs, un peu forts, fermes et bien dressés.

Stipules de moyenne longueur, lancéolées et souvent un peu courbées.

Feuilles stipulaires se présentent quelquefois.

Boutons à fruit gros, coniques, un peu renflés, peu aigus ou émoussés ; écailles d'un marron foncé.

Fleurs petites ; pétales elliptiques, peu larges, à onglet très-court, concaves, écartés entre eux ; divisions du calice courtes et peu recourbées en dessous ; pédicelles un peu longs, peu forts et à peine duveteux.

Feuilles des productions fruitières à peine moyennes, ovales-elliptiques ou elliptiques, se terminant brusquement en une pointe longue lorsqu'elles sont ovales et en une pointe très-courte lorsqu'elles sont elliptiques, planes ou presque planes, bordées de dents fines, peu profondes et bien aiguës, s'abaissant peu sur des pétioles longs, grêles, assez fermes et divergents.

Caractère saillant de l'arbre : teinte générale du feuillage d'un vert d'eau peu foncé et un peu brillant ; tous les pétioles longs et cependant fermes ; feuilles inférieures des pousses d'été tendant à la forme elliptique-arrondie.

Fruit moyen, ovoïde-piriforme, uni dans son contour, atteignant sa plus grande épaisseur au-dessous du milieu de sa hauteur ; au-dessus de ce point, s'atténuant d'abord par une courbe largement convexe puis brusquement par une courbe assez concave en une pointe peu longue, maigre, peu obtuse et presque aiguë à son sommet ; au-dessous du même point, s'atténuant par une courbe largement convexe pour diminuer assez sensiblement d'épaisseur vers la cavité de l'œil.

Peau un peu épaisse et cependant tendre, d'abord d'un vert décidé semé de points gris, largement et régulièrement espacés. Une tache d'une rouille fauve couvre ordinairement le sommet du fruit. A la maturité, **milieu d'août,** le vert fondamental passe au jaune citron conservant un ton un peu verdâtre, et le côté du soleil est doré ou, dans certaines saisons, lavé d'un peu de rouge.

Œil grand, ouvert, à divisions longues et finement aiguës, placé dans une cavité peu profonde et peu évasée, régulière par ses bords.

Queue de moyenne longueur, peu forte, ligneuse, attachée entre des plis divergents formés par la pointe du fruit.

Chair blanchâtre ou à peine teintée de vert, assez fine, beurrée, fondante, un peu pierreuse vers le cœur, suffisante en eau douce, sucrée, relevée d'une saveur rafraîchissante.

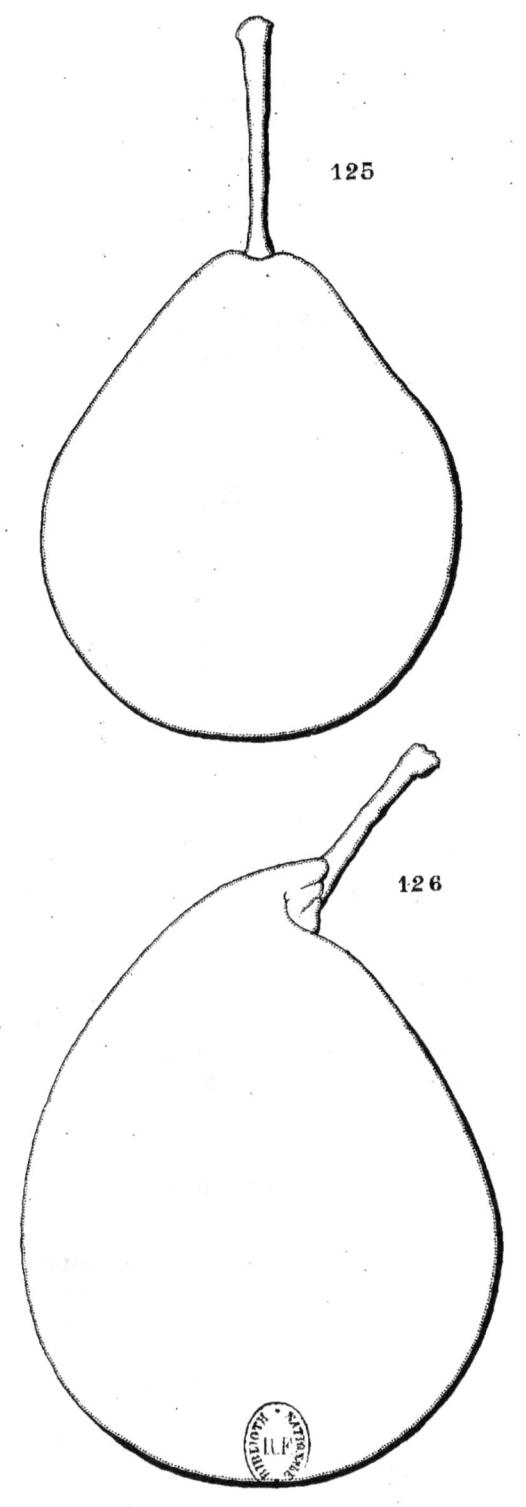

125. BELLE DE GUASCO. 126. READING.

Peingeon, Del.

READING

(N° 126)

The Fruits and the fruit-trees of America. Downing.
The american fruit Culturist. Thomas.
Dictionnaire de pomologie. André Leroy.
Catalogue John Scott, de Merriott.

Observations. — Cette variété, d'après Downing, aurait été obtenue dans les environs d'Oley, comté de Berks, Pensylvanie. Elle est un exemple des noms singuliers que les américains donnent à quelques-unes de leurs variétés fruitières : Reading signifie en français Lecteur. — L'arbre, de vigueur moyenne, s'accommode assez bien des formes régulières. Sa fertilité, assez précoce, est moyenne et soutenue. Son fruit a des rapports d'apparence et de saveur avec notre ancienne Louise-bonne, et il a le mérite d'une plus longue conservation.

DESCRIPTION.

Rameaux assez grêles, presque unis dans leur contour, un peu flexueux, à entre-nœuds assez longs, d'un brun verdâtre du côté de l'ombre, d'un brun plus foncé du côté du soleil; lenticelles d'un blanc jaunâtre, un peu larges, peu nombreuses et un peu apparentes.
Boutons à bois moyens, coniques, allongés, finement aigus et se recourbant un peu vers le rameau par leur pointe, soutenus sur des supports peu saillants, dont les côtés et l'arête médiane se prolongent très-peu distinctement; écailles d'un marron rougeâtre brillant.

Pousses d'été d'un vert très-clair, lavées de rouge sanguin clair et un peu duveteuses sur une assez grande longueur à leur sommet.

Feuilles des pousses d'été très-petites, ovales-elliptiques et peu larges, se terminant un peu brusquement en une pointe courte et très-fine, un peu creusées en gouttière et peu arquées, bordées de dents un peu larges, peu profondes et peu aiguës, bien soutenues sur des pétioles très-courts, très-grêles, fermes et redressés.

Stipules longues, linéaires-étroites.

Feuilles stipulaires manquant ordinairement.

Boutons à fruit moyens, conico-ovoïdes, allongés et finement aigus; écailles d'un marron brillant.

Fleurs moyennes; pétales exactement ovales, souvent aigus à leur sommet, peu concaves, à onglet un peu long, bien écartés entre eux; divisions du calice longues, étroites et très-finement aiguës, recourbées en dessous; pédicelles courts, assez forts, à peine duveteux.

Feuilles des productions fruitières moyennes ou presque moyennes, ovales-elliptiques, se terminant plus ou moins brusquement en une pointe très-courte, à peine repliées sur leur nervure médiane et un peu arquées, bordées de dents larges, un peu profondes, couchées et émoussées, assez bien soutenues sur des pétioles très-inégaux entre eux, de moyenne force, fermes et divergents.

Caractère saillant de l'arbre: teinte générale du feuillage d'un vert un peu bleu et mat; feuilles des pousses d'été remarquablement petites; tous les pétioles raides.

Fruit moyen, ovoïde-piriforme, parfois un peu ventru, uni dans son contour, atteignant sa plus grande épaisseur bien au-dessous du milieu de sa hauteur; au-dessus de ce point, s'atténuant par une courbe à peine convexe en une pointe un peu longue, un peu épaisse et cependant aiguë à son sommet; au-dessous du même point, s'atténuant par une courbe largement convexe pour diminuer sensiblement d'épaisseur vers la cavité de l'œil.

Peau un peu ferme, d'abord d'un vert décidé semé de points d'un brun verdâtre, un peu larges, nombreux et apparents. Une rouille brune, un peu dense, couvre la dépression de l'œil, parfois le sommet du fruit et se disperse aussi en taches ou tavelures sur sa surface. A la maturité, **fin d'hiver**, le vert fondamental passe au jaune, conservant un ton un peu verdâtre, et le côté du soleil se distingue par un ton à peine un peu plus chaud.

Œil moyen, ouvert, à divisions fermes et souvent caduques, placé presque à fleur de la base du fruit dans une dépression très-peu profonde, évasée et ordinairement régulière.

Queue de moyenne longueur, peu forte, formant le plus souvent exactement la continuation de la pointe du fruit, et parfois aussi un peu épaissie à son point d'attache dans un pli large et peu profond.

Chair d'un blanc verdâtre, granuleuse, beurrée ou demi-beurrée, un peu pierreuse vers le cœur, abondante en eau douce, sucrée, relevée d'un parfum peu accentué.

CHAT-BRÛLÉ

(N° 127)

Traité des arbres fruitiers. Duhamel.
A Guide to the Orchard. Lindley.
Dictionnaire de pomologie. André Leroy.
Catalogue John Scott, de Merriott.
VERBRANNTE KATZE. *Systematisches Handbuch der Obstkunde.* Dittrich.
VERBRANNTE BIRNE. *Sichere Füher.* Dochnal.

Observations. — J'ai reçu, dans le temps, cette variété de M. André Leroy et je crois qu'elle doit se rapporter à la seconde des deux variétés de Chat-Brûlé décrites par Duhamel, et dont il dit qu'elle tient pour la forme, la couleur et la grosseur entre le Messire-Jean et le Martin-Sec. Elle est bien aussi celle décrite par Lindley et Dittrich. M. Leroy attribue pour synonyme à sa poire Chat-Brûlé, la Kamper-Vénus des Hollandais. La première variété de Chat-Brûlé décrite par Duhamel, et qui n'est pas celle de M. Leroy, a bien quelques rapports de ressemblance, mais comment s'expliquer ce nom de Chat-Brûlé donné à un fruit d'aussi jolie apparence, d'une coloration claire et vive, telle que celle que présente la vraie Kamper-Vénus, dont nous avons donné la figure et la description dans *Le Verger*. J'ajouterai que la Kamper-Vénus est une poire de longue et facile conservation, tandis que notre Chat-Brûlé mollit assez promptement et avant l'hiver, comme Lindley l'indique avec raison. — L'arbre, de vigueur un peu insuffisante sur cognassier, s'accommode de la forme pyramidale. Sa fertilité est précoce et bonne, et son fruit est propre seulement aux usages du ménage.

DESCRIPTION.

Rameaux de moyenne force et bien fluets à leur partie supérieure, presque unis dans leur contour, bien flexueux, à entre-nœuds de moyenne longueur, d'un brun jaunâtre du côté de l'ombre, rougeâtres du côté du soleil ; lenticelles blanches, un peu larges, un peu nombreuses et apparentes.

Boutons à bois assez petits, coniques, très-courts, très-élargis à leur base et très-courtement aigus, à direction bien écartée du rameau, soutenus sur des supports un peu renflés dont l'arête médiane ne se prolonge pas ou très-peu distinctement; écailles d'un marron rougeâtre très-foncé.

Pousses d'été d'un vert clair et brillant, lavées de rouge sanguin sur presque toute leur longueur et presque glabres à leur sommet.

Feuilles des pousses d'été moyennes, ovales-allongées, s'atténuant sensiblement et régulièrement en une pointe longue, peu repliées sur leur nervure médiane et bien arquées, bordées de dents assez larges, un peu profondes, couchées et obtuses, se recourbant sur des pétioles un peu longs, un peu forts et redressés.

Stipules très-longues, presque filiformes, très-caduques.

Feuilles stipulaires rares.

Boutons à fruit assez gros, ovo-ellipsoïdes, épais et courtement aigus; écailles d'un marron rougeâtre très-foncé.

Fleurs assez grandes; pétales ovales-élargis, arrondis ou tronqués à leur sommet, peu concaves; divisions du calice longues, bien aiguës, étalées ou peu recourbées en dessous; pédicelles courts, grêles et peu duveteux.

Feuilles des productions fruitières grandes, ovales-elliptiques, se terminant un peu brusquement en une pointe très-courte, souvent contournées par leur extrémité, un peu creusées en gouttière, bordées de dents larges, un peu profondes et obtuses, s'abaissant sur des pétioles de moyenne longueur, de moyenne force et flexibles.

Caractère saillant de l'arbre : teinte générale du feuillage d'un vert intense et vif; aspect bien lisse des pousses d'été.

Fruit moyen, turbiné-conique, tantôt un peu court, tantôt plus allongé, uni dans son contour, atteignant sa plus grande épaisseur peu au-dessous du milieu de sa hauteur; au-dessus de ce point, s'atténuant par une courbe d'abord largement convexe puis largement concave en une pointe plus ou moins courte et ordinairement obliquement obtuse à son sommet; au-dessous du même point, s'arrondissant par une courbe bien convexe pour ensuite s'aplatir un peu autour de la cavité de l'œil.

Peau assez fine, d'abord d'un vert sombre, parfois entièrement ou presque entièrement caché sous un nuage d'une rouille fine, bien fondue, d'un brun fauve sur le sommet du fruit, d'un brun noirâtre et souvent un peu bronzé du côté du soleil. A la maturité, **novembre**, le ton général s'éclaircit et le côté du soleil est parfois lavé d'un peu de rouge terreux.

Œil moyen, ouvert, placé dans une cavité peu profonde, évasée et ordinairement régulière.

Queue de moyenne longueur ou assez courte, peu forte, attachée obliquement dans un pli formé par la pointe du fruit.

Chair blanchâtre, demi-cassante, devenant tendre à l'entière maturité, un peu pierreuse vers le cœur, peu abondante en eau assez sucrée et sans parfum appréciable.

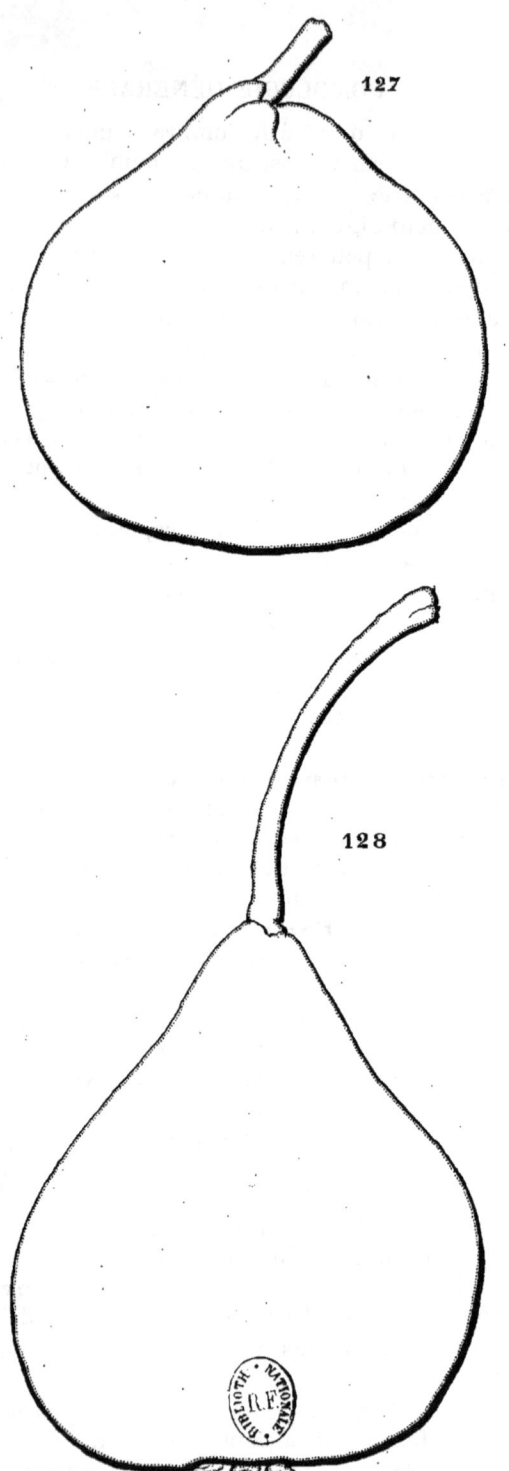

127, CHAT-BRÛLÉ.   128, AQUEUSE D'ESCLAVONIE.

AQUEUSE D'ESCLAVONIE

(SLAVONISCHE WASSERBIRNE)

(N° 128)

Illustrirtes Handbuch der Obstkunde. Jahn.
Beschreibung der neuer Obstsorten. Liegel.
Sichere Füher. Dochnal.

Observations. — Liegel reçut cette variété, en 1842, du comte Bressler, de Fernsee, près de Naybanga, en Hongrie. Il la reçut aussi, en 1844, de M. Hartwill, directeur des jardins russes, à Nikita, en Crimée, et sous le nom de poire Achalzig Ier. — L'arbre, de bonne vigueur sur cognassier, par la direction bien érigée et par la raideur de ses branches, s'accommode mieux de la forme pyramidale que de toute autre. Toutefois, son véritable emploi est la haute tige sur franc qui forme une tête de grande dimension, et trouve bien sa place dans le verger rustique. Sa fertilité bonne est cependant sujette à des alternats complets, lors même qu'il est soumis à la taille. Son fruit est peut-être meilleur dans son pays d'origine, mais jusqu'à présent il ne s'est pas montré chez moi au-dessus de la qualité des poires bonnes seulement aux usages de la cuisine.

DESCRIPTION.

Rameaux forts, un peu épaissis en massue à leur sommet, un peu flexueux, à entre-nœuds longs, d'un brun rougeâtre; lenticelles d'un gris jaunâtre, un peu allongées, assez nombreuses et peu apparentes.

Boutons à bois assez petits, coniques, courts, épais et courtement aigus, à direction peu écartée du rameau vers lequel ils se recourbent un peu par leur pointe, soutenus sur des supports renflés dont l'arête médiane se prolonge obscurément ; écailles entre-ouvertes, d'un marron rougeâtre foncé et maculé de grisâtre.

Pousses d'été d'un vert vif, colorées de rouge sanguin et couvertes à leur sommet d'un duvet long, blanc et soyeux.

Feuilles des pousses d'été grandes, presque arrondies, se terminant brusquement en une pointe large et courte, concaves, bordées de dents larges, inégales entre elles, peu profondes et émoussées, soutenues horizontalement sur des pétioles de moyenne longueur, forts, un peu flexibles et presque horizontaux.

Stipules longues, lancéolées, dentées.

Feuilles stipulaires fréquentes.

Boutons à fruit assez gros, conico-ovoïdes, bien aigus ; écailles d'un marron foncé, terne et maculé de grisâtre.

Fleurs très-grandes ; pétales très-largement arrondis, concaves, à onglet presque nul, se recouvrant entre eux ; divisions du calice de moyenne longueur et bien recourbées en dessous ; pédicelles longs, peu forts et presque glabres.

Feuilles des productions fruitières très-grandes, elliptiques-arrondies ou ovales-arrondies, se terminant brusquement en une pointe assez courte, à peine concaves, bordées de dents larges, très-peu profondes et obtuses, soutenues horizontalement sur des pétioles longs, bien forts, raides et divergents.

Caractère saillant de l'arbre : teinte générale du feuillage d'un beau vert intense ; toutes les feuilles bien épaisses et tendant à la forme arrondie ; aspect général d'une très-grande vigueur.

Fruit moyen, conique, peu allongé et parfois sensiblement ventru, uni dans son contour, atteignant sa plus grande épaisseur bien au-dessous du milieu de sa hauteur ; au-dessus de ce point, s'atténuant par une courbe d'abord peu convexe, puis à peine concave en une pointe un peu longue, maigre et aiguë à son sommet ; au-dessous du même point, s'arrondissant par une courbe bien convexe jusque dans la cavité de l'œil.

Peau épaisse, d'abord d'un vert blanchâtre semé de points très-petits, d'un vert à peine plus foncé, très-nombreux et à peine visibles. On ne remarque ordinairement aucune trace de rouille sur sa surface. A la maturité, **septembre, octobre**, le vert fondamental passe au blanc jaunâtre couvert d'un ton à peine un peu plus chaud du côté du soleil.

Œil grand, presque fermé, placé presque à fleur de la base du fruit dans une dépression très-peu profonde, évasée et souvent plissée dans ses parois.

Queue extraordinairement longue, un peu forte, ligneuse, droite ou un peu courbée, formant exactement la continuation de la pointe du fruit.

Chair blanchâtre, assez grossière, cassante, pierreuse vers le cœur, abondante en eau douce, sucrée, mais sans parfum appréciable.

# EUGÈNE DES NOUHES

(N° 129)

Notice pomologique. DE LIRON D'AIROLES.
Dictionnaire de pomologie. ANDRÉ LEROY.
Catalogue JOHN SCOTT, de Merriott.

OBSERVATIONS. — M. Parigot, président de la Cour à Poitiers, (Vienne), obtint cette variété qu'il dédia, lors de son premier rapport, en 1856, à M. Eugène des Nouhes, le semeur réputé du château de la Cacaudière, près Pouzauges (Vendée), et dont nous avons déjà décrit plusieurs gains méritants. — L'arbre, de vigueur normale sur cognassier, s'accommode mieux de la forme de vase que de celle de pyramide. Sa fertilité est précoce et bonne. Son fruit est de bonne qualité.

DESCRIPTION.

Rameaux d'une bonne force bien maintenue jusqu'à leur partie supérieure, finement anguleux dans leur contour, presque droits, à entre-nœuds alternativement courts et allongés, de couleur noisette un peu teintée de jaune ; lenticelles jaunâtres, un peu larges, assez nombreuses et peu apparentes.

Boutons à bois assez petits, coniques, assez courts, élargis à leur base et courtement aigus, à direction peu écartée du rameau, soutenus sur des supports peu saillants dont l'arête médiane se prolonge finement ; écailles d'un marron peu foncé et terne.

Pousses d'été d'un vert jaunâtre à leur partie inférieure, d'un vert terne et couvertes d'un duvet gris assez abondant à leur sommet.

Feuilles des pousses d'été très-petites, exactement ovales et se terminant promptement en une pointe longue et aiguë, un peu repliées sur leur nervure médiane et arquées, bordées de dents fines, profondes et aiguës, bien soutenues sur des pétioles un peu longs, très-grêles, très-raides et redressés.

Stipules moyennes ou assez courtes, linéaires-étroites et dentées.

Feuilles stipulaires manquant le plus souvent.

Boutons à fruit assez gros, coniques, un peu renflés et un peu aigus; écailles rougeâtres et largement maculées de gris blanchâtre.

Fleurs petites ; pétales ovales, un peu concaves, colorés de rose avant l'épanouissement ; divisions du calice de moyenne longueur, finement aiguës et peu recourbées en dessous; pédicelles courts, grêles, colorés de rouge et peu duveteux.

Feuilles des productions fruitières petites, presque exactement elliptiques, se terminant brusquement en une pointe assez courte, bien creusées en gouttière et peu arquées, bordées de dents très-fines, très-peu profondes, souvent très-peu appréciables, bien soutenues sur des pétioles courts, grêles et peu redressés.

Caractère saillant de l'arbre : toutes les feuilles petites et très-fermes ; rigidité de tous les organes de la végétation.

Fruit assez petit ou presque moyen, turbiné-sphérique, uni dans son contour, atteignant sa plus grande épaisseur peu au-dessous du milieu de sa hauteur ; au-dessus de ce point, s'atténuant promptement par une courbe largement convexe en une pointe courte, épaisse et obtuse ; au-dessous du même point, s'arrondissant par une courbe un peu plus convexe pour s'aplatir ensuite un peu autour de la cavité de l'œil.

Peau assez mince, d'abord d'un vert d'eau semé de points d'un gris brun, un peu larges, assez nombreux et apparents. On remarque une tache d'une rouille fauve, soit sur le sommet du fruit, soit dans la cavité de l'œil. A la maturité, **octobre**, le vert fondamental passe au jaune paille, et le côté du soleil sur les fruits bien exposés est parfois lavé d'un soupçon de rouge.

Œil grand, ouvert, placé dans une cavité peu profonde, bien évasée et parfois obscurément plissée dans ses parois.

Queue tantôt courte et assez forte, tantôt plus longue et moins forte, attachée obliquement, tantôt à fleur de la pointe du fruit, tantôt dans un pli plus ou moins prononcé.

Chair d'un blanc teinté de jaune, bien fine, bien fondante, à peine pierreuse vers le cœur, abondante en eau sucrée et agréablement parfumée.

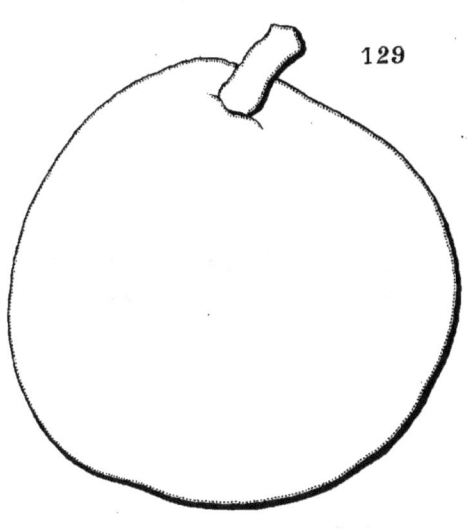
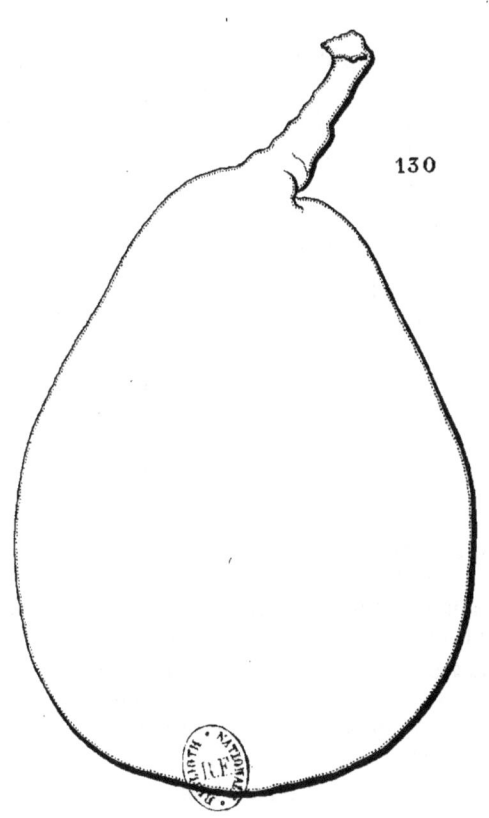

129, EUGÈNE DES NOUHES.   130, BEURRÉ LUIZET.

BEURRÉ LUIZET

(N° 130)

Notice pomologique. DE LIRON D'AIROLES.
The Fruit Manual. ROBERT HOGG.
Dictionnaire de pomologie. ANDRÉ LEROY.
Catalogue JOHN SCOTT, de Merriott.

OBSERVATIONS. — Obtenue par M. Luizet père, pépiniériste à Ecully-lès-Lyon (Rhône), cette variété donna son premier rapport en 1856. — L'arbre est d'une croissance lente sur cognassier et sa végétation se prête bien à la forme de fuseau. Sous toutes formes il exige la taille courte, nécessaire à une répartition régulière de la sève sur les ramifications à établir. Sa vigueur, plus grande sur franc, retarde cependant assez peu son rapport. Il est à recommander surtout pour le jardin fruitier. Il est sain, d'une fertilité seulement moyenne, mais bien équilibrée. Son fruit n'a pas atteint chez moi une grande excellence, mais sa beauté remarquable, sa qualité suffisante lui méritent une place dans la collection des fruits de commencement d'hiver.

DESCRIPTION.

Rameaux peu allongés, d'une bonne force bien soutenue jusqu'à leur sommet, presque unis dans leur contour, faiblement coudés à leurs entre-nœuds assez courts, d'un brun rouge peu foncé; lenticelles d'un gris jaunâtre, plutôt allongées, assez nombreuses et apparentes.

Boutons à bois assez gros, coniques, courts, bien épaissis à leur base et émoussés à leur pointe, à direction écartée du rameau, soutenus sur des supports très-peu saillants dont l'arête médiane se prolonge seule et à peine distinctement; écailles d'un marron foncé.

Pousses d'été d'un vert terne, bien colorées de rouge et duveteuses à leur sommet.

Feuilles des pousses d'été moyennes, les supérieures obovales, les inférieures ovales-elliptiques, se terminant un peu brusquement en une pointe très-courte et très-fine, peu repliées sur leur nervure médiane et quelquefois sensiblement arquées, bordées de dents peu profondes et obtuses, bien soutenues sur des pétioles de moyenne longueur, de moyenne force et redressés.

Stipules moyennes, linéaires-étroites.

Feuilles stipulaires manquant le plus souvent.

Boutons à fruit gros, coniques-allongés et un peu aigus; écailles d'un marron foncé et maculé de noir.

Fleurs moyennes; pétales bien élargis, chiffonnés, à onglet très-court, à peine lavés de rose avant l'épanouissement; divisions du calice larges à leur base et cependant très-finement aiguës, étalées; pédicelles courts, assez forts et bien cotonneux.

Feuilles des productions fruitières plus grandes que celles des pousses d'été, elliptiques plus ou moins élargies, se terminant très-brusquement en une pointe extraordinairement courte et fine, peu repliées sur leur nervure médiane ou presque planes, bordées de dents fines et très-peu profondes; irrégulièrement soutenues sur des pétioles peu longs, forts et divergents.

Caractère saillant de l'arbre : teinte générale du feuillage d'un vert herbacé; feuilles des productions fruitières bien exactement elliptiques; bois fort et à direction perpendiculaire.

Fruit gros ou assez gros, irrégulièrement conique-allongé et ordinairement un peu courbé sur sa longueur, uni dans son contour, atteignant sa plus grande épaisseur bien au-dessous du milieu de sa hauteur; au-dessus de ce point, s'atténuant par une courbe à peine convexe ou à peine concave en une pointe longue, peu épaisse et aiguë; au-dessous du même point, s'atténuant par une courbe largement convexe pour diminuer sensiblement d'épaisseur vers la cavité de l'œil.

Peau un peu ferme, d'abord d'un vert très-pâle, presque blanc, semé de points bruns, extraordinairement petits, très-nombreux et serrés sur certaines parties, à peine visibles sur d'autres. On ne remarque pas ordinairement de traces de rouille sur sa surface. A la maturité, **novembre et commencement d'hiver**, le vert fondamental passe au beau jaune citron brillant, et le côté du soleil est largement lavé d'un rouge vermillon bien fondu.

Œil grand, fermé, à divisions fermes, dressées, placé dans une cavité étroite et peu profonde, souvent divisée par ses bords en des rudiments de côtes qui ne se prolongent pas sur le ventre du fruit.

Queue courte, un peu forte, un peu épaissie à son point d'attache au rameau, d'un brun moucheté de blanc, ligneuse, un peu courbée, tantôt attachée dans un pli peu prononcé, tantôt semblant former la continuation de la pointe du fruit.

Chair blanche, assez fine, à peine pierreuse vers le cœur, bien fondante, abondante en eau sucrée, vineuse, dont le goût, ressemblant à celui du vin doux, n'est pas assez distingué pour constituer un fruit de première qualité.

INFORTUNÉE

(UNGLUCKSBIRNE)

(N° 131)

Illustrirtes Handbuch der Obstkunde. Donauer.

Observations. — Donauer dit que cette variété fut montrée à l'Exposition de Gotha, en 1857, et qu'elle reçut son nom d'un jardinier, Jacquot, de Frankenhausen, comme faisant contraste avec celui de la poire Fortunée bien connue des pomologistes. Il est assez difficile d'expliquer la cause de cette dénomination, car si le fruit de cette variété ne se distingue pas par sa saveur, il arrive aussi assez souvent que la Fortunée n'est pas tout à fait de première qualité. — L'arbre, d'assez bonne vigueur sur cognassier, ne se prête pas facilement aux formes régulières. Une taille courte est nécessaire pour provoquer l'émission de ses boutons à bois et ses branches ne prennent pas toujours la direction désirée; aussi sa véritable destination est-elle la haute tige. Il est rustique et, par sa fertilité grande et soutenue, convient bien au verger de campagne.

DESCRIPTION.

Rameaux forts et allongés, obscurément anguleux dans leur contour, à peine flexueux, à entre-nœuds assez courts et inégaux entre eux, jaunâtres du côté de l'ombre, un peu teintés de rouge du côté du soleil et surtout à leur partie supérieure; lenticelles blanches, larges, largement espacées et apparentes.

Boutons à bois gros, coniques, finement aigus, renflés sur le dos, parallèles ou presque appliqués au rameau vers lequel ils se recourbent par leur pointe, soutenus sur des supports peu saillants dont les côtés et l'arête médiane se prolongent peu distinctement; écailles d'un beau marron rougeâtre foncé, brillant et maculé de blanc argenté.

Pousses d'été d'un vert terne, de bonne heure lavées de rouge sur presque toute leur longueur, bien colorées de rouge sanguin et finement duveteuses sur une longue étendue à leur sommet.

Feuilles des pousses d'été petites, exactement ovales, se terminant presque régulièrement en une pointe peu longue et bien fine, bien creusées en gouttière et un peu arquées, entières sur la moitié de leur contour, inégalement et peu profondément dentées du côté de leur pointe, s'abaissant un peu sur des pétioles courts, grêles, un peu flexibles et souvent colorés de rouge.

Stipules longues, linéaires très-étroites.

Feuilles stipulaires manquant ordinairement.

Boutons à fruit gros, conico-ovoïdes, aigus; écailles d'une marron rougeâtre foncé.

Fleurs moyennes; pétales obovales très-allongés et étroits, concaves, à onglet un peu long, très-écartés entre eux; divisions du calice assez courtes, étroites, bien recourbées en dessous ou presque annulaires; pédicelles longs, grêles et glabres.

Feuilles des productions fruitières à peine moyennes, ovales ou ovales-elliptiques, se terminant brusquement en une pointe extraordinairement courte, creusées en gouttière et arquées, entières ou presque entières par leurs bords, mal soutenues sur des pétioles de moyenne longueur, très-grêles, très-flexibles et souvent un peu colorés de rouge.

Caractère saillant de l'arbre : feuilles des productions fruitières d'un vert bleu intense; feuilles des pousses d'été d'un vert clair et mat, et les plus jeunes colorées et seulement bordées d'un rouge intense; toutes les feuilles plus ou moins creusées en gouttière, peu dentées ou presque entières.

Fruit moyen, turbiné-ovoïde, un peu ventru, ordinairement uni dans son contour, atteignant sa plus grande épaisseur bien au-dessous du milieu de sa hauteur; au-dessus de ce point, s'atténuant par une courbe peu convexe ou à peine concave en une pointe peu longue, épaisse, bien obtuse ou un peu tronquée à son sommet; au-dessous du même point, s'arrondissant par une courbe bien convexe pour s'aplatir ensuite un peu autour de la cavité de l'œil.

Peau un peu épaisse, d'abord d'un vert clair semé de points d'un gris brun, petits, bien arrondis, nombreux, régulièrement espacés et un peu apparents. On remarque ordinairement quelques traces d'une rouille brune dans la cavité de l'œil. A la maturité, **fin d'août**, le vert fondamental passe au jaune paille terne, le côté du soleil se dore et les points y sont plus larges et plus apparents.

Œil grand, ouvert, à divisions appliquées aux parois d'une cavité étroite, peu profonde, le contenant exactement.

Queue longue, peu forte, épaissie à ses deux extrémités, un peu courbée, ordinairement repoussée obliquement dans un pli charnu formé par la pointe du fruit ou seulement attachée à fleur de cette pointe.

Chair jaunâtre, demi-fine, demi-fondante, pierreuse vers le cœur, suffisante en eau bien sucrée et relevée, mais trop souvent entachée d'âpreté, constituant un fruit seulement de seconde qualité.

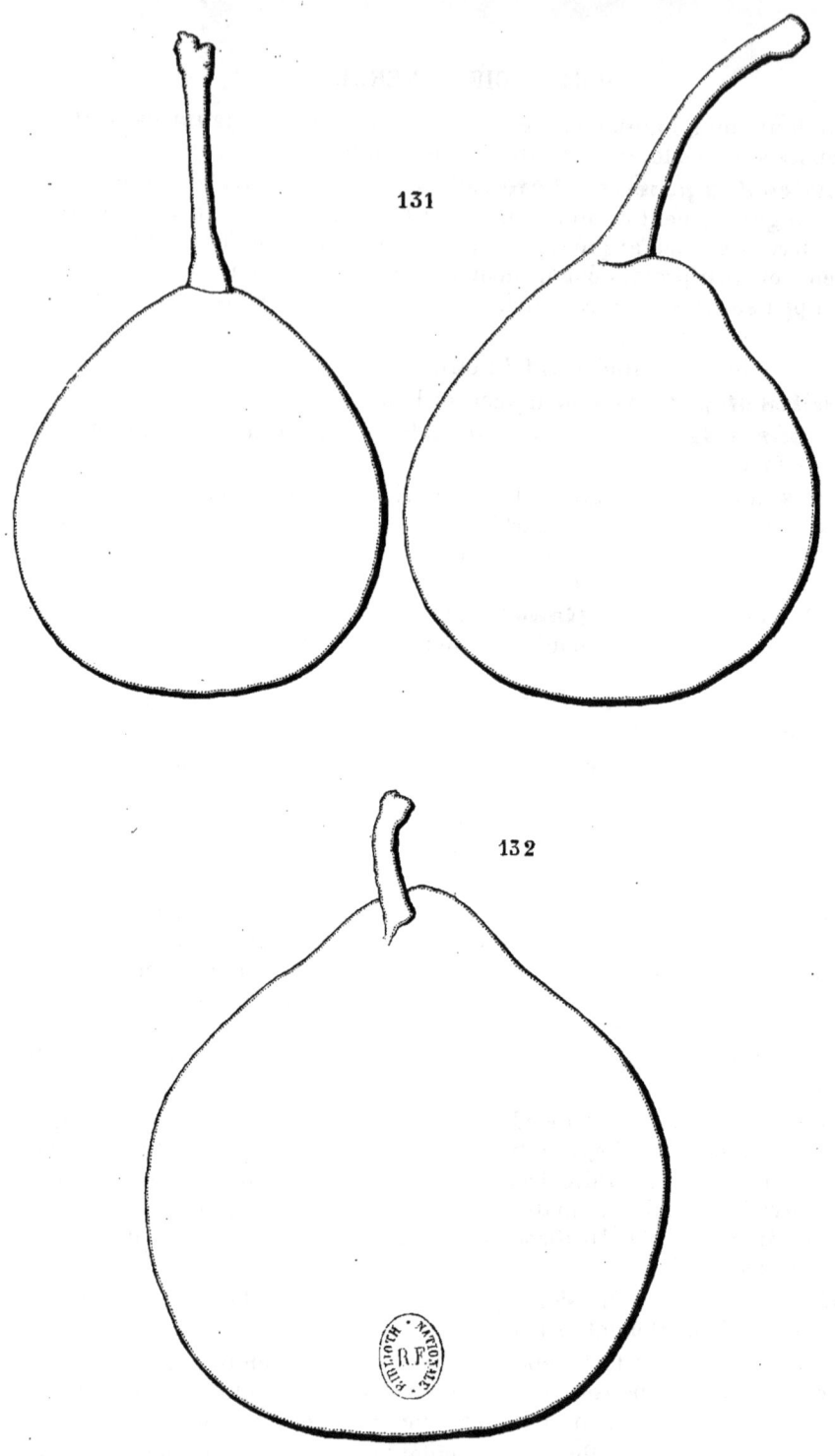

131, INFORTUNÉE.   132, JALOUSIE.

JALOUSIE

(N° 132)

Traité des arbres fruitiers. DUHAMEL.
A Guide to the Orchard. LINDLEY.
Album de pomologie. BIVORT.
The Fruits and the fruit-trees of America. DOWNING.
Illustrirtes Handbuch der Obstkunde. OBERDIECK.
Dictionnaire de pomologie. ANDRÉ LEROY.
Catalogue JOHN SCOTT, de Merriott.
EIFERSUCHTIGE. *Systematische Beschreibung der Kernobstsorten.* DIEL.
Systematisches Handbuch der Obstkunde. DITTRICH.
Sichere Füher. DOCHNAL.

OBSERVATIONS.—Cette variété française est d'origine ancienne et inconnue.—L'arbre, de bonne vigueur sur cognassier, ne s'accommode facilement des formes régulières qu'à condition de l'appliquer à un treillage. Sa fertilité se fait un peu attendre, devient ensuite bonne, mais interrompue par des alternats complets. Son fruit a des rapports dans son apparence extérieure et de plus grands encore dans sa saveur avec le Besi de Chaumontel. Il est de bonne qualité et de maturation prolongée.

DESCRIPTION.

Rameaux de moyenne force, bien allongés et bien fluets à leur partie supérieure, bien flexueux, à entre-nœuds longs, d'un brun jaunâtre du côté de l'ombre et lavés de rouge sanguin du côté du soleil ; lenticelles blanchâtres, larges, assez nombreuses et apparentes.
Boutons à bois petits, coniques, un peu courts, bien aigus, à direction bien écartée du rameau, soutenus sur des supports bien saillants

dont l'arête médiane se prolonge bien distinctement ; écailles d'un marron rougeâtre peu foncé et brillant.

Pousses d'été d'un beau vert clair, couvertes sur la plus grande partie de leur longueur d'un léger duvet.

Feuilles des pousses d'été petites ou moyennes, ovales, presque également atténuées à leurs deux extrémités, se terminant en une pointe assez courte, planes ou très-peu repliées sur leur nervure médiane, bordées de dents très-peu profondes et obtuses, bien soutenues sur des pétioles assez longs, un peu grêles et bien redressés.

Stipules en alênes courtes.

Feuilles stipulaires se présentant quelquefois.

Boutons à fruit moyens, conico-ovoïdes, un peu aigus ; écailles d'un beau marron rougeâtre.

Fleurs moyennes ou assez grandes ; pétales elliptiques élargis, peu concaves, à onglet court, se touchant entre eux ; divisions du calice courtes et annulaires ; pédicelles courts et duveteux.

Feuilles des productions fruitières plus grandes que celles des pousses d'été, ovales-élargies, se terminant en une pointe assez longue, peu repliées sur leur nervure médiane, souvent entières ou bordées de dents inappréciables, bien soutenues sur des pétioles de moyenne longueur, assez grêles et redressés.

Caractère saillant de l'arbre : teinte générale du feuillage d'un vert clair et terne ; feuilles abondantes ; tous les pétioles plus ou moins grêles et fermes.

Fruit assez gros, turbiné-ovoïde, bien ventru, court et épais, ordinairement presque uni ou à peine difformé dans son contour par des élévations très-aplanies, atteignant sa plus grande épaisseur peu au-dessous du milieu de sa hauteur ; au-dessus de ce point, s'atténue par une courbe d'abord largement convexe puis brusquement concave en une pointe courte, peu épaisse et un peu obtuse à son sommet ; au-dessous du même point, s'atténuant par une courbe peu convexe pour diminuer un peu sensiblement d'épaisseur vers la cavité de l'œil.

Peau un peu ferme, d'abord d'un vert décidé semé de points d'un brun clair, nombreux, bien régulièrement espacés, apparents, et se confondant souvent avec des traits ou taches d'une rouille de même couleur, qui se condensent soit sur le sommet du fruit, soit dans la cavité de l'œil. A la maturité, **octobre**, **novembre**, le vert fondamental passe au jaune citron intense, la rouille se dore, et, sur les fruits bien exposés, le côté du soleil est lavé de rouge orangé.

Œil grand, ouvert ou demi-ouvert, placé dans une cavité large, profonde, évasée, sensiblement plissée dans ses parois et ondulée par ses bords.

Queue courte, peu forte, un peu courbée, bien ligneuse, attachée presque perpendiculairement dans un pli ou une petite cavité peu prononcée.

Chair blanchâtre, demi-fine, demi-beurrée, un peu pierreuse vers le cœur, abondante en eau sucrée, relevée d'une saveur rafraîchissante et agréablement parfumée.

MADAME DELMOTTE

(N° 133)

Catalogue Narcisse Gaujard. 1864-1865.

Observations. — Cette variété, obtenue par M. Grégoire, fut probablement dédiée à la femme de M. Delmotte, commissaire d'arrondissement à Nivelles, et dont un gain du célèbre semeur de Jodoigne portait déjà le nom. — L'arbre, de vigueur normale sur cognassier, s'accommode bien des formes régulières et surtout de celle de pyramide. Sa fertilité est précoce, grande et soutenue. Son fruit est bon, mais sujet à blettir.

DESCRIPTION.

Rameaux de moyenne force, un peu anguleux dans leur contour, flexueux, à entre-nœuds courts, d'un brun jaunâtre terne; lenticelles grisâtres, larges, assez nombreuses et peu apparentes.

Boutons à bois assez gros, coniques, épais et peu aigus, à direction bien écartée du rameau, soutenus sur des supports bien saillants dont l'arête médiane se prolonge assez distinctement; écailles d'un marron foncé et terne.

Pousses d'été d'un vert très-clair, lavées de rouge et un peu soyeuses à leur sommet.

Feuilles des pousses d'été petites, ovales un peu allongées, courtement et un peu sensiblement atténuées vers le pétiole, se terminant peu brusquement en une pointe longue et étroite, repliées sur leur nervure médiane et peu arquées, bordées de dents peu profondes, inégales entre elles, bien couchées et obtuses, bien soutenues sur des pétioles courts, grêles, bien raides et bien redressés.

Stipules en alênes de moyenne longueur.

Feuilles stipulaires très-fréquentes.

Boutons à fruit moyens, conico-ovoïdes, un peu allongés, un peu maigres et aigus; écailles d'un marron noirâtre terne.

Fleurs moyennes; pétales elliptiques, bien concaves, à onglet un peu long, un peu écartés entre eux; divisions du calice très-courtes et bien recourbées en dessous; pédicelles assez courts, assez forts et peu duveteux.

Feuilles des productions fruitières petites, obovales-elliptiques, se terminant peu brusquement en une pointe peu longue, un peu concaves et non arquées, entières ou presque entières par leurs bords, bien soutenues sur des pétioles courts, grêles et redressés.

Caractère saillant de l'arbre : teinte générale du feuillage d'un vert pré très-clair et un peu jaune; toutes les feuilles petites et plus ou moins longuement accuminées; tous les pétioles grêles.

Fruit moyen ou presque moyen, turbiné-ventru, parfois un peu déformé dans son contour, atteignant sa plus grande épaisseur bien au-dessous du milieu de sa hauteur; au-dessus du même point, s'atténuant par une courbe d'abord convexe, puis largement concave en une pointe courte, très-épaisse et obtuse à son sommet; au-dessous du même point, s'arrondissant par une courbe bien convexe jusque dans la cavité de l'œil.

Peau assez mince, unie, d'abord d'un vert très-clair semé de points d'un gris vert, très-nombreux, très-serrés et bien régulièrement espacés. On remarque ordinairement quelques traits d'une fine rouille fauve sur le sommet du fruit et souvent sur le reste de sa surface. A la maturité, **septembre**, le vert fondamental s'éclaircit peu en jaune et le côté du soleil se distingue à peine par un ton un peu plus chaud.

Œil grand, ouvert, placé dans une cavité étroite, peu profonde, parfois ondulée par ses bords et le contenant exactement.

Queue assez courte, un peu forte, un peu charnue, attachée dans un pli, tantôt régulier, tantôt irrégulier, formé par la pointe du fruit.

Chair d'un blanc un peu teinté de jaune, bien fine, beurrée, parfaitement fondante, abondante en eau douce, sucrée et délicatement parfumée.

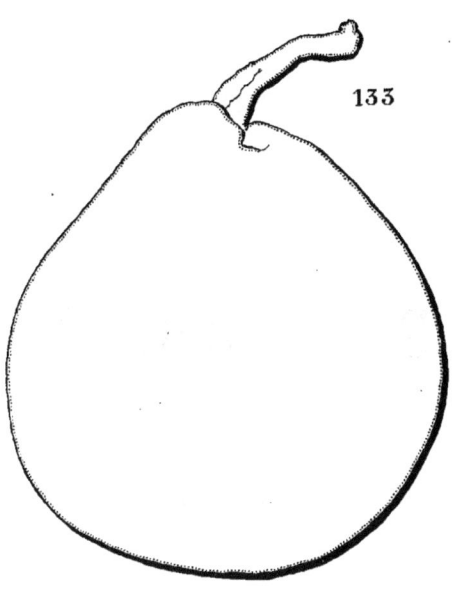
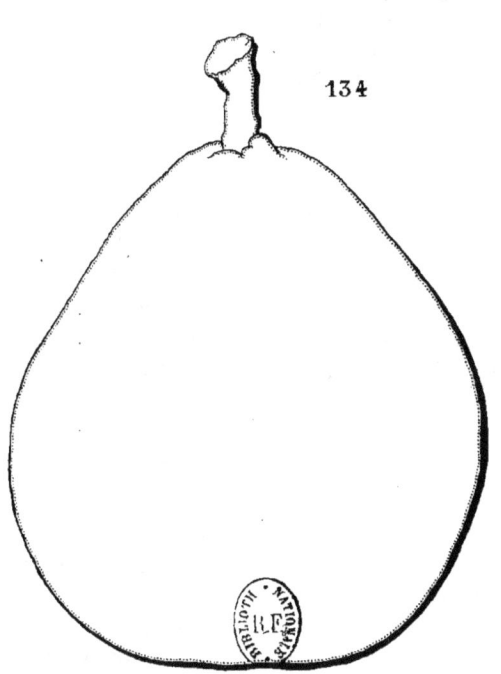

133, MADAME DELMOTTE.   134, ÉMILE D'HEYST.

EMILE D'HEYST

(N° 134)

Album de pomologie. BIVORT.
Annales de pomologie belge. A. ROYER.
Notice pomologique. DE LIRON D'AIROLES.
The Fruits and the fruit-trees of America. DOWNING.
Dictionnaire de pomologie. ANDRÉ LEROY.
Jardin fruitier du Muséum. DECAISNE.
Catalogue JOHN SCOTT, de Merriott.
EMILE HEYST. *Pomologische Notizen.* OBERDIECK.
HEYST'S ZAPFENBIRNE. *Sichere Füher.* DOCHNAL.

OBSERVATIONS. — Cette variété est un semis du Major Esperen et fut dédiée, suivant son intention, à M. Emile Berckmans, alors propriétaire à Heyst-op-der-Berg et depuis fixé aux Etats-Unis. Son premier rapport eut lieu en 1847. — L'arbre, de vigueur contenue sur cognassier, est propre à toutes formes. Sa fertilité bonne est un peu sujette à des alternats assez complets. Son fruit est de première qualité.

DESCRIPTION.

Rameaux de moyenne force, un peu anguleux dans leur contour, flexueux, à entre-nœuds assez courts, verdâtres; lenticelles blanches, un peu larges, nombreuses et apparentes.

Boutons à bois gros, coniques, courts, très-épais, courtement aigus, à direction bien écartée du rameau, soutenus sur des supports bien renflés dont l'arête médiane se prolonge un peu distinctement; écailles entièrement recouvertes de gris blanchâtre.

Pousses d'été d'un vert très-clair, à peine lavées de rouge et un peu soyeuses à leur sommet.

Feuilles des pousses d'été moyennes, obovales-allongées et étroites, très-sensiblement atténuées vers le pétiole, se terminant un peu brusquement en une pointe bien longue, étroite et finement aiguë, bien repliées sur leur nervure médiane et arquées, bordées de dents peu profondes, bien couchées et émoussées, se recourbant sur des pétioles longs, de moyenne force, raides et horizontaux.

Stipules très-caduques.

Feuilles stipulaires manquant ordinairement.

Boutons à fruit moyens ou assez petits, presque exactement ovoïdes ; écailles d'un marron assez foncé.

Fleurs assez petites ; pétales elliptiques-arrondis, un peu concaves, à onglet court, se touchant entre eux ; divisions du calice courtes, fines et recourbées en dessous ; pédicelles courts, grêles et peu duveteux.

Feuilles des productions fruitières plus grandes que celles des pousses d'été, ovales-elliptiques, allongées et peu larges, se terminant régulièrement en une pointe courte et finement aiguë, bien concaves et souvent ondulées dans leur contour, non arquées, bordées de dents très-peu profondes, extraordinairement couchées, peu appréciables, mal soutenues sur des pétioles longs, assez grêles et bien flexibles.

Caractère saillant de l'arbre : teinte générale du feuillage d'un vert herbacé vif et brillant ; feuilles des productions fruitières allongées, bien concaves et souvent remarquablement ondulées dans leur contour ; serrature de toutes les feuilles composée de dents remarquablement peu profondes et bien couchées.

Fruit moyen ou assez gros, conique piriforme, uni dans son contour, atteignant sa plus grande épaisseur bien au-dessous du milieu de sa hauteur ; au-dessus de ce point, s'atténuant par une courbe d'abord peu convexe puis à peine concave en une pointe assez peu longue, épaisse et obtuse à son sommet ; au-dessous du même point, s'atténuant par une courbe peu convexe pour diminuer un peu sensiblement d'épaisseur vers la cavité de l'œil.

Peau épaisse, d'abord d'un vert d'eau que l'on aperçoit seulement de places en places, car il est en grande partie recouvert d'une couche d'une rouille brune, épaisse et parfois un peu rude au toucher. A la maturité, **octobre**, le vert fondamental passe au jaune intense et mat, la rouille s'éclaire et le côté du soleil se distingue par un ton plus chaud.

Œil grand, ouvert ou demi-ouvert, placé dans une cavité étroite, peu profonde, parfois un peu plissée dans ses parois et régulière par ses bords.

Queue courte, forte, boutonnée à son point d'attache au rameau, fixée perpendiculairement entre des plis charnus et divergents formés par la pointe du fruit.

Chair d'un blanc à peine teinté de jaune, bien fine, tassée, succulente, abondante en eau sucrée, acidulée et agréablement parfumée.

MUSCADINE

(N° 135)

The Fruits and the fruit-trees of America. Downing.
The American fruit Culturist. Thomas.
Catalogue John Scott, de Merriott.

Observations. — Downing dit de cette variété : « La Muscadine est remarquable par son parfum de musc très-développé. Son histoire est incertaine et elle est réputée indigène. Elle produit des récoltes extraordinaires ; son fruit doit être cueilli de bonne heure et mûrir au fruitier. C'est une bonne poire entre celles de sa saison. » —Dans mon jardin, l'arbre de cette variété s'est montré très-fertile dès sa troisième année de greffe et sa végétation s'en est ressentie. Probablement elle exigerait le franc pour sujet si l'on voulait en obtenir de grandes formes. Elle parait devoir convenir au verger par la rusticité de ses fleurs et la solidité de son fruit.

DESCRIPTION.

Rameaux peu forts, un peu anguleux dans leur contour, presque droits, à entre-nœuds courts, jaunâtres du côté de l'ombre et teints d'un rouge vineux du côté du soleil ; lenticelles blanches, bien arrondies, assez nombreuses et bien apparentes.

Boutons à bois petits, coniques, élargis à leur base et bien aigus, à direction parallèle ou presque parallèle au rameau, soutenus sur des supports saillants dont l'arête médiane se prolonge seule et distinctement ; écailles d'un marron presque noir.

Pousses d'été d'un vert clair un peu jaune, non colorées de rouge et peu duveteuses à leur sommet.

Feuilles des pousses d'été à peine moyennes, exactement ovales, se terminant un peu brusquement en une pointe longue, concaves et un peu arquées, bordées de dents fines, très-peu profondes, bien couchées et un peu émoussées, soutenues horizontalement sur des pétioles de moyenne longueur, de moyenne force et un peu redressés.

Stipules assez courtes, en alênes fines.

Feuilles stipulaires manquant le plus souvent.

Boutons à fruit petits, coniques et bien aigus ; écailles d'un beau marron rougeâtre et foncé.

Fleurs bien petites ; pétales ovales un peu élargis, peu concaves, à onglet un peu long, écartés entre eux ; divisions du calice très-courtes et à peine recourbées en dessous ; pédicelles très-courts, de moyenne force et peu duveteux.

Feuilles des productions fruitières à peine moyennes, les unes ovales et se terminant presque régulièrement en une pointe courte, les autres elliptiques et se terminant très-brusquement en une pointe extrêmement courte ou nulle, à peine concaves, bordées de dents extraordinairement fines, peu profondes et souvent à peine appréciables, assez bien soutenues sur des pétioles courts, grêles et raides.

Caractère saillant de l'arbre : teinte générale du feuillage d'un vert gai et brillant ; les plus jeunes feuilles bien lavées de rouge sanguin.

Fruit petit ou moyen, turbiné-sphérique ou turbiné-ovoïde, court, épais, uni dans son contour, atteignant sa plus grande épaisseur au-dessous du milieu de sa hauteur ; au-dessus de ce point, s'atténuant par une courbe largement convexe ou à peine concave en une pointe courte, épaisse et obtuse ; au-dessous du même point, s'arrondissant par une courbe bien convexe jusque dans la cavité de l'œil.

Peau épaisse et ferme, d'abord d'un vert d'eau peu foncé semé de points bruns, un peu larges, bien régulièrement espacés et apparents. Une rouille brune, un peu dense, couvre le sommet du fruit. A la maturité, **fin d'août, commencement de septembre**, le vert fondamental passe au jaune paille, et le côté du soleil se dore et souvent se couvre de points serrés, d'un rouge terreux.

Œil grand, ouvert, à divisions noirâtres, étalées dans une cavité très-peu profonde, évasée, souvent irrégulière dans ses parois et par ses bords.

Queue courte, forte, ligneuse, attachée dans un pli charnu formé par la pointe du fruit.

Chair d'un blanc un peu jaune, beurrée, fondante, à peine granuleuse vers le cœur, abondante en eau bien sucrée, richement musquée, agréable.

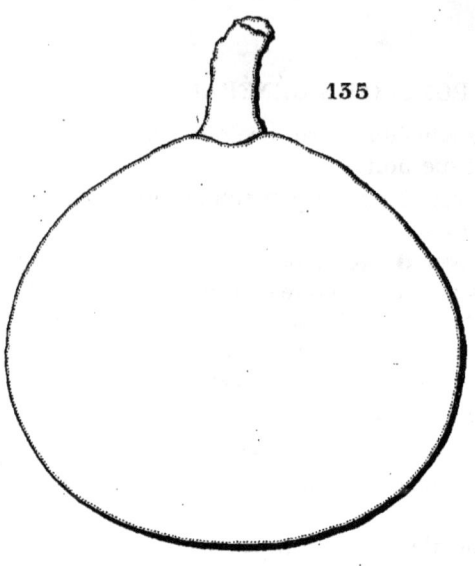

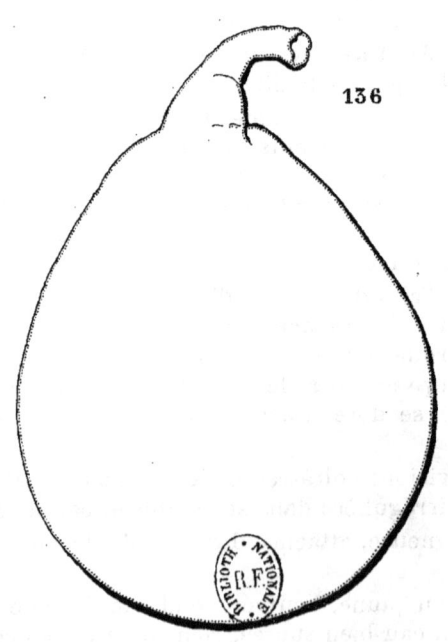

135, MUSCADINE.   136, LA JUIVE.

Imp. E. Protat à Mâcon.

LA JUIVE

(N° 136)

Album de pomologie. Bivort.
Annales de pomologie belge et étrangère. Bivort.
The Fruits and the fruit-trees of America. Downing.
Dictionnaire de pomologie. André Leroy.
Catalogue John Scott, de Merriott.
JUDENBIRNE. *Illustrirtes Handbuch der Obstkunde*. Jahn.
Sichere Füher. Dochnal.

Observations. — Cette variété est un gain du Major Esperen, de Malines, et son premier rapport eut lieu en 1843. — L'arbre, d'une végétation un peu insuffisante sur cognassier, exige quelques soins, si l'on veut en obtenir des formes régulières. Sa fertilité peu précoce est seulement moyenne et interrompue par des alternats complets. Son fruit est de bonne qualité et de maturation prolongée.

DESCRIPTION.

Rameaux peu forts, unis dans leur contour, droits, à entre-nœuds très-courts, d'un jaune verdâtre à l'ombre, à peine lavés de rouge du côté du soleil; lenticelles blanches, petites, peu nombreuses et un peu apparentes.

Boutons à bois très-petits, courts et très-courtement aigus, à direction presque parallèle au rameau, soutenus sur des supports un peu saillants dont les côtés et l'arête médiane ne se prolongent pas; écailles presque noires et brillantes.

Pousses d'été d'un vert intense, à peine ou non lavées de rouge et très-courtement duveteuses à leur sommet.

Feuilles des pousses d'été moyennes, ovales-allongées et peu larges, se terminant régulièrement en une pointe aiguë, bien repliées sur leur nervure médiane et un peu arquées, bordées de dents écartées, bien couchées, assez profondes et aiguës, s'abaissant sur des pétioles de moyenne longueur, de moyenne force, raides et presque horizontaux.

Stipules très-courtes, très-fines et très-caduques.

Feuilles stipulaires fréquentes.

Boutons à fruit assez petits, conico-ovoïdes, un peu allongés et aigus; écailles d'un marron rougeâtre très-foncé.

Fleurs assez grandes; pétales ovales-élargis, peu concaves, à onglet court, se touchant souvent entre eux; divisions du calice assez longues, bien étroites et recourbées en dessous; pédicelles courts, forts et duveteux.

Feuilles des productions fruitières plus grandes que celles des pousses d'été, ovales bien allongées, se terminant régulièrement en une pointe aiguë, bien creusées en gouttière et arquées, régulièrement bordées de dents fines, peu profondes et bien aiguës, s'abaissant sur des pétioles longs, forts, bien divergents et peu flexibles.

Caractère saillant de l'arbre : teinte générale du feuillage d'un vert bleu assez intense et brillant; feuilles des productions fruitières bien allongées et arquées; toutes les feuilles remarquablement creusées en gouttière.

Fruit assez petit ou presque moyen, conico-ovoïde, plus ou moins court, épais et plus ou moins ventru, parfois un peu bosselé dans son contour, atteignant sa plus grande épaisseur bien au-dessous du milieu de sa hauteur; au-dessus de ce point, s'atténuant par une courbe peu convexe en une pointe peu longue, épaisse et obtuse à son sommet; au-dessous du même point, s'arrondissant par une courbe largement convexe jusque dans la cavité de l'œil.

Peau un peu épaisse, d'abord d'un vert d'eau pâle semé de points bruns, bien larges, largement et irrégulièrement espacés. Une rouille brune, épaisse, un peu squammeuse couvre la cavité de l'œil et se disperse parfois sur la surface du fruit. A la maturité, **octobre**, **novembre**, le vert fondamental passe au jaune intense, et le côté du soleil est chaudement doré.

Œil grand, ouvert, placé dans une cavité peu profonde, évasée et souvent irrégulière.

Queue courte, forte, ligneuse, droite ou courbée, épaissie et charnue vers son point d'attache au sommet du fruit dont souvent elle forme exactement la continuation.

Chair jaunâtre, fine, tassée, beurrée, fondante, abondante en eau douce, sucrée et délicatement parfumée.

DOCTEUR TROUSSEAU

(N° 137)

Album de pomologie. BIVORT.
Bulletin de la Société Van Mons.
Annales de pomologie belge. BIVORT.
The Fruits and the fruit-trees of America. DOWNING.
Illustrirtes Handbuch der Obstkunde. JAHN.
TROUSSEAU'S BUTTERBIRNE. *Sichere Füher.* DOCHNAL.
Dictionnaire de pomologie. ANDRÉ LEROY.
Catalogue JOHN SCOTT, de Merriott.

OBSERVATIONS. — Ce fut parmi les semis de Van Mons, cultivés dans la pépinière de Geest-Saint-Remy, que M. Bivort remarqua cette variété qu'il dédia au docteur Trousseau, le célèbre professeur de la Faculté de médecine de Paris. Son premier rapport eut lieu en 1848. — L'arbre est d'une végétation contenue sur cognassier, d'une fertilité à peine moyenne et son fruit est d'une qualité variable.

DESCRIPTION.

Rameaux assez forts, presque unis dans leur contour, presque droits, à entre-nœuds très-inégaux entre eux, d'un brun rouge assez foncé et un peu ombré de gris de places en places; lenticelles jaunâtres, le plus souvent allongées, un peu nombreuses et un peu apparentes.

Boutons à bois gros, coniques, un peu épaissis à leur base et s'atténuant bien pour se terminer en une pointe aiguë, à direction parallèle ou presque parallèle au rameau, soutenus sur des supports très-peu saillants et dont les côtés se prolongent obscurément; écailles d'un marron rougeâtre foncé presque entièrement recouvert de gris cendré.

Pousses d'été d'un vert décidé, un peu teintées de rouge violacé sur une petite étendue à leur sommet.

Feuilles des pousses d'été assez grandes, ovales-elliptiques et élargies, se terminant brusquement en une pointe courte, bien creusées en gouttière et peu arquées, bordées de dents larges, peu profondes et obtuses, soutenues à peu près horizontalement sur des pétioles bien longs, de moyenne force et presque horizontaux.

Stipules de moyenne longueur, filiformes, très-caduques.

Feuilles stipulaires manquant presque toujours.

Boutons à fruit moyens, coniques, épaissis à leur base et s'atténuant bien pour se terminer en une pointe aiguë; écailles d'un beau marron rouge.

Fleurs presque moyennes, parfois semi-doubles; pétales arrondis-élargis, se recouvrant bien entre eux, blancs avant l'épanouissement; divisions du calice très-courtes, finement aiguës et étalées; pédicelles de moyenne longueur, de moyenne force et presque glabres.

Feuilles des productions fruitières ovales-allongées, s'atténuant d'abord lentement pour ensuite se terminer brusquement en une pointe très-courte et recourbée, bien repliées sur leur nervure médiane et bien arquées, bordées de dents larges, peu profondes et obtuses, bien soutenues sur des pétioles très-courts, un peu forts, raides et redressés.

Caractère saillant de l'arbre : teinte générale du feuillage d'un vert herbacé; feuilles épaisses, fermes, toutes bien repliées ou creusées en gouttière.

Fruit moyen, conique-piriforme ou conico-cylindrique, ordinairement uni dans son contour, atteignant sa plus grande épaisseur bien près de sa base; au-dessus de ce point, s'atténuant par une courbe d'abord peu convexe puis un peu concave, ou parfois entièrement convexe en une pointe peu longue, épaisse, obtuse ou tronquée à son sommet; au-dessous du même point, s'arrondissant brusquement par une courbe bien convexe jusque dans la cavité de l'œil.

Peau fine, mince, d'abord d'un vert d'eau peu foncé semé de quelques points très-petits, peu faciles à apprécier sous une couche d'une rouille de couleur canelle qui se répand sur sa surface et devient un peu squammeuse dans la cavité de l'œil. A la maturité, **octobre et novembre**, le vert fondamental s'éclaircit en jaune, la rouille se dore et se lave du côté du soleil d'un rouge de grenade caractéristique, et sur lequel les points plus serrés sont d'une couleur plus foncée.

Œil grand, ouvert ou demi-ouvert, à divisions très-courtes, finement aiguës, fermes, dressés et souvent caduques, placé dans une cavité étroite, bien régulière et un peu profonde.

Queue assez courte, peu forte, ligneuse, attachée plus ou moins perpendiculairement dans une dépression ou quelquefois sans dépression ni cavité.

Chair jaunâtre, fine, fondante, abondante en eau sucrée, vineuse, agréable, lorsqu'elle n'est pas mélangée de trop d'âpreté.

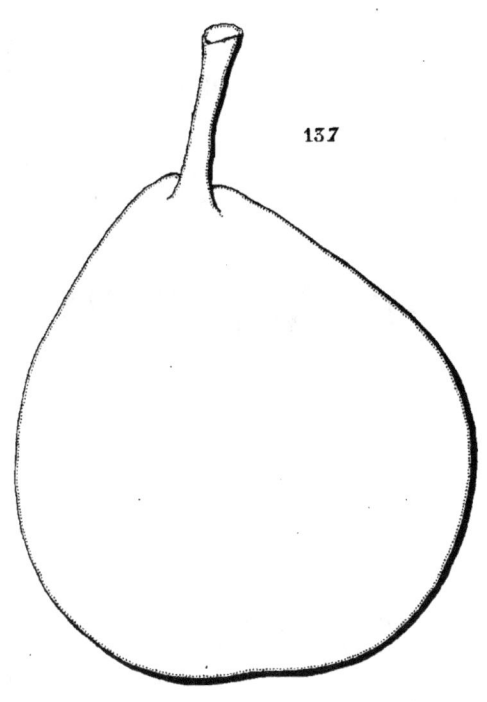
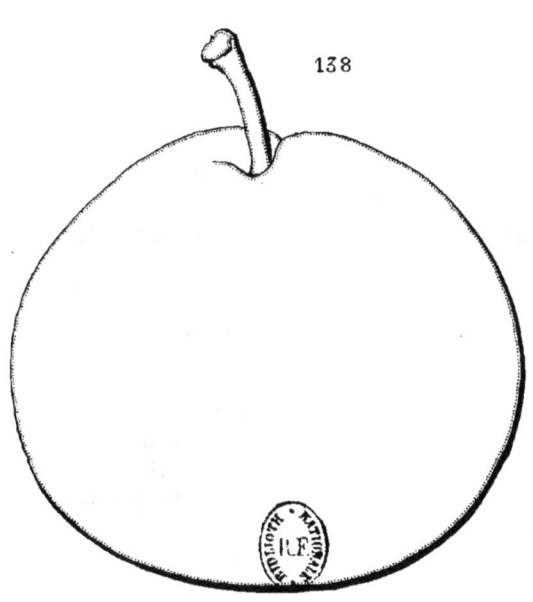

137, DOCTEUR TROUSSEAU.   138, ORANGE D'HIVER.

Peingeon. Del.

ORANGE D'HIVER

(N° 138)

Traité des arbres fruitiers. DUHAMEL.
Dictionnaire de pomologie. ANDRÉ LEROY.
The Fruits and the fruit-trees of America. DOWNING.
Handbuch aller bekannten Obstsorten. BIEDENFELD.
Catalogue JOHN SCOTT, de Merriott.
CITRON D'HIVER. *Dictionnaire des jardiniers.* MILLER.
WINTER POMERANZE. *Hanbuch über die Obstbaumzucht.* CHRIST.
WINTER ORANGE. *A Guide to the Orchard.* LINDLEY.
WINTER POMERAZENBIRNE. *Handbuch der Pomologie.* HINKERT.
Sichere Füher. DOCHNAL.
Pomologische Notizen. OBERDIECK.

OBSERVATIONS. — Cette ancienne variété est probablement d'origine française, comme la plupart des Poires Orange. — Sa végétation est bonne. Elle est rustique et fertile, et son fruit est de toute première qualité pour les usages de la cuisine.

DESCRIPTION.

Rameaux de moyenne force, obscurément anguleux dans leur contour, presque droits, à entre-nœuds courts et inégaux entre eux, d'un brun sombre du côté de l'ombre, d'un rouge violacé foncé du côté du soleil ; lenticelles blanches, bien arrondies, peu larges, nombreuses et apparentes.

Boutons à bois gros, coniques, épais et émoussés, à direction écartée du rameau, soutenus sur des supports très-peu saillants dont l'arête médiane se prolonge seule et un peu distinctement ; écailles d'un rouge clair, voilé d'un duvet gris.

Pousses d'été d'un vert brun, bien laineuses sur une grande partie de leur longueur.

Feuilles des pousses d'été moyennes, obovales, se terminant en une pointe courte et souvent émoussée, peu repliées sur leur nervure médiane, souvent ondulées dans leur contour, entières ou irrégulièrement découpées par leurs bords, soutenues horizontalement sur des pétioles de moyenne longueur, un peu forts et redressés.

Stipules longues, lancéolées, dentées.

Feuilles stipulaires fréquentes.

Boutons à fruit gros, coniques, courts et épais, très-courtement aigus; écailles extérieures d'un marron très-clair et lisses, les intérieures entièrement recouvertes d'un duvet fauve.

Fleurs moyennes; pétales arrondis-élargis, concaves, entièrement blancs avant et après l'épanouissement; divisions du calice de moyenne longueur, un peu recourbées en dessous par leur pointe; pédicelles de moyenne longueur, forts et cotonneux.

Feuilles des productions fruitières plus allongées, plus étroites que celles des pousses d'été, planes ou peu repliées sur leur nervure médiane, entières par leurs bords, assez bien soutenues sur des pétioles longs, grêles et raides.

Caractère saillant de l'arbre : teinte générale du feuillage d'un vert grisâtre; sommités des jeunes pousses bien cotonneuses.

Fruit moyen, presque sphérique et cependant s'atténuant assez sensiblement du côté de la queue et surtout du côté de l'œil, ordinairement uni dans son contour, atteignant sa plus grande épaisseur à peu près au milieu de sa hauteur; au-dessus et au-dessous de ce point, s'atténuant plutôt que s'arrondissant par des courbes largement convexes et à peu près de même longueur et même diminuant un peu sensiblement d'épaisseur vers la cavité de l'œil.

Peau un peu épaisse et ferme, d'abord d'un vert terne semé de petits points bruns, nombreux, burinés en creux, de manière à lui donner l'apparence de celle d'une orange. On remarque aussi souvent, sur sa surface, quelques traces d'une rouille verdâtre qui prend un ton fauve dans la cavité de l'œil. A la maturité, **fin d'hiver**, le vert fondamental passe au jaune citron intense, un peu orangé ou lavé de rouge du côté du soleil.

Œil grand, ouvert ou demi-ouvert, placé presque à fleur de la base du fruit dans une petite cavité qui souvent ne le contient pas entièrement.

Queue courte, un peu forte, un peu épaissie ou boutonnée à son point d'attache au rameau, bien ligneuse, droite, insérée perpendiculairement dans une cavité étroite, un peu profonde, dont les bords sont souvent un peu irréguliers.

Chair d'un blanc à peine teinté de jaune, un peu grossière, ferme, cassante, peu abondante en eau richement sucrée, vineuse et relevée.

BÉQUESNE

(N° 139)

Traité des arbres fruitiers. Duhamel.
Sichere Füher. Dochnal.
Pomona franconica. Mayer.
Handbuch aller bekannten Obstsorten. Biedenfeld.
Jardin fruitier du Muséum. Decaisne.
Dictionnaire de pomologie. André Leroy.
Catalogue John Scott, de Merriott.
BÉQUÈNE MUSQUÉ. The Fruit Manual. Robert Hogg.
SCHNABELBIRNE. Systematische Beschreibung der Kernobstsorten. Diel.

Observations. — Cette ancienne variété est d'origine inconnue. Biedenfeld lui donne les deux synonymes : *Eselsmans* (Mufle d'âne), *Eselskopf* (Tête d'âne), qui sembleraient faire considérer le nom de Béquesne comme une corruption de celui de Bec d'âne. — La végétation de l'arbre est bien contenue sur cognassier et s'accommode surtout de la forme pyramidale. Son fruit, rarement mangeable cru, très-propre aux usages de la cuisine et à sécher, indique la préférence à donner à la culture rustique en plein verger.

DESCRIPTION.

Rameaux un peu forts, épaissis à leur sommet, bien coudés à leurs entre-nœuds courts, presque unis dans leur contour, d'un brun jaunâtre ; lenticelles jaunâtres, larges, assez peu nombreuses et apparentes.

Boutons à bois moyens, coniques, très-courts, épatés, bien épaissis à leur base et peu aigus, à direction parallèle ou presque appliqués au rameau, soutenus sur des supports peu saillants et dont les côtés se prolongent très-obscurément; écailles d'un marron très-foncé et terne.

Pousses d'été d'un vert clair et longtemps couvertes sur presque toute leur longueur d'un duvet blanc, court et rare.

Feuilles des pousses d'été moyennes, ovales bien élargies, se terminant peu brusquement en une pointe assez courte, presque planes ou peu repliées sur leur nervure médiane, bordées de dents peu profondes, assez larges et obtuses, soutenues à peu près horizontalement sur des pétioles de moyenne longueur, de moyenne force et un peu redressés.

Stipules longues, linéaires.

Feuilles stipulaires assez fréquentes.

Boutons à fruit moyens, conico-ovoïdes, un peu anguleux et aigus; écailles d'un marron terne.

Fleurs moyennes; pétales ovales-arrondis, bien concaves, blancs avant l'épanouissement, à onglet long; divisions du calice assez longues, bien étroites, finement aiguës et un peu recourbées en dessous; pédicelles de moyenne longueur, de moyenne force et presque glabres.

Feuilles des productions fruitières presque elliptiques ou ovales-arrondies, à pointe extrêmement courte ou nulle, peu repliées sur leur nervure médiane et peu arquées, bordées de dents très-peu profondes, presque inappréciables, assez bien soutenues sur des pétioles de moyenne longueur, de moyenne force et raides.

Caractère saillant de l'arbre : feuilles les plus jeunes d'un vert tendre et comme recouvertes d'un vernis brillant.

Fruit moyen ou assez gros, de la forme caractéristique qui semble lui avoir fait donner son nom, c'est-à-dire irrégulièrement conique, plus allongé d'un côté vers l'œil et du côté opposé vers la queue, atteignant sa plus grande épaisseur au-dessous du milieu de sa hauteur; au-dessus de ce point, s'atténuant par une courbe d'abord peu convexe puis légèrement concave en une pointe assez longue, peu épaisse et obliquement tronquée à son sommet; au-dessous du même point, s'atténuant par une courbe convexe pour diminuer assez sensiblement d'épaisseur vers la cavité de l'œil.

Peau ferme, un peu épaisse, comme chagrinée, d'abord d'un vert clair semé de points d'un gris brun, très-petits, très-nombreux et burinés en creux. On remarque quelques légères traces de rouille sur sa surface et surtout dans la cavité de l'œil. A la maturité, **octobre**, le vert fondamental passe au jaune citron et souvent le côté du soleil se lave d'un rouge cramoisi.

Œil grand, ouvert, à divisions larges et étalées contre les parois d'une cavité étroite, peu profonde, quelquefois un peu irrégulière par ses bords.

Queue assez longue, ligneuse, bien épaissie à son point d'insertion dans une cavité dont les bords se divisent en plis charnus.

Chair d'un blanc jaunâtre, fine, demi-cassante, suffisante en eau bien sucrée, relevée et assez agréablement parfumée.

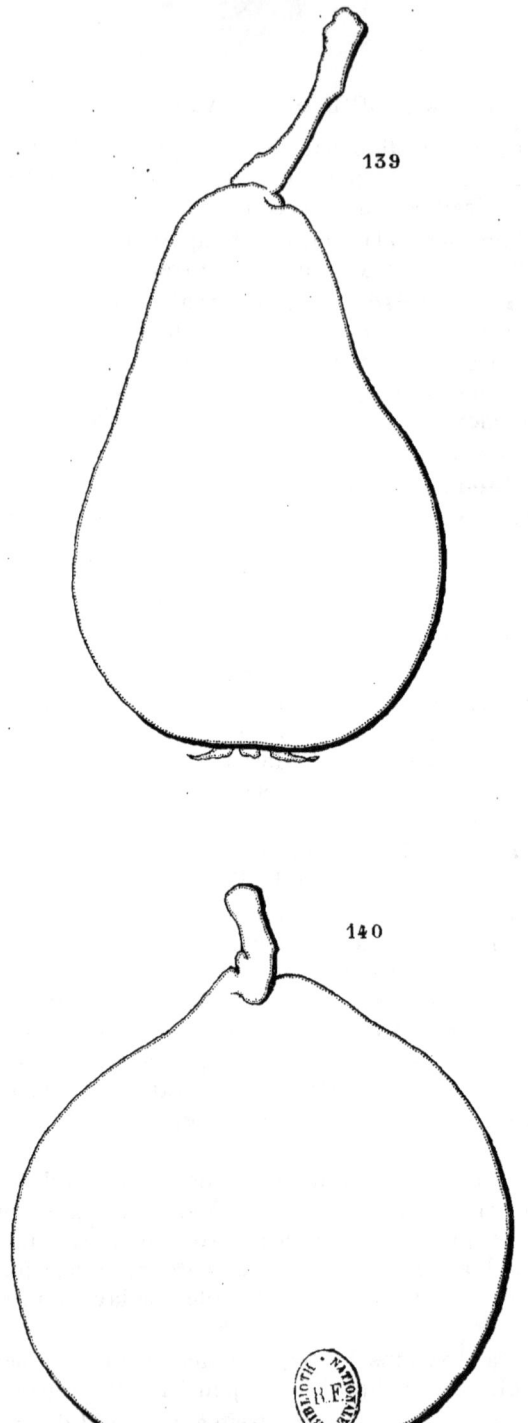

139, BÉQUESNE.   140, BELLE-ET-BONNE.

Imp. E. Protat, à Mâcon.

BELLE ET BONNE

(N° 140)

The Fruit and the fruit-trees of America. DOWNING.

OBSERVATIONS.— D'après la description de la poire Belle et Bonne donnée par M. Downing dans le *The Fruits and the fruit-trees of America*, j'avais cru pouvoir, comme il l'indique lui-même, la considérer identique avec notre Bergamotte sans pepins, publiée dans *le Verger*. J'ai reçu depuis, du laborieux pomologiste américain, des greffes de la variété Belle et Bonne et mes observations m'ont convaincu qu'elle est différente par son fruit et par son arbre; c'est pourquoi je la produis dans ma *Pomologie générale*. Si, de la description qui suit, il ne ressort pas de grandes différences dans les caractères principaux, les nuances que j'indique prouveront suffisamment, ce qui est évident pour moi, que la Belle et Bonne et la Bergamotte sans pepins constituent deux variétés distinctes. — L'arbre, de vigueur contenue sur cognassier, par son bois solide et bien garni de productions fruitières, s'accommode bien de la forme de pyramide et surtout de celle de fuseau. Sa fertilité est précoce, bonne et cependant interrompue par des alternats complets. Son fruit, au moins aussi beau, est de meilleure qualité que celui de la Bergamotte sans pepins.

DESCRIPTION.

Rameaux très-forts et soutenant cette force jusqu'à leur sommet, anguleux dans leur contour, coudés à leurs entre-nœuds inégaux entre eux, d'un rouge vineux taché de jaunâtre; lenticelles jaunâtres, bien allongées, saillantes et apparentes.

Boutons à bois gros, coniques, extraordinairement courts et épais, peu aigus, à direction peu écartée du rameau, soutenus sur des supports peu saillants dont l'arête médiane se prolonge assez distinctement; écailles de couleur marron et presque entièrement recouvertes de gris cendré.

Pousses d'été colorées d'un rouge intense à leur sommet et de bonne heure teintées de brun violet à leur partie inférieure.

Feuilles des pousses d'été moyennes, obovales-elliptiques, se terminant brusquement en une pointe longue et finement aiguë, bien creusées en gouttière et arquées, bordées de dents profondes et finement aiguës, bien soutenues sur des pétioles de moyenne longueur, forts, raides et redressés.

Stipules de moyenne longueur, en forme d'alênes.

Feuilles stipulaires assez fréquentes.

Boutons à fruit assez gros, presque sphériques, à pointe presque nulle ; écailles d'un beau marron foncé.

Fleurs grandes ; pétales ovales bien élargis, souvent irrégulièrement découpés et crispés par leurs bords, à onglet court, se touchant presque entre eux ; divisions du calice de moyenne longueur et bien recourbées en dessous ; pédicelles de moyenne longueur, forts et à peine duveteux.

Feuilles des productions fruitières moyennes, tantôt ovales, tantôt obovales-elliptiques, se terminant presque régulièrement en une pointe très-finement aiguë et recourbée en dessous, bien creusées en gouttière et bien arquées, bordées de dents un peu inégales entre elles, assez fines, tantôt émoussées, tantôt aiguës, assez peu soutenues sur des pétioles longs, de moyenne force, un peu souples et divergents.

Caractère saillant de l'arbre : feuilles des pousses d'été d'un vert jaune et bordées de dents acérées ; toutes les feuilles bien creusées en gouttière, arquées et sensiblement épaisses.

Fruit gros, presque sphérique, s'atténuant très-brusquement en une petite pointe du côté de la queue, atteignant sa plus grande épaisseur presque exactement au milieu de sa hauteur ; au-dessus et au-dessous de ce point, s'arrondissant par des courbes presque de même longueur et presque également convexes jusqu'à la petite pointe qui le termine vers la queue et jusque dans la cavité de l'œil.

Peau un peu épaisse et ferme, d'abord d'un vert d'eau prononcé et voilé d'une sorte de fleur blanche, semé de points d'un vert plus foncé, souvent burinés en creux, larges, bien régulièrement espacés et peu apparents du côté de l'ombre. A la maturité, **commencement et milieu de septembre**, le vert fondamental passe au jaune paille un peu terne et le côté du soleil est moucheté de points d'un brun rouge, larges, nombreux et bien distincts.

Œil grand, demi-ouvert ou fermé, comme comprimé entre les plis prononcés de la cavité peu large, peu profonde dans laquelle il est placé.

Queue de moyenne longueur, peu forte, d'un brun clair, courbée, ligneuse et cependant flexible, un peu épaissie à son point d'attache entre des plis charnus et divergents ou dans une petite cavité un peu creusée dans la pointe du fruit.

Chair bien blanche, demi-fine, un peu grenue, assez fondante, mais laissant trop de marc dans la bouche, abondante en eau douce, sucrée, relevée d'une saveur rafraîchissante et agréable.

DE CHASSEUR

(N° 141)

Catalogue Van Mons. 1823.
DES CHASSEURS. *Notices pomologiques.* de Liron d'Airoles.
Annales de pomologie belge. Bivort.
The Fruits and the fruit-trees of America. Downing.
Dictionnaire de pomologie. André Leroy.
Catalogue John Scott, de Merriott.
JÄGERBIRNE. *Illustrirtes Handbuch der Obstkunde.* Jahn.
Pomologische Notizen. Oberdieck.

Observations. — Semis de Van Mons, cette variété produisit pour la première fois en 1842. — L'arbre, bien contenu dans sa végétation sur cognassier, se plie assez mal aux formes régulières et s'accommode mieux de la haute tige sur franc ; il est d'un rapport précoce et soutenu. Son fruit, de bonne qualité, a quelque ressemblance de saveur avec le Saint-Germain, mais son eau n'est pas aussi sucrée.

DESCRIPTION.

Rameaux peu forts, allongés, très-obscurément anguleux dans leur contour, un peu flexueux, à entre-nœuds courts, d'un rougeâtre terne et peu foncé ; lenticelles blanchâtres, très-petites, un peu allongées, nombreuses et peu apparentes.

Boutons à bois très-petits, coniques, maigres et finement aigus, à direction peu écartée du rameau, soutenus sur des supports presque nuls dont l'arête médiane se prolonge seule et d'une manière à peine distincte ; écailles d'un marron rougeâtre largement bordé de gris blanchâtre.

Pousses d'été d'un vert très-clair, à peine lavées de rouge et peu duveteuses à leur sommet.

Feuilles des pousses d'été petites, ovales, se terminant un peu brusquement en une pointe un peu longue, un peu concave, bordées de dents larges, profondes et arrondies, soutenues horizontalement sur des pétioles courts, grêles et redressés.

Stipules un peu longues, linéaires.

Feuilles stipulaires manquant le plus souvent.

Boutons à fruit assez gros, coniques-allongés et aigus; écailles un peu entr'ouvertes, d'un marron rougeâtre peu foncé et un peu ombré de gris.

Fleurs petites; pétales presque elliptiques, concaves, peu roses avant l'épanouissement; divisions du calice très-fines d'une manière caractéristique; pédicelles courts, très-grêles et glabres.

Feuilles des productions fruitières plus grandes que celles des pousses d'été, ovales-allongées et un peu étroites, se terminant un peu brusquement en une pointe longue, étroite et recourbée, bien creusées en gouttière et bien arquées, entières ou bordées de dents à peine appréciables, assez peu soutenues sur des pétioles un peu longs, très-grêles et flexibles.

Caractère saillant de l'arbre : teinte générale du feuillage d'un vert gai et brillant; feuilles des productions fruitières remarquablement creusées en gouttière et se terminant en une pointe extrêmement recourbée.

Fruit moyen, piriforme-ovoïde, un peu ventru, souvent irrégulier dans son contour, atteignant sa plus grande épaisseur bien au-dessous du milieu de sa hauteur; au-dessus de ce point, s'atténuant par une courbe d'abord peu convexe puis concave en une pointe longue, ordinairement peu épaisse, un peu obtuse ou presque aiguë; au-dessous du même point, s'atténuant inégalement et assez promptement par une courbe peu convexe pour diminuer sensiblement d'épaisseur vers la cavité de l'œil, en un mot présentant beaucoup de rapports par sa forme et son apparence avec la poire Saint-Germain d'hiver.

Peau un peu épaisse et ferme, d'abord d'un vert pâle semé de points d'un gris brun, petits, nombreux et un peu irrégulièrement espacés. Des taches d'une rouille brune se dispersent le plus souvent sur sa surface, couvrant toujours le sommet du fruit, la cavité de l'œil et s'étendant au-delà de ses bords. A la maturité, **septembre, octobre,** le vert fondamental passe au jaune clair largement ombré de brun roux.

Œil moyen, fermé ou presque fermé, à divisions courtes, souvent caduques, placé dans une cavité peu profonde, évasée et irrégulière par ses bords.

Queue assez courte, forte, bien épaissie à son point d'attache au rameau, ordinairement bien courbée, peu ligneuse et bien élastique, fixée à fleur de la pointe du fruit dont elle semble former la continuation.

Chair d'un blanc un peu verdâtre, demi-fine, fondante et cependant laissant un peu de marc dans la bouche, bien abondante en eau douce, sucrée, délicatement parfumée.

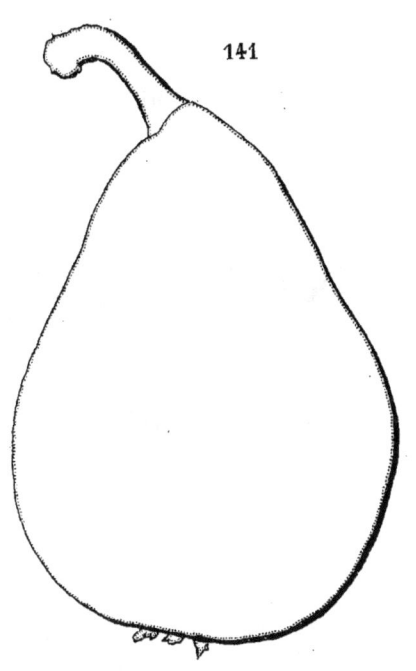
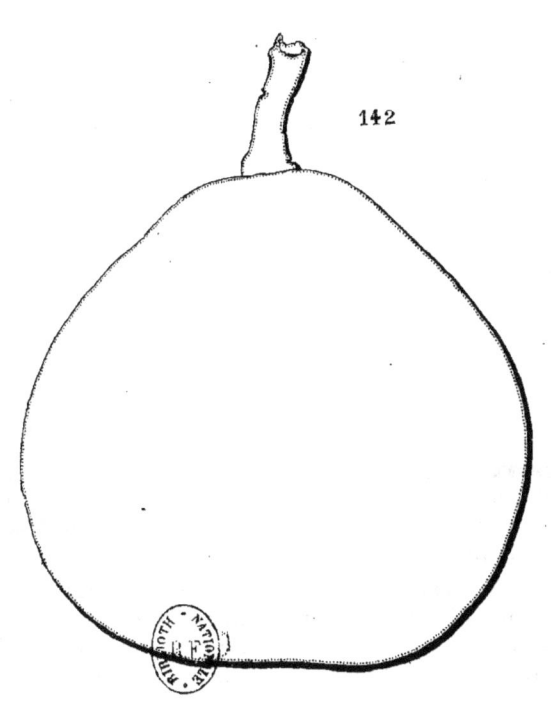

141, DE CHASSEUR.   142. GROSSE DE SEPTEMBRE.

Peingeon, Del.

GROSSE DE SEPTEMBRE

(GROSSE SEPTEMBER BIRNE)

(N° 142)

Handbuch über die Obstbaumzucht. Christ.
Systematisches Handbuch der Obstkunde. Dittrich.
Illustrirtes Handbuch der Obstkunde. Schmidt.
BELLE DE SEPTEMBRE. *Dictionnaire de pomologie.* André Leroy.
Catalogue John Scott, de Merriott.

Observations. — Cette ancienne variété, d'origine allemande, est à recommander pour la grande culture. Greffée sur franc, elle forme des hautes tiges d'une grande dimension, d'un rapport riche et soutenu. Son fruit, par sa consistance, supporte facilement le transport, et sa maturation prolongée lui permet d'attendre la vente sur le marché. Il n'est que de seconde qualité, mais cependant réellement agréable et ne blettit pas facilement. Sa végétation est très-bonne aussi sur cognassier et peut suffire à former de magnifiques pyramides sur ce sujet.

DESCRIPTION.

Rameaux de moyenne force, à peine anguleux dans leur contour, presque droits, à entre-nœuds inégaux entre eux, d'un brun jaunâtre à l'ombre, d'un brun violacé du côté du soleil; lenticelles blanches, petites, assez peu nombreuses et peu apparentes.

Boutons à bois petits, coniques, finement aigus, à direction parallèle ou presque parallèle au rameau, soutenus sur des supports peu saillants et dont l'arête médiane se prolonge seule et distinctement; écailles d'un marron rougeâtre foncé, finement bordé de gris argenté.

Pousses d'été d'un vert un peu jaune, un peu colorées de rouge et peu duveteuses à leur sommet.

Feuilles des pousses d'été, les supérieures moyennes et obovales, les inférieures grandes et ovales-élargies, se terminant presque régulièrement en une pointe courte et recourbée, peu repliées sur leur nervure médiane et un peu arquées, bordées de dents très-fines, peu profondes, très-peu appréciables, assez bien soutenues sur des pétioles longs, grêles et redressés.

Stipules très-courtes, filiformes.

Feuilles stipulaires manquant le plus souvent.

Boutons à fruit moyens, conico-ovoïdes, à pointe longue et finement aiguë ; écailles d'un marron rougeâtre.

Fleurs moyennes ; pétales arrondis, concaves, à onglet court, se touchant presque entre eux ; divisions du calice courtes, un peu recourbées par leur pointe ; pédicelles longs, grêles et peu duveteux.

Feuilles des productions fruitières le plus souvent obovales-elliptiques, se terminant presque régulièrement en une pointe courte et recourbée, peu repliées sur leur nervure médiane et peu arquées, souvent un peu ondulées dans leur contour, entières par leurs bords, irrégulièrement soutenues sur des pétioles très-longs, très-grêles et souples.

Caractère saillant de l'arbre : teinte générale du feuillage d'un vert clair et gai ; tous les pétioles remarquablement grêles et allongés ; toutes les feuilles entières ou à peine dentées.

Fruit moyen ou gros, piriforme, court et ventru, ordinairement uni dans son contour, atteignant sa plus grande épaisseur peu au-dessous du milieu de sa hauteur ; au-dessus de ce point, s'atténuant un peu promptement par une courbe d'abord convexe puis légèrement concave en une pointe peu longue et plus ou moins obtuse ; au-dessous du même point, s'atténuant promptement par une courbe convexe pour diminuer assez sensiblement d'épaisseur vers la cavité de l'œil.

Peau mince et cependant un peu ferme, unie, brillante lorsqu'elle est frottée, d'abord d'un vert gai semé de points bruns, extraordinairement petits, extraordinairement nombreux et peu visibles. On ne trouve ordinairement qu'une tache de rouille très-légère sur le sommet du fruit et à peine quelques traces dans la cavité de l'œil. A la maturité, **fin d'août et commencement de septembre**, le vert fondamental passe au jaune paille brillant qui se dore du côté du soleil et se couvre d'un nuage de vermillon vif sur lequel apparaissent des points d'un rouge encore plus foncé et qui sont encore plus apparents lorsqu'ils sont plus rapprochés des parties moins éclairées.

Œil grand, ouvert ou demi-ouvert, placé dans une cavité étroite et peu profonde le contenant à peine.

Queue un peu longue, forte, charnue, flexible, attachée le plus souvent perpendiculairement dans un pli plus ou moins prononcé.

Chair bien blanche, demi-fine, mi-cassante, abondante en eau douce, sucrée, suffisamment relevée, agréable.

BERGAMOTTE REINETTE

(N° 143)

Notices pomologiques. DE LIRON D'AIROLES.
Bulletin du Cercle pratique de Rouen. BOISBUNEL.
Dictionnaire de pomologie. ANDRÉ LEROY.
Catalogue JOHN SCOTT, de Merriott.

OBSERVATIONS. — M. Boisbunel fils, pépiniériste à Rouen, est l'obtenteur de cette variété dont le premier rapport eut lieu en 1857. Le nom qu'il lui imposa lui fut sans doute inspiré par quelque ressemblance dans la saveur ou l'apparence de son fruit avec une pomme de Reinette. J'avoue que je n'ai pu jusqu'à présent lui trouver un rapport qui justifiât cette dénomination. — L'arbre, vigoureux, même sur cognassier, s'accommode assez mal d'être soumis à la taille et convient mieux pour la haute tige abandonnée à elle-même. Le fruit, variable dans sa qualité, qui n'est jamais qu'assez bonne, peut être recommandé pour sa maturité précoce et d'assez longue durée.

DESCRIPTION.

Rameaux assez forts, allongés, un peu anguleux dans leur contour, droits, à entre-nœuds un peu longs, d'un jaune rougeâtre; lenticelles blanches, peu nombreuses, assez larges et bien apparentes.

Boutons à bois moyens, coniques, un peu allongés et obtus, à direction écartée du rameau, soutenus sur des supports presque nuls, dont les côtés et l'arête médiane se prolongent un peu distinctement; écailles d'un marron rougeâtre largement bordé de gris blanchâtre.

Pousses d'été d'un vert foncé, colorées d'un rouge sanguin vif, et très-peu duveteuses à leur sommet.

Feuilles des pousses d'été moyennes, ovales, un peu élargies, se terminant un peu brusquement en une pointe courte, un peu concaves, régulièrement et assez largement crénelées plutôt que dentées par leurs bords, mal soutenues sur des pétioles courts, grêles et bien flexibles.

Stipules moyennes, linéaires-étroites, un peu dentées.

Feuilles stipulaires fréquentes.

Boutons à fruit gros, coniques-allongés et un peu renflés vers leur sommet, obtus; écailles entièrement recouvertes d'un duvet fauve à leur centre et gris sur leurs bords.

Fleurs petites; pétales ovales un peu allongés, bien concaves, d'un rose vif avant l'épanouissement; divisions du calice courtes, larges et promptement atténuées; pédicelles de moyenne longueur, de moyenne force, duveteux et remarquablement colorés de rouge.

Feuilles des productions fruitières ovales-allongées ou ovales-elliptiques, sensiblement moins élargies que celles des pousses d'été, à peine repliées sur leur nervure médiane et bien arquées, bien régulièrement bordées de dents fines, peu profondes et un peu aiguës, se recourbant sur des pétioles longs, grêles et peu flexibles.

Caractère saillant de l'arbre : teinte générale du feuillage d'un vert décidé; pousses d'été bien colorées de rouge, et sur une assez grande longueur à leur sommet; tous les pétioles grêles.

Fruit moyen ou presque gros sur arbre taillé, sphérico-ovoïde ou turbiné-sphérique, ordinairement uni dans son contour, atteignant sa plus grande épaisseur plus ou moins au-dessous du milieu de sa hauteur; au-dessus de ce point, s'atténuant peu par une courbe peu convexe en une pointe peu longue, épaisse et tronquée à son sommet; au-dessous du même point, s'atténuant par une courbe largement convexe pour diminuer assez sensiblement d'épaisseur vers la cavité de l'œil, ou s'arrondissant brusquement jusque dans cette cavité.

Peau fine, mince, un peu onctueuse et odorante à la maturité, d'abord d'un vert très-pâle semé de points d'un gris brun, très-petits, assez peu nombreux, régulièrement espacés et peu apparents. Une tache d'une rouille fine couvre la cavité de la queue et s'étale un peu en étoile au-delà de ses bords. A la maturité, **fin d'août**, le vert fondamental passe au jaune paille brillant, et le côté du soleil est quelquefois lavé d'un peu de rouge sanguin.

Œil petit, fermé, à divisions courtes, dressées, serrées les unes contre les autres et cotonneuses, enfoncé dans une cavité étroite, profonde, sensiblement plissée dans ses parois et par ses bords.

Queue assez courte, forte, d'un brun sombre, souvent courbée et dirigée obliquement, épaissie à son point d'insertion dans une cavité étroite et profonde.

Chair bien blanche, demi-fine, fondante, abondante en eau bien sucrée, relevée et assez agréable.

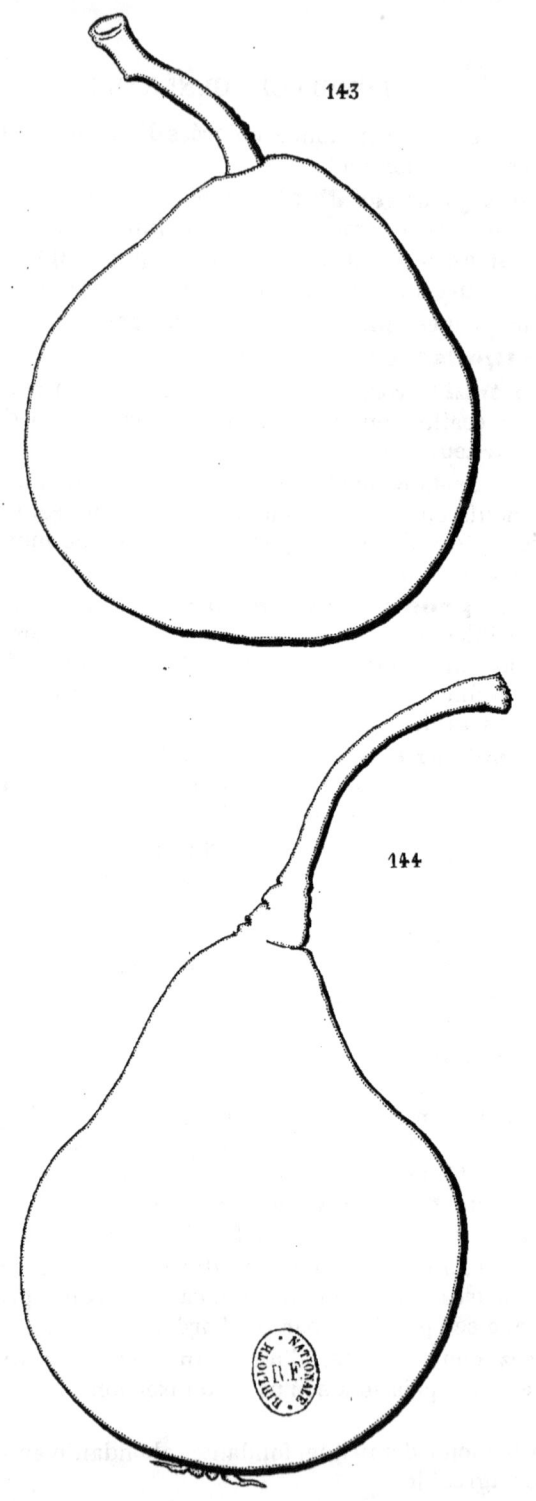

143, BERGAMOTTE REINETTE.   144, ADÈLE LANCELOT.

ADÈLE LANCELOT

(N° 144)

The Fruit Manual. Robert Hogg.
The Fruits and the fruit-trees of America. Downing.
Dictionnaire de pomologie. André Leroy.
Catalogue John Scott, de Merriott.

Observations. — Les renseignements donnés par M. Bivort à M. André Leroy établissent que cette variété fut obtenue par lui dans son établissement de Geest-Saint-Remy. A son premier rapport, en 1851, la fille de M. Bivort la dédia à Mlle Lancelot, de Monceau-sur-Sambre (Belgique). — Sa bonne végétation et la qualité de son fruit la recommandent à l'amateur.

DESCRIPTION.

Rameaux d'une force moyenne et bien soutenue jusqu'à leur sommet, obscurément anguleux dans leur contour, droits, d'un brun verdâtre un peu teinté de rouge du côté du soleil, et souvent colorés d'un rouge sanguin très-vif à leur partie supérieure; lenticelles petites, peu nombreuses et peu apparentes.

Boutons à bois petits, coniques, courts et comprimés, peu aigus, à direction peu écartée du rameau ou presque parallèle, soutenus sur des supports très-peu saillants, dont l'arête médiane seule se prolonge un peu distinctement; écailles d'un marron clair, presque entièrement recouvertes d'un duvet gris cendré.

Pousses d'été droites, d'un vert clair et pâle, lavées de rouge sur une grande étendue à leur partie supérieure, un peu duveteuses sur toute leur longueur.

Feuilles des pousses d'été petites, obovales-elliptiques, se terminant peu brusquement en une pointe courte, peu repliées sur leur nervure médiane et non arquées, bordées de dents larges, un peu profondes et obtuses, soutenues horizontalement sur des pétioles assez courts, grêles et bien redressés.

Stipules de moyenne longueur, en alênes bien aiguës.

Feuilles stipulaires fréquentes.

Boutons à fruit moyens, coniques, un peu aigus; écailles d'un marron clair finement bordé d'un duvet fauve.

Fleurs assez petites; pétales ovales-elliptiques, concaves, à onglet court, écartés entre eux; divisions du calice de moyenne longueur, étroites, réfléchies en dessous; pédicelles longs, un peu forts et presque lisses.

Feuilles des productions fruitières à peine plus grandes que celles des pousses d'été, obovales-allongées et étroites, se terminant peu brusquement en une pointe courte, presque planes, bordées de dents fines, très-peu profondes, couchées et aiguës, assez peu soutenues sur des pétioles peu longs, très-grêles et flexibles.

Caractère saillant de l'arbre : teinte générale du feuillage d'un vert peu foncé et mat; tous les pétioles bien grêles.

Fruit tantôt moyen, tantôt gros, conique-piriforme, bien ventru, souvent un peu irrégulier dans son contour, atteignant sa plus grande épaisseur bien au-dessous du milieu de sa hauteur; au-dessus de ce point, s'atténuant bien par une courbe d'abord à peine convexe, puis à peine concave, en une pointe un peu longue, aiguë et plissée circulairement à son sommet; au-dessous du même point, s'arrondissant par une courbe bien convexe pour s'aplatir ensuite autour de la cavité de l'œil.

Peau un peu épaisse et ferme, d'abord d'un vert très-clair et un peu pâle semé de petits points très-nombreux, serrés, peu apparents et quelquefois à peine visibles. On remarque rarement quelques traces de rouille sur sa hauteur, mais souvent dans la cavité de l'œil. A la maturité, **fin de septembre**, le vert fondamental passe au jaune paille clair, encore parfois un peu verdâtre par places, et le côté du soleil n'est ordinairement indiqué que par un ton un peu plus chaud, même sur les fruits les mieux exposés.

Œil grand, ouvert ou demi-ouvert, à divisions courtes, souvent dressées, placé dans une cavité peu profonde, bien évasée, souvent à peine irrégularisée dans ses bords par des rudiments de côtes très-aplanies qui se continuent très-obscurément sur la base du fruit.

Queue très-longue, un peu forte, très-élastique, conservant la couleur de la peau du fruit jusqu'au-delà de la moitié de sa longueur, bien courbée et épaissie à son point d'attache à la pointe du fruit déjetée de côté.

Chair blanche, demi-fine, à peine granuleuse vers le cœur, fondante, abondante en eau douce, sucrée, mais pas assez parfumée pour constituer un fruit de première qualité.

EMILE MINOT

(N° 145)

Notices pomologiques. DE LIRON D'AIROLES.

OBSERVATIONS. — M. Grégoire, de Jodoigne, obtint cette variété dont le premier rapport eut lieu en 1851. — L'arbre est d'une végétation un peu grêle sur cognassier. Son rapport est précoce et bon, mais son fruit ne peut être considéré que comme de seconde qualité.

DESCRIPTION.

Rameaux de moyenne force et allongés, presque unis dans leur contour, à entre-nœuds longs et inégaux entre eux, de couleur noisette; lenticelles blanchâtres, larges, peu nombreuses et apparentes.

Boutons à bois petits, coniques, courts et obtus, à direction écartée du rameau, soutenus sur des supports peu saillants dont les côtés et l'arête médiane se prolongent très-obscurément; écailles d'un marron foncé et brillant largement bordé de gris argenté.

Pousses d'été d'un vert jaunâtre à leur base, d'un vert décidé et très-peu duveteuses à leur sommet.

Feuilles des pousses d'été petites, ovales-arrondies, se terminant brusquement en une pointe courte et fine, concaves et non arquées, bordées de dents larges, irrégulières, profondes, émoussées ou un peu aiguës, bien soutenues sur des pétioles de moyenne longueur; grêles et bien redressés.

Stipules longues, linéaires-étroites, presque filiformes.

Feuilles stipulaires fréquentes.

Boutons à fruit à peine moyens, conico-ovoïdes, aigus; écailles d'un marron rougeâtre largement bordé de gris argenté.

Fleurs assez grandes; pétales bien élargis et concaves; divisions du calice courtes et étalées; pédicelles de moyenne longueur, forts et duveteux.

Feuilles des productions fruitières petites, ovales-étroites et un peu allongées, se terminant tantôt régulièrement, tantôt un peu brusquement en une pointe courte et bien fine, repliées sur leur nervure médiane et peu arquées, bordées de dents très-peu profondes, presque inappréciables, bien soutenues sur des pétioles courts, grêles et raides.

Caractère saillant de l'arbre : feuillage et branchage menus; tous les pétioles bien grêles.

Fruit petit ou presque moyen, turbiné-ovoïde, souvent un peu irrégulier dans son contour, atteignant sa plus grande épaisseur peu au-dessous du milieu de sa hauteur; au-dessus de ce point, s'atténuant par une courbe d'abord un peu convexe puis à peine concave en une pointe peu longue et plus ou moins obtuse; au-dessous du même point, s'arrondissant par une courbe bien convexe jusque dans la cavité de l'œil.

Peau mince et cependant un peu ferme, d'abord d'un vert très-clair semé de petits points d'un gris brun, bien régulièrement espacés et peu apparents. Une tache d'une rouille brune couvre ordinairement la cavité de l'œil et s'étend un peu sur la base du fruit. A la maturité, **septembre**, le vert fondamental passe au jaune citron clair, les points deviennent plus apparents et le côté du soleil est seulement un peu doré.

Œil petit, fermé ou presque fermé, placé dans une cavité très-peu profonde et évasée, dont les bords sont un peu dépassés par ses divisions et sont assez réguliers pour que le fruit puisse bien se tenir debout.

Queue un peu longue, un peu forte, d'un beau brun brillant, peu ligneuse, élastique, courbée et attachée à une protubérance charnue et bosselée dont elle semble former la continuation.

Chair blanche, fine, beurrée, peu abondante en eau douce, sucrée, sans parfum appréciable.

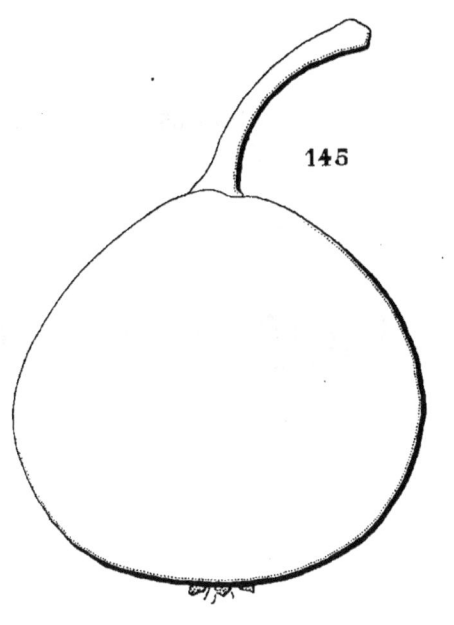
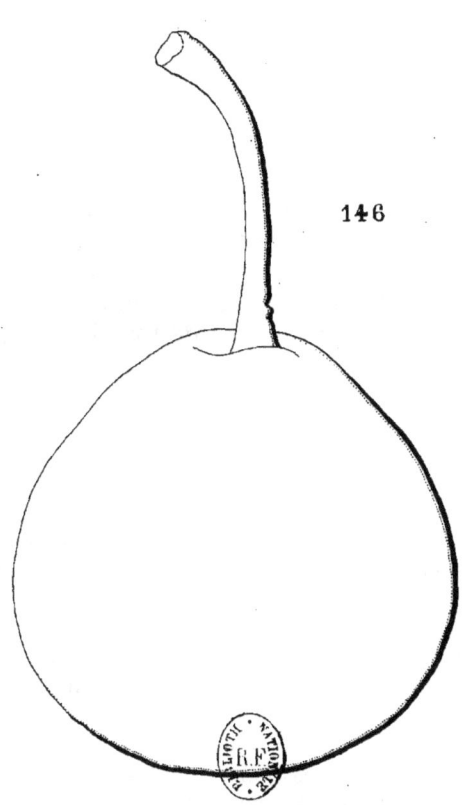

145, ÉMILE MINOT.   146, BEURRÉ HAMECHER.

Peingeon, Del.

BEURRÉ HAMECHER

(N° 146)

Album de pomologie. BIVORT.
The Fruit Manual. ROBERT HOGG.
The Fruits and the fruit-trees of America. DOWNING.
Dictionnaire de pomologie. ANDRÉ LEROY.
HAMECHERS GERVÜRZBIRNE. *Sichere Füher.* DOCHNAL.

OBSERVATIONS. — Cette variété est un semis de Van Mons. M. Bivort, après son premier rapport qui eut lieu en 1847, la propagea en la dédiant à M. Hamecher, pharmacien à Cologne et zélé pomologue. — L'arbre est d'une végétation bien contenue sur cognassier. Il ne s'accommode pas facilement de tous les terrains, en un mot, c'est une variété d'amateur.

DESCRIPTION.

Rameaux peu forts, très-obscurément anguleux dans leur contour, à peine flexueux, à entre-nœuds courts, d'un jaune verdâtre très-clair et pâle; lenticelles blanches, très-petites, assez peu nombreuses et très-peu apparentes.

Boutons à bois moyens, coniques, un peu épais et cependant aigus, à direction très-peu écartée du rameau, soutenus sur des supports saillants dont l'arête médiane se prolonge seule et très-peu distinctement; écailles jaunâtres et largement bordées de blanchâtre.

Pousses d'été d'un vert très-pâle, colorées de rouge vif sur une longue étendue et un peu duveteuses à leur sommet.

Feuilles des pousses d'été moyennes, ovales bien allongées et peu larges, se terminant peu brusquement en une pointe courte, bien fine et recourbée en dessous, bordées de dents si fines et si peu profondes qu'elles sont à peine appréciables, un peu repliées sur leur nervure médiane ou creusées en gouttière et arquées, s'abaissant bien, mal soutenues sur des pétioles très-longs, grêles et très-flexibles.

Stipules assez courtes, filiformes, tellement caduques qu'il est difficile de saisir le moment pour les reconnaître.

Feuilles stipulaires manquant ordinairement.

Boutons à fruit moyens, conico-ovoïdes, émoussés ; écailles d'un jaunâtre clair et maculé de blanchâtre.

Fleurs moyennes ; pétales ovales-elliptiques, peu concaves, à onglet court, se touchant entre eux ; divisions du calice de moyenne longueur et peu recourbées en dessous ; pédicelles longs, bien grêles et duveteux.

Feuilles des productions fruitières moyennes, les unes ovales-allongées et se terminant presque régulièrement en une pointe courte, les autres elliptiques et se terminant un peu brusquement en une pointe courte, concaves, bordées de dents extraordinairement fines et extraordinairement peu profondes, peu appréciables, mollement soutenues sur des pétioles bien longs, bien grêles et bien flexibles.

Caractère saillant de l'arbre : teinte générale du feuillage d'un vert extraordinairement clair, presque pâle ; toutes les feuilles presque imperceptiblement dentées ; tous les pétioles bien longs et bien grêles ; aspect général d'une végétation étiolée.

Fruit moyen, ovoïde-piriforme, tantôt uni dans son contour, tantôt déformé par des côtes émoussées, atteignant sa plus grande épaisseur bien au-dessous du milieu de sa hauteur ; au-dessus de ce point, s'atténuant par une courbe peu convexe, ou d'abord convexe, puis à peine concave, en une pointe plus ou moins longue, largement obtuse ou tronquée à son sommet ; au-dessous du même point, s'atténuant par une courbe largement convexe pour diminuer un peu sensiblement d'épaisseur vers la cavité de l'œil.

Peau fine, mince, unie, d'abord d'un vert très-pâle sur lequel on a peine à reconnaître quelques points très-petits, cernés de vert plus foncé. On remarque aussi sur le sommet du fruit et dans la cavité de l'œil une rouille jaunâtre et transparente. A la maturité, **octobre**, le vert fondamental passe au jaune paille et le côté du soleil se distingue seulement par un ton un peu plus chaud.

Œil petit, ouvert, à divisions souvent caduques, placé dans une cavité très-peu profonde, évasée, parfois un peu irrégulière par ses bords.

Queue un peu longue, un peu forte, courbée, attachée obliquement entre des plis charnus formés par la pointe du fruit.

Chair blanche, fine, fondante, suffisante en eau douce, sucrée, mais sans parfum appréciable.

JOSEPH STAQUET

(N° 147)

Album de pomologie. Bivort.
The Fruits and the fruit-trees of America. Downing.
Dictionnaire de pomologie. André Leroy.

Observations. — M. Bivort obtint cette variété d'un semis fait à Fleurus en 1844. Son premier rapport eut lieu en 1856, et elle fut publiée dans les *Annales de pomologie belge et étrangère*, en 1860, sans aucun renseignement sur la personne à laquelle elle avait été dédiée. — L'arbre est d'une vigueur modérée, d'une fertilité précoce et bonne, mais son fruit laisse un peu à désirer sous le rapport de la saveur.

DESCRIPTION.

Rameaux d'une bonne force, bien soutenue jusqu'à leur sommet, un peu anguleux dans leur contour, coudés à leurs entre-nœuds un peu longs, d'un brun verdâtre un peu teinté de rouge du côté du soleil; lenticelles très-allongées, peu nombreuses et apparentes.

Boutons à bois à peine moyens, coniques, très-courts, épatés, peu aigus, à direction peu écartée du rameau, soutenus sur des supports très-peu saillants dont l'arête médiane se prolonge seule et sensiblement; écailles d'un marron foncé souvent ombré de gris.

Pousses d'été d'un vert clair, colorées de rouge et bien duveteuses à leur sommet.

Feuilles des pousses d'été moyennes, ovales, un peu atténuées à leur base, se terminant presque régulièrement en une pointe courte, bien ferme, bien aiguë et recourbée, bien creusées en gouttière et très-arquées, irrégulièrement bordées de dents bien larges, bien couchées, très-peu profondes et émoussées, se recourbant sur des pétioles très-longs, de moyenne force, d'abord dressés puis se recourbant sous le poids de la feuille.

Stipules très-longues, linéaires-étroites et très-finement aiguës.

Feuilles stipulaires assez fréquentes.

Boutons à fruit petits, coniques, un peu allongés et aigus ; écailles d'un marron très-foncé, les extérieures largement maculées de gris blanchâtre.

Fleurs moyennes ; pétales ovales-arrondis, peu concaves, à onglet court, un peu écartés entre eux ; divisions du calice de moyenne longueur, finement aiguës et recourbées en dehors seulement par leur pointe ; pédicelles longs, grêles et à peine duveteux.

Feuilles des productions fruitières plutôt petites, ovales-élargies, se terminant un peu brusquement en une pointe large et courte, creusées en gouttière ou repliées sur leur nervure médiane et arquées, entières ou presque entières par leurs bords, assez peu soutenues sur des pétioles très-longs, grêles et très-souples.

Caractère saillant de l'arbre : teinte générale du feuillage d'un vert clair, gai et brillant ; presque toutes les feuilles creusées en gouttière et arquées ; stipules souvent extraordinairement longues ; tous les pétioles bien longs et souples.

Fruit moyen ou à peine moyen, conique-piriforme, maigre, tantôt plus, tantôt moins ventru, rarement un peu irrégulier dans son contour, atteignant sa plus grande épaisseur bien au-dessous du milieu de sa hauteur ; au-dessus de ce point, s'atténuant par une courbe à peine convexe, puis à peine concave en une pointe longue, peu épaisse et aiguë, paraissant un peu étranglée à moitié de sa longueur ; au-dessous du même point, s'atténuant par une courbe largement convexe et jusque dans la cavité de l'œil.

Peau fine, tendre, d'abord d'un vert clair semé de petits points bruns, assez nombreux et apparents par places, se confondant souvent avec des traits d'une rouille brune qui se condense souvent et irrégulièrement en larges taches, surtout sur le sommet du fruit et autour de l'œil. A la maturité, **septembre**, le vert fondamental passe au jaune paille terne, la rouille se dore et le côté du soleil est indiqué seulement par des points un peu larges.

Œil moyen, demi-ouvert, à divisions fermes, dressées, placé presque à fleur du fruit, dans une dépression peu sensible dans laquelle il semble un peu serré.

Queue de moyenne longueur, un peu forte, un peu courbée, charnue et élastique, souvent plissée circulairement comme la pointe du fruit à laquelle elle est attachée.

Chair blanche, assez fine, fondante, abondante en eau richement sucrée, mais peu parfumée.

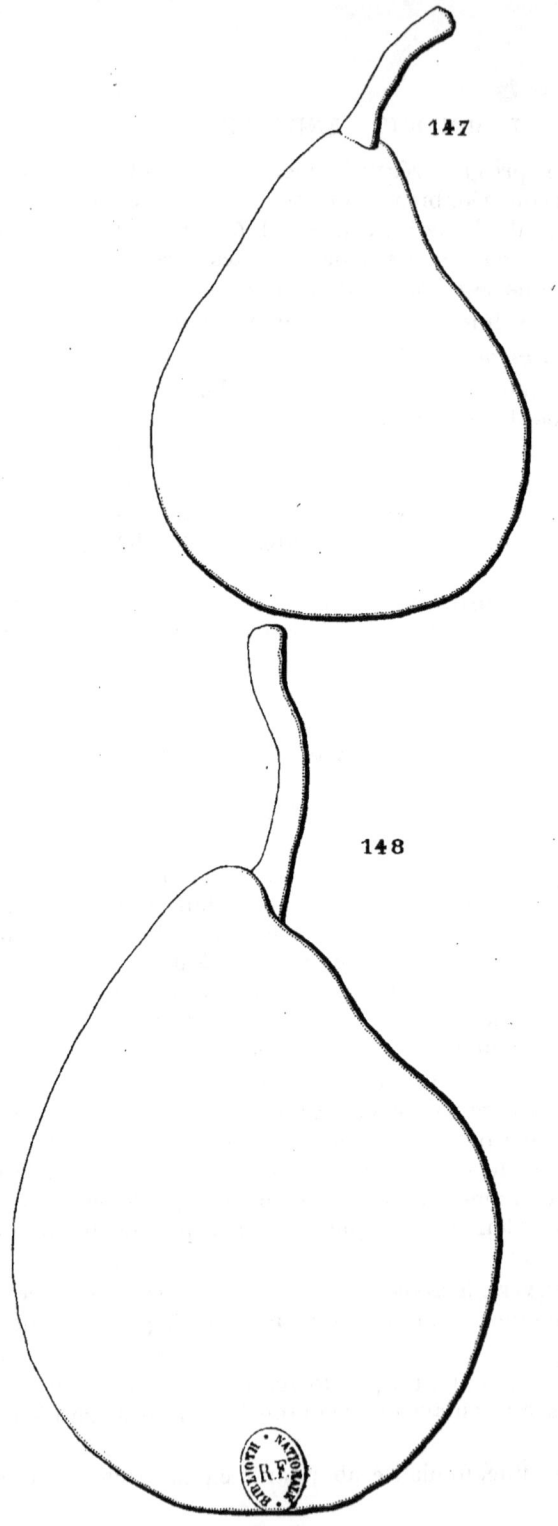

147, JOSEPH STAQUET. 148, BELLE DE LORIENT.

Imp. E. Protat à Mâcon.

BELLE DE LORIENT

(N° 148)

Dictionnaire de pomologie. ANDRÉ LEROY.
The Fruits and the fruit-trees of America. DOWNING.
Catalogue JOHN SCOTT, de Merriott.

OBSERVATIONS. — M. André Leroy annonce qu'il a tiré cette variété de l'ancien jardin du Comice horticole de Maine-et-Loire où elle était cultivée dès 1853. Il n'a pu recueillir aucun renseignement sur elle, même dans la ville dont elle porte le nom et d'où elle semble être originaire. — L'arbre, très-vigoureux sur cognassier, forme facilement des pyramides de grande dimension dont la fertilité est seulement moyenne et dont le fruit ne peut être employé qu'aux usages de la cuisine, tout en suppléant à son manque de sucre et de saveur.

DESCRIPTION.

Rameaux assez forts, peu anguleux dans leur contour, un peu flexueux, à entre-nœuds courts, d'un brun verdâtre à l'ombre et rougeâtre du côté du soleil; lenticelles d'un blanc jaunâtre, petites, nombreuses et assez peu apparentes.

Boutons à bois moyens, coniques-élargis, courts, obtus, appliqués au rameau, soutenus sur des supports peu saillants, dont les côtés et l'arête médiane se prolongent d'une manière peu prononcée; écailles d'un marron foncé.

Pousses d'été d'un vert terne, lavées de rouge et un peu duveteuses à leur sommet.

Feuilles des pousses d'été grandes, ovales-élargies ou ovales-arrondies, se terminant un peu brusquement en une pointe longue et large, peu repliées sur leur nervure médiane ou presque planes, bordées de dents fines, souvent écartées, très-peu profondes et un peu aiguës, bien soutenues sur des pétioles assez longs, un peu forts et redressés.

Stipules en alènes courtes et fines.

Feuilles stipulaires manquant ordinairement.

Boutons à fruit gros, conico-ovoïdes, un peu allongés et un peu aigus; écailles d'un beau marron brillant.

Fleurs moyennes; pétales élargis, tronqués ou bien arrondis à leur sommet, concaves, se recouvrant entre eux, lavés de rose vif avant l'épanouissement; divisions du calice longues, un peu larges et cotonneuses comme les pédicelles qui sont de moyenne longueur et de moyenne force.

Feuilles des productions fruitières plus amples que celles des pousses d'été, elliptiques-élargies, se terminant brusquement en une pointe courte ou très-courte, concaves, bordées de dents fines, très-peu profondes et émoussées, irrégulièrement soutenues sur des pétioles longs, forts et divergents.

Caractère saillant de l'arbre : teinte générale du feuillage d'un vert pré peu foncé; toutes les feuilles grandes tendant à la forme elliptique ou arrondie et garnies d'une serrature très-peu profonde; tous les pétioles assez forts.

Fruit gros ou assez gros, piriforme-ovoïde, souvent un peu irrégulier dans son contour, surtout du côté de la queue, atteignant sa plus grande épaisseur bien au-dessous du milieu de sa hauteur; au-dessus de ce point, s'atténuant par une courbe à peine convexe ou d'abord un peu convexe puis largement concave en une pointe plus ou moins longue, maigre et aiguë à son sommet; au-dessous du même point, s'atténuant par une courbe largement convexe pour diminuer sensiblement d'épaisseur vers la cavité de l'œil.

Peau ferme, un peu épaisse, d'abord d'un vert très-clair semé de petits points bruns, extraordinairement nombreux, serrés et apparents. On remarque quelques traces d'une rouille brune et fine, soit dans la cavité de l'œil, soit sur le sommet du fruit. A la maturité, **octobre et novembre**, le vert fondamental passe au jaune paille, les points deviennent encore plus apparents et le côté du soleil se distingue par un ton un peu plus chaud.

Œil grand, ouvert, ou demi-ouvert, à divisions finement aiguës, placé dans une cavité étroite, peu profonde et le contenant exactement.

Queue longue, peu forte, un peu courbée ou contournée, souvent attachée de côté dans un pli formé par la pointe du fruit et plus relevée d'un côté que de l'autre.

Chair blanchâtre, assez fine, grenue, laissant du marc dans la bouche, peu abondante en eau peu sucrée et le plus souvent âpre et acide.

LA CITÉ GOMAND

(N° 149)

Bulletin de la Société Van Mons. 1865, 1866.
Pomone Tournaisienne. Du Mortier.

Observations. — Je ne connais d'autres renseignements sur l'origine de cette variété que ceux des ouvrages cités qui l'attribuent à M. Grégoire, de Jodoigne. — L'arbre exige un sol fertile pour prospérer, tellement sa fertilité est grande et soutenue ; cette condition est nécessaire pour que son fruit conserve quelque valeur.

DESCRIPTION.

Rameaux de moyenne force, à peine anguleux dans leur contour, à peine flexueux, à entre-nœuds courts, bruns du côté de l'ombre et colorés de rouge sanguin vif du côté du soleil; lenticelles blanches, petites, assez peu nombreuses et un peu apparentes.

Boutons à bois moyens, coniques, courts, épais et peu aigus, à direction très-peu écartée du rameau, soutenus sur des supports peu saillants dont l'arête médiane se prolonge parfois un peu distinctement; écailles presque entièrement recouvertes de gris blanchâtre.

Pousses d'été d'un vert jaune, colorées sur une grande étendue de leur partie supérieure d'un beau rouge sanguin et peu duveteuses à leur sommet.

Feuilles des pousses d'été à peine moyennes, ovales, se terminant peu brusquement en une pointe un peu longue et finement aiguë, largement ondulées dans leur contour, concaves et non arquées, bordées de dents peu profondes, couchées et aiguës, soutenues horizontalement sur des pétioles peu longs, peu forts et redressés.

Stipules en alênes courtes et très-caduques.

Feuilles stipulaires manquant le plus souvent.

Boutons à fruit assez gros, coniques, courts et peu aigus; écailles d'un beau marron rougeâtre brillant et bordé de gris blanchâtre.

Fleurs moyennes; pétales ovales-arrondis, très-concaves, à onglet peu long, se touchant presque entre eux; divisions du calice de moyenne longueur, larges et à peine recourbées en dehors; pédicelles longs, de moyenne force et à peine duveteux.

Feuilles des productions fruitières un peu plus grandes que celles des pousses d'été et ovales plus allongées, se terminant un peu brusquement en une pointe courte et bien fine, bien creusées en gouttière, souvent ondulées dans leur contour, irrégulièrement découpées par leurs bords plutôt que dentées, assez mal soutenues sur des pétioles longs, peu forts et flexibles.

Caractère saillant de l'arbre : teinte générale du feuillage d'un vert un peu jaune, clair et luisant; toutes les feuilles souvent ondulées dans leur contour et finement acuminées.

Fruit petit, turbiné-court et obtus, ordinairement bien uni dans son contour, atteignant sa plus grande épaisseur bien au-dessous du milieu de sa hauteur; au-dessus de ce point, s'atténuant par une courbe convexe ou peu concave en une pointe courte, un peu épaisse, largement obtuse ou tronquée à son sommet; au-dessous du même point, s'arrondissant par une courbe bien convexe pour ensuite s'aplatir un peu autour de la cavité de l'œil.

Peau un peu épaisse et ferme, d'abord d'un vert très-clair, blanchâtre, semé de très-petits points peu apparents. Souvent une large tache de rouille couvre la cavité de l'œil et se disperse en traits fins sur la base du fruit et parfois sur sa surface. A la maturité, **fin de septembre**, le vert fondamental passe au jaune paille, un peu doré ou lavé d'un soupçon de rouge du côté du soleil.

Œil grand, ouvert ou demi-ouvert, placé dans une cavité étroite, peu profonde, le contenant exactement.

Queue longue, grêle, ferme, ligneuse, attachée le plus souvent perpendiculairement dans une petite cavité formée par la pointe du fruit.

Chair blanche, assez fine, serrée, demi-beurrée, peu abondante en eau douce, sucrée, un peu parfumée, constituant un fruit de seconde qualité.

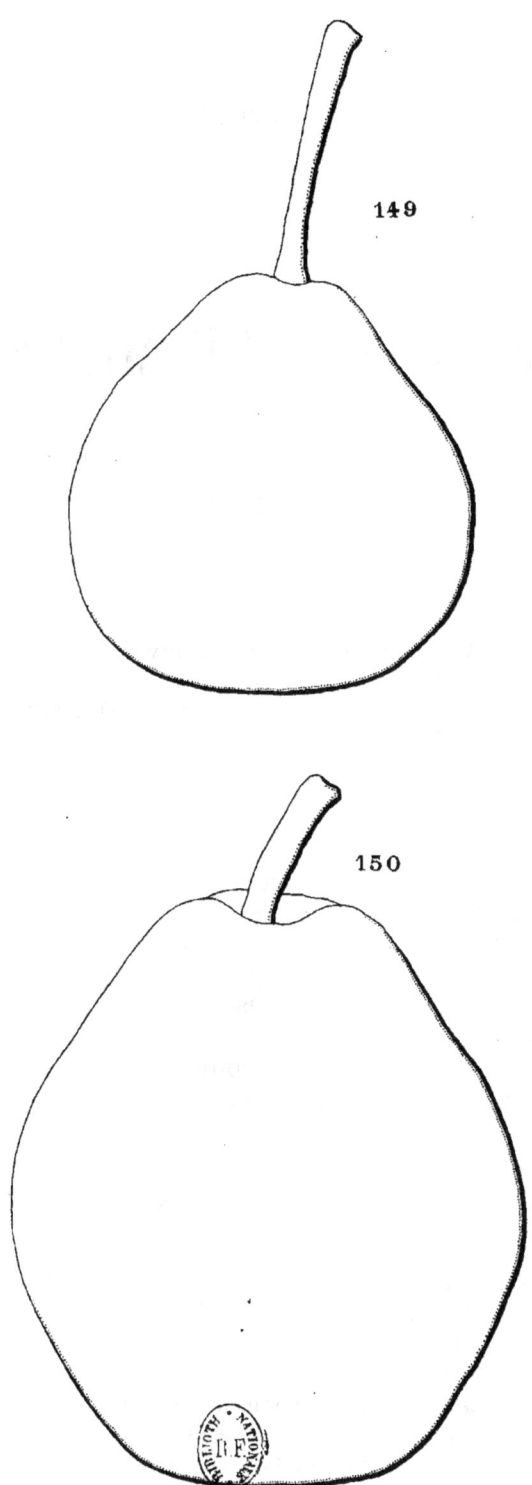

149. LA CITÉ GOMAND.   150. BERGAMOTTE DE MILLEPIEDS.

Peingeon Del.

BERGAMOTTE DE MILLEPIEDS

(N° 150)

Dictionnaire de pomologie. ANDRÉ LEROY.
The Fruit Manual. ROBERT HOGG.
The Fruits and the fruit-trees of America. DOWNING.
Catalogue JOHN SCOTT, de Merriott.

OBSERVATIONS. — M. Goubault, pépiniériste à Millepieds, près d'Angers, est l'obtenteur de cette variété dont le premier rapport eut lieu en 1852. Son fruit fut présenté, en 1853, au Comice horticole de Maine-et-Loire qui l'apprécia avec éloges. — L'arbre, d'une bonne vigueur sur cognassier, est disposé à prendre facilement la forme pyramidale. Sa fertilité est moyenne et se fait attendre sur franc. Son fruit, bien attaché pour résister au vent sur la haute tige, est d'une qualité distinguée.

DESCRIPTION.

Rameaux assez forts, un peu anguleux dans leur contour, presque droits, à entre-nœuds inégaux entre eux, d'un brun verdâtre à l'ombre, teints de rougeâtre du côté du soleil ; lenticelles blanchâtres, larges, arrondies, assez peu nombreuses, régulièrement espacées et apparentes.

Boutons à bois moyens, coniques, courts, épaissis à leur base, peu aigus, à direction plus ou moins écartée du rameau, soutenus sur des supports un peu saillants dont l'arête médiane se prolonge finement ; écailles d'un marron clair et ombré de gris.

Pousses d'été d'un vert clair et teinté de rougeâtre, colorées d'un rouge intense à leur sommet couvert d'un duvet blanc, soyeux et peu serré.

Feuilles des pousses d'été moyennes, ovales un peu arrondies, souvent obtuses ou se terminant subitement en une pointe très-courte, planes, bordées de dents assez peu profondes et émoussées, soutenues horizontalement et peu relevées sur des pétioles de moyenne longueur, de moyenne force et redressés.

Stipules longues, lancéolées-étroites et sensiblement dentées.

Feuilles stipulaires manquant toujours.

Boutons à fruit petits, ellipsoïdes, courts, très-obtus; écailles d'un marron sombre et uniforme.

Fleurs moyennes; pétales ovales-arrondis, concaves, dressés, un peu lavés de rose avant l'épanouissement; divisions du calice courtes et peu recourbées en dessous; pédicelles de moyenne longueur, de moyenne force et laineux.

Feuilles des productions fruitières plus grandes, plus élargies que celles des pousses d'été, obtuses ou se terminant en une pointe extraordinairement courte, le plus souvent convexes, bien régulièrement bordées de dents peu profondes et émoussées, se recourbant un peu sur des pétioles de moyenne longueur, de moyenne force et redressés.

Caractère saillant de l'arbre : teinte générale du feuillage d'un vert très-clair; sommités des pousses d'été bien colorées de rouge; toutes les feuilles obtuses ou très-courtement acuminées.

Fruit moyen, sphérico-ovoïde et parfois sphérico-piriforme, ordinairement uni dans son contour, atteignant sa plus grande épaisseur peu au-dessous du milieu de sa hauteur; au-dessus de ce point, s'atténuant par une courbe d'abord peu convexe puis largement concave en une pointe peu longue, plus ou moins épaisse et plus ou moins largement tronquée à son sommet; au-dessous du même point, s'atténuant plus ou moins par une courbe largement convexe pour diminuer plus ou moins sensiblement d'épaisseur vers la cavité de l'œil.

Peau fine et cependant un peu ferme, d'abord d'un vert pâle blanchâtre semé de points bruns, petits, assez nombreux et un peu inégaux entre eux. On remarque aussi souvent sur sa surface quelques traces d'une rouille d'un brun verdâtre. A la maturité, **septembre**, le vert fondamental passe au jaune paille et sur le côté du soleil les points deviennent d'un brun foncé.

Œil grand, demi-fermé, à divisions courtes, aiguës et réfléchies en dehors, placé dans une cavité étroite et peu profonde.

Queue courte ou de moyenne longueur, forte, ligneuse, épaissie à son point d'attache au rameau, implantée dans une cavité étroite où elle est souvent repoussée obliquement par une excroissance charnue.

Chair blanche, fine, serrée, fondante, suffisante en eau sucrée, vineuse, relevée d'un parfum d'amande vraiment agréable.

LOIRE-DE-MONS

(N° 151)

Catalogue Van Mons. 1823.
LOIRES GEVÜRZBIRNE (Aromatique de Loire). *Systematische Beschreibung der Kernobstsorten.* Diel.
Sichere Füher. Dochnal.
Systematisches Handbuch der Obstkunde. Dittrich.
Illustrirtes Handbuch der Obstkunde. Jahn.
Pomologische Notizen. Oberdieck.

Observations. — Van Mons annonce dans son Catalogue que cette variété est un gain de M. Loire, jardinier de l'abbé Duquesne, à Mons. — L'arbre est d'une végétation un peu grêle sur cognassier et une taille courte est nécessaire pour ménager sa fertilité précoce et grande. Sa haute tige forme une tête pyramidale, de moyenne étendue. Son fruit a beaucoup de rapports par son apparence extérieure avec le Doyenné blanc, mais sa saveur est plus acide et moins sucrée.

DESCRIPTION.

Rameaux peu forts, finement anguleux dans leur contour, un peu flexueux, à entre-nœuds courts, d'un vert jaunâtre teinté de rouge par places; lenticelles blanches, très-petites, nombreuses et très-peu apparentes.

Boutons à bois petits, exactement coniques, un peu aigus, à direction bien écartée du rameau, soutenus sur des supports renflés dont l'arête médiane se prolonge distinctement; écailles d'un marron rougeâtre et brillant, bordées de gris argenté.

Pousses d'été d'un vert vif, lavées de rouge et peu duveteuses à leur sommet.

Feuilles des pousses d'été moyennes ou petites, obovales-elliptiques, un peu allongées et peu larges, se terminant peu brusquement en une pointe finement aiguë, planes ou presque planes, bordées de dents larges, souvent très-peu profondes et bien obtuses, mal soutenues sur des pétioles longs, grêles et flexibles.

Stipules longues, filiformes.

Feuilles stipulaires manquant le plus souvent.

Boutons à fruit petits, exactement ovoïdes, aigus; écailles d'un marron clair, uniforme et brillant.

Fleurs petites; pétales ovales-elliptiques, un peu allongés, peu larges, peu concaves, à onglet court, peu écartés entre eux; divisions du calice de moyenne longueur et recourbées en dessous; pédicelles courts, peu forts et un peu duveteux.

Feuilles des productions fruitières assez grandes, presque elliptiques ou obovales-elliptiques et un peu allongées, se terminant un peu brusquement en une pointe courte, peu repliées sur leur nervure médiane ou presque planes, bordées de dents peu profondes et émoussées, très-mal soutenues sur des pétioles longs, grêles et bien flexibles.

Caractère saillant de l'arbre : teinte générale du feuillage d'un vert bleu et passant au brun amarante lors de la chute des feuilles; toutes les feuilles allongées et mollement soutenues sur leurs pétioles; stipules remarquablement fines.

Fruit moyen, turbiné ou turbiné-sphérique, ordinairement uni dans son contour, atteignant sa plus grande épaisseur un peu au-dessous du milieu de sa hauteur; au-dessus de ce point, s'atténuant par une courbe à peine convexe ou à peine concave en une pointe courte, épaisse et tronquée à son sommet; au-dessous du même point, s'arrondissant par une courbe largement convexe pour s'aplatir ensuite un peu autour de la cavité de l'œil.

Peau assez mince et tendre, d'abord d'un vert clair et gai semé de points d'un gris vert, régulièrement espacés et assez apparents. Une rouille brune s'étale en étoile, soit dans la cavité de l'œil, soit dans celle de la queue. A la maturité, **fin de septembre et commencement d'octobre,** le vert fondamental passe au jaune citron clair et brillant et le côté du soleil se dore seulement un peu.

Œil petit, fermé, placé dans une petite cavité, peu profonde, ordinairement régulière dans ses parois et par ses bords.

Queue courte, un peu forte, épaissie à son point d'attache au rameau, un peu courbée, attachée le plus souvent perpendiculairement dans un pli ou petite cavité formée par la pointe du fruit.

Chair blanche, fine, bien fondante, bien abondante en eau sucrée, acidulée, délicatement parfumée, constituant un fruit de première qualité.

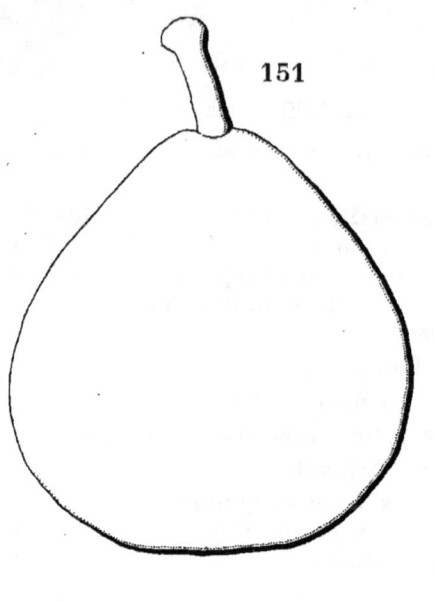

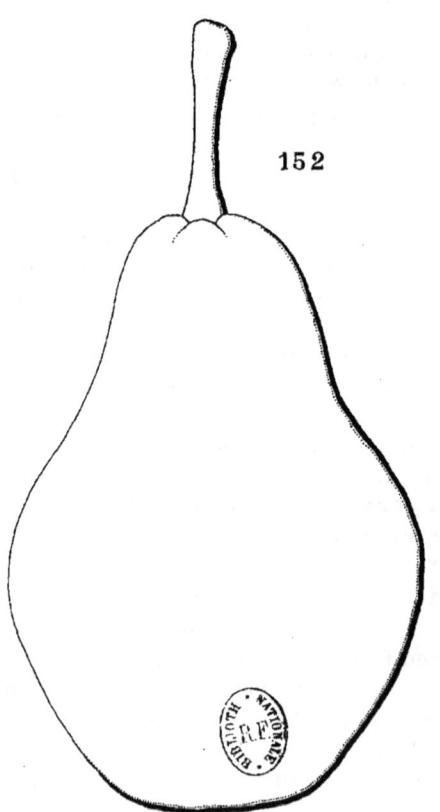

151, LOIRE-DE-MONS.   152, PASSE-GŒMANS.

Imp. E. Protat à Mâcon.

PASSE-GŒMANS

(N° 152)

Catalogue VAN MONS. 1823.
Handbuch aller bekannten Obstsorten. BIEDENFELD.
GŒMANS GELBE SOMMERBIRNE. *Systematische Beschreibung der Kernobstsorten.* DIEL?
Sichere Füher. DOCHNAL.

OBSERVATIONS. — Cette variété, que j'ai reçue de M. Oberdieck, est un gain de Van Mons. Quoique Diel ait donné pour synonyme à sa poire jaune d'été de Gœmans le nom de Passe-Gœmans, il est douteux, d'après sa description de la forme du fruit, qu'elle soit identique à notre variété, et peut-être se rapporterait-elle plutôt à la Fondante-Gœmans citée au Catalogue de Van Mons, p. 20, n° 692, ou au Beurré Gœmans cité p. 24, n° 48. — L'arbre, d'une bonne vigueur sur cognassier, se prête facilement aux formes régulières et surtout à celle de pyramide. Sa fertilité est précoce et très-grande, et son fruit, d'assez bonne qualité, pourrait être recommandé pour le verger de campagne, s'il n'était sujet à blettir promptement.

DESCRIPTION.

Rameaux d'une bonne force et bien soutenue jusqu'à leur sommet, très-finement anguleux dans leur contour, droits, à entre-nœuds de moyenne longueur, d'un rouge sanguin intense et vif, et couverts à leur partie supérieure d'un duvet gris; lenticelles blanches, petites, assez nombreuses et peu apparentes.

Boutons à bois moyens, coniques un peu allongés et finement aigus, à direction peu écartée du rameau, soutenus sur des supports très-peu saillants dont l'arête médiane se prolonge très-finement; écailles d'un marron rougeâtre foncé et bordé de gris blanchâtre.

Pousses d'été d'un vert un peu jaune, colorées de rouge et duveteuses à leur sommet.

Feuilles des pousses d'été moyennes, ovales-allongées, souvent bien atténuées du côté du pétiole et étroites, se terminant régulièrement en une pointe très-courte, ferme et très-aiguë, bien creusées en gouttière et bien arquées, bordées de dents larges, peu profondes et bien obtuses ou plutôt grossièrement crénelées, assez bien soutenues sur des pétioles longs, un peu forts et redressés.

Stipules assez longues, linéaires, très-étroites ou filiformes.

Feuilles stipulaires manquant le plus souvent.

Boutons à fruit gros, ovoïdes, aigus ; écailles d'un marron rougeâtre, largement maculé de gris blanchâtre.

Fleurs moyennes ; pétales ovales-arrondis, souvent un peu aigus à leur sommet, concaves, à onglet court, se touchant entre eux ; divisions du calice courtes et étalées ; pédicelles longs, peu forts et presque glabres.

Feuilles des productions fruitières plus petites que celles des pousses d'été, ovales-allongées et étroites, s'atténuant bien pour se terminer régulièrement en une pointe recourbée, bien repliées sur leur nervure médiane et bien arquées, bordées de dents peu profondes, bien couchées et émoussées, irrégulièrement soutenues sur des pétioles de moyenne longueur, fermes et divergents.

Caractère saillant de l'arbre : teinte générale du feuillage d'un vert herbacé et assez vif ; toutes les feuilles remarquablement creusées en gouttière ou repliées sur leur nervure médiane et bien arquées.

Fruit moyen, en forme de Calebasse, ordinairement uni dans son contour, atteignant sa plus grande épaisseur bien au-dessous du milieu de sa hauteur ; au-dessus de ce point, s'atténuant par une courbe d'abord bien convexe puis largement concave en une pointe longue, peu épaisse et bien obtuse à son sommet ; au-dessous du même point, s'atténuant par une courbe très-peu convexe pour diminuer bien sensiblement d'épaisseur vers la cavité de l'œil.

Peau un peu épaisse et cependant tendre, d'abord d'un vert clair et vif semé de points bruns, nombreux, serrés, régulièrement espacés et bien apparents. On remarque quelquefois des traits d'une rouille brune et fine, soit dans la cavité de l'œil, soit sur le sommet du fruit. A la maturité, **octobre**, le vert fondamental passe au jaune citron brillant et le côté du soleil est parfois lavé d'un soupçon de rouge.

Œil petit, bien fermé, placé dans une cavité peu profonde, évasée et sensiblement plissée dans ses parois et par ses bords.

Queue de moyenne longueur, de moyenne force, sensiblement épaissie à ses deux extrémités, attachée bien perpendiculairement dans un pli charnu et prononcé.

Chair d'un blanc un peu teinté de jaune, assez fine, beurrée ou demi-beurrée, suffisante en eau sucrée, acidulée et légèrement parfumée.

DE TONNEAU ROUGE

(ROTHE CONFESSELBIRNE)

(N° 153)

Handbuch über die Obstbaumzucht. Christ.
Systematisches Handbuch der Obstkunde. Dittrich.
Handbuch aller bekannten Obstsorten. Biedenfeld.
Sichere Führer. Dochnahl.
Illustrirtes Handbuch der Obstkunde. Jahn.
Pomologische Notizen. Oberdieck.

Observations. — Cette variété, d'origine allemande, est surtout répandue dans la Thuringe et mérite bien d'être introduite dans nos vergers. — L'arbre, rustique, d'une grande fertilité, convient surtout en haute tige. Son fruit, sans être de premier rang, est assez riche en saveur pour être consommé cru, excellent pour les usages du ménage et d'une maturation prolongée.

DESCRIPTION.

Rameaux de moyenne force, bien anguleux dans leur contour, droits, à entre-nœuds courts, de couleur brune, lenticelles très-petites et très-peu apparentes.

Boutons à bois petits, coniques, aigus, à direction tantôt parallèle, tantôt un peu écartée du rameau, soutenus sur des supports peu saillants dont les côtés et l'arête médiane se prolongent bien distinctement ; écailles d'un marron rougeâtre foncé.

Pousses d'été d'un vert décidé un peu teinté de jaune, duveteuses sur une assez grande longueur à leur sommet.

Feuilles des pousses d'été moyennes, ovales un peu allongées, se terminant presque régulièrement en une pointe finement aiguë et bien recourbée en dessous, bien repliées sur leur nervure médiane, bien arquées et souvent contournées par leur extrémité, bordées de dents un peu écartées entre elles, peu profondes et aiguës, assez peu soutenues sur des pétioles longs, grêles et souples.

Stipules très-caduques.

Feuilles stipulaires manquant ordinairement.

Boutons à fruit gros, coniques bien allongés, peu épais et peu aigus; écailles couvertes d'un duvet jaune et bordé d'un rouge amarante ombré de gris.

Fleurs moyennes; pétales obovales-elliptiques, concaves, à onglet un peu long, écartés entre eux; divisions du calice longues, finement aiguës et réfléchies en dessous; pédicelles assez courts, peu forts et peu duveteux.

Feuilles des productions fruitières souvent plus petites que celles des pousses d'été, ovales un peu allongées et quelques-unes étroites, se terminant régulièrement en une pointe courte et bien aiguë, à peine concaves ou un peu creusées en gouttière et à peine arquées, régulièrement ondulées dans leur contour, entières ou presque entières par leurs bords, assez bien soutenues sur des pétioles longs, grêles et cependant un peu fermes.

Caractère saillant de l'arbre : teinte générale du feuillage d'un vert des plus vifs et brillant; la plupart des feuilles remarquablement ondulées; tous les pétioles grêles.

Fruit moyen, ovo-ellipsoïde, court et tronqué à ses deux pôles, atteignant sa plus grande épaisseur très-peu au-dessous du milieu de sa hauteur; au-dessus de ce point, s'atténuant par une courbe largement convexe en une pointe courte, épaisse et un peu tronquée à son sommet; au-dessous du même point, s'atténuant par une courbe presque également convexe pour diminuer un peu sensiblement d'épaisseur vers la cavité de l'œil.

Peau un peu épaisse, d'abord d'un vert pâle semé de points d'un vert un peu plus foncé et à peine visibles. Une rouille d'un gris brun s'étend en cercles concentriques dans la cavité de l'œil et sur ses bords. A la maturité, **octobre**, le vert fondamental passe au jaune pâle et mat, largement lavé, du côté du soleil d'un rouge rosat sur lequel ressortent assez bien des points d'un rose vif.

Œil moyen, demi-ouvert, placé dans une cavité étroite, peu profonde et assez régulière.

Queue de moyenne longueur, grêle, bien ligneuse, attachée le plus souvent perpendiculairement dans une très-petite cavité ou dans un pli formé par la pointe du fruit.

Chair d'un blanc jaunâtre, demi-fine, demi-fondante, un peu pierreuse vers le cœur, peu abondante en eau richement sucrée et parfumée.

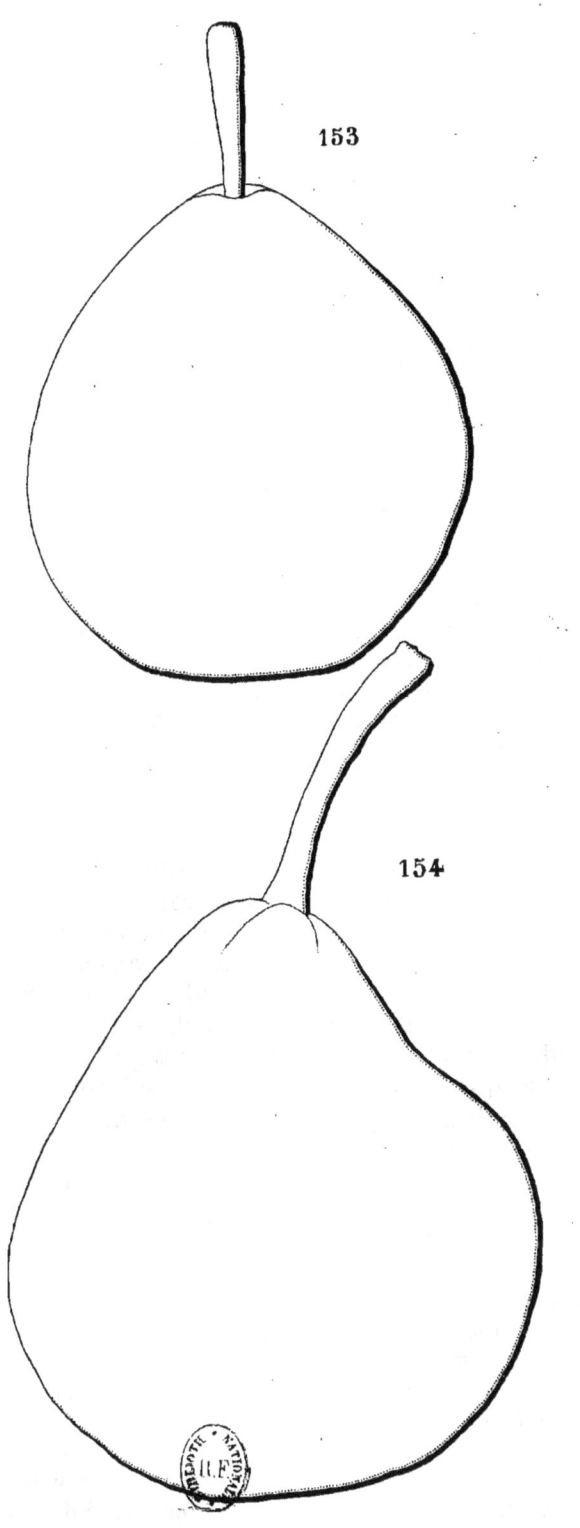

153. DE TONNEAU ROUGE.   154. HÉRICART DE THURY.

Peingeon, Del.

HÉRICART DE THURY

(N° 154)

Album de pomologie. BIVORT.
The Fruits and the fruit-trees of America. DOWNING.
Handbuch aller bekannten Obstsorten. BIEDENFELD.
THURY'S SCHMALZBIRNE. *Sichere Führer.* DOCHNAHL.
Dictionnaire de pomologie. ANDRÉ LEROY.
Catalogue JOHN SCOTT, de Merriott.

OBSERVATIONS. — D'après Bivort, cette variété serait probablement un gain de Van Mons qu'il aurait dédié à M. Héricart de Thury, alors président de la Société centrale d'horticulture de France. — L'arbre, d'une grande vigueur, aussi bien sur cognassier que sur franc, se prête difficilement aux formes régulières, ses branches divergentes se recourbant dans toutes les directions. Il fait attendre assez longtemps un rapport qui n'est ensuite que médiocre, et la qualité de son fruit est aussi trop souvent inférieure pour que sa culture puisse être recommandée.

DESCRIPTION.

Rameaux forts, anguleux dans leur contour, bien flexueux, à entrenœuds longs, colorés d'un rouge sanguin vif et brillant; lenticelles blanches, larges, nombreuses et bien apparentes.

Boutons à bois gros, coniques, aigus, souvent éperonnés, à direction bien écartée du rameau, soutenus sur des supports bien saillants dont les côtés et surtout l'arête médiane se prolongent bien distinctement; écailles d'un marron rougeâtre foncé, brillant et largement bordé de gris blanchâtre.

Pousses d'été d'un vert clair et brillant, lavé de places en places et sur presque toute la longueur d'un rouge plus vif à mesure qu'il se rapproche des nœuds, peu duveteuses à leur sommet.

Feuilles des pousses d'été moyennes, un peu obovales, se terminant brusquement en une pointe longue, peu repliées sur leur nervure médiane et non arquées, irrégulièrement découpées par leurs bords plutôt que dentées, peu soutenues sur des pétioles assez courts, peu forts et flexibles.

Stipules de moyenne longueur, linéaires-étroites.

Feuilles stipulaires fréquentes.

Boutons à fruit gros, conico-ovoïdes, un peu allongés, bien aigus ; écailles d'un beau marron rougeâtre et largement maculées de gris blanchâtre.

Fleurs grandes, souvent semi-doubles ; pétales arrondis-élargis, souvent chiffonnés et ondulés dans leur contour, lavés de rose vif avant l'épanouissement ; divisions du calice courtes et recourbées en dessous ; pédicelles assez longs, bien forts et duveteux.

Feuilles des productions fruitières grandes, ovales-elliptiques, se terminant très-brusquement en une pointe longue, planes et largement ondulées dans leur contour, bordées de dents très-irrégulières, peu profondes et plus aiguës à mesure qu'elles se rapprochent de leur extrémité, mal soutenues sur des pétioles longs, de moyenne force et flexibles.

Caractère saillant de l'arbre : les plus jeunes feuilles d'un vert décidément blond ; toutes les feuilles des productions fruitières plus ou moins ondulées.

Fruit moyen ou presque gros, turbiné-court ou turbiné-piriforme, ordinairement plus ventru d'un côté que de l'autre, irrégulier dans sa forme et inégal dans son contour, atteignant sa plus grande épaisseur plus ou moins au-dessous du milieu de sa hauteur ; au-dessus de ce point, s'atténuant par une courbe largement convexe ou d'abord convexe puis largement concave en une pointe plus ou moins courte, plus ou moins épaisse, obtuse ou tronquée à son sommet ; au-dessous du même point, s'arrondissant par une courbe convexe jusque dans la cavité de l'œil.

Peau assez mince, unie, d'abord d'un vert très-clair semé de points bruns, bien régulièrement espacés et apparents. A la maturité, **fin de septembre, octobre**, le vert fondamental passe au jaune citron clair et brillant et le côté du soleil se lave d'un léger rouge rosat, plus intense sur les fruits bien exposés et sur lequel ressortent des points bien distincts d'un rouge plus foncé.

Œil grand, ouvert, à divisions courtes, étalées dans une cavité large, peu profonde, bien évasée et souvent plissée dans ses parois et par ses bords.

Queue longue ou de moyenne longueur, de moyenne force, droite ou courbée, attachée, souvent un peu obliquement, dans une petite cavité ou entre des plis formés par la pointe du fruit.

Chair blanche, grossière, mi-cassante, peu abondante en eau peu sucrée, peu parfumée et souvent un peu astringente.

BON PARENT

(N° 155)

Album de pomologie. BIVORT.
Handbuch aller bekannten Obstsorten. BIEDENFELD.
Dictionnaire de pomologie. ANDRÉ LEROY.
Catalogue JOHN SCOTT, de Merriott.
LAS CANAS. *The Fruit and the fruit-trees of America.* DOWNING.
GUTE GEWÜRZBIRNE. *Sichere Führer.* DOCHNAHL.

OBSERVATIONS.— M. Bouvier, de Jodoigne, fut l'obtenteur de cette variété. Elle est estimée, en Amérique, pour son fruit qui n'atteint chez moi que la seconde qualité. — Toutefois, son arbre, très-fertile, est d'une bonne végétation, bien régulière, très-disposée à se soumettre à toutes formes. Il est regrettable que son fruit assez mal attaché en rende la culture peu profitable dans le verger.

DESCRIPTION.

Rameaux de moyenne force, peu anguleux dans leur contour, un peu flexueux, à entre-nœuds très-inégaux entre eux, d'un gris verdâtre ; lenticelles blanchâtres, très-larges, allongées, peu nombreuses et peu apparentes.

Boutons à bois petits, coniques, courts, un peu élargis à leur base et un peu aigus, à direction parallèle ou presque appliqués au rameau, soutenus sur des supports peu saillants dont l'arête médiane se prolonge seule et un peu distinctement; écailles presque entièrement recouvertes de gris blanchâtre.

Pousses d'été d'un vert clair, colorées de rouge sur une grande partie de leur longueur et peu duveteuses à leur sommet.

Feuilles des pousses d'été petites, ovales-arrondies, bien creusées en gouttière et peu arquées, irrégulièrement et peu profondément dentées par leurs bords, assez bien soutenues sur des pétioles courts, grêles et un peu redressés.

Stipules courtes, linéaires, dentées.

Feuilles stipulaires assez fréquentes.

Boutons à fruit moyens, conico-ovoïdes, un peu allongés et finement aigus; écailles d'un marron rougeâtre foncé et uniforme.

Fleurs petites; pétales ovales-arrondis, entièrement blancs avant l'épanouissement; pédicelles très-courts et cotonneux.

Feuilles des productions fruitières un peu plus ouvertes, plus régulièrement dentées que celles des pousses d'été et très-peu profondément, assez bien soutenues sur des pétioles de moyenne longueur, grêles, un peu colorés de rouge et un peu redressés.

Caractère saillant de l'arbre : teinte générale du feuillage d'un vert glacé; toutes les feuilles petites, bien repliées ou creusées en gouttière et ondulées dans leur contour.

Fruit presque moyen, conico-cylindrique, souvent un peu déformé sur une partie de son contour par des côtes émoussées, atteignant sa plus grande épaisseur à peu près au milieu de sa hauteur; au-dessus de ce point, s'atténuant par une courbe largement convexe en une pointe courte, épaisse et tronquée; au-dessous du même point, s'atténuant par une courbe à peine convexe pour diminuer un peu sensiblement d'épaisseur vers la cavité de l'œil.

Peau un peu épaisse et rude au toucher, d'abord d'un vert décidé semé de points d'un gris blanchâtre, très-nombreux et petits. On remarque aussi parfois quelques traces de rouille sur sa surface. A la maturité, **commencement d'août**, le vert fondamental s'éclaircit à peine, le côté du soleil se lave quelquefois d'un peu de rouge terreux sur lequel les point d'un gris jaunâtre sont plus apparents.

Œil grand, ouvert, à divisions cotonneuses, étalées dans une très-petite dépression enfoncée entre des côtes peu prononcées.

Queue courte ou de moyenne longueur, peu forte, épaissie à sa base et à son point d'attache au rameau, attachée tantôt obliquement, tantôt perpendiculairement, dans une très-petite cavité ou sur une plate-forme à peine déprimée, formée par la pointe du fruit.

Chair d'un blanc un peu verdâtre, demi-fine, bien fondante, un peu pierreuse vers le cœur, abondante en eau sucrée, relevée d'un léger parfum de musc, assez agréable.

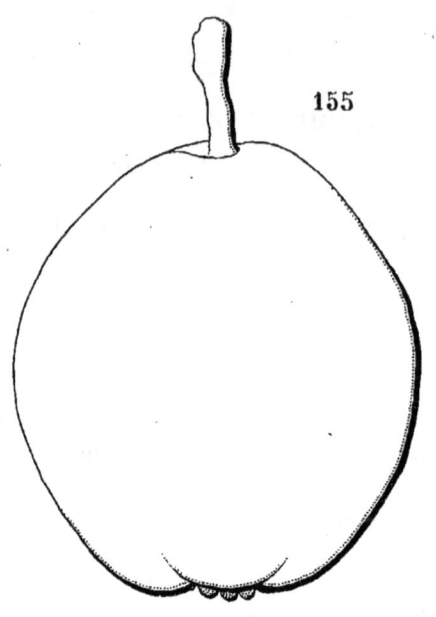
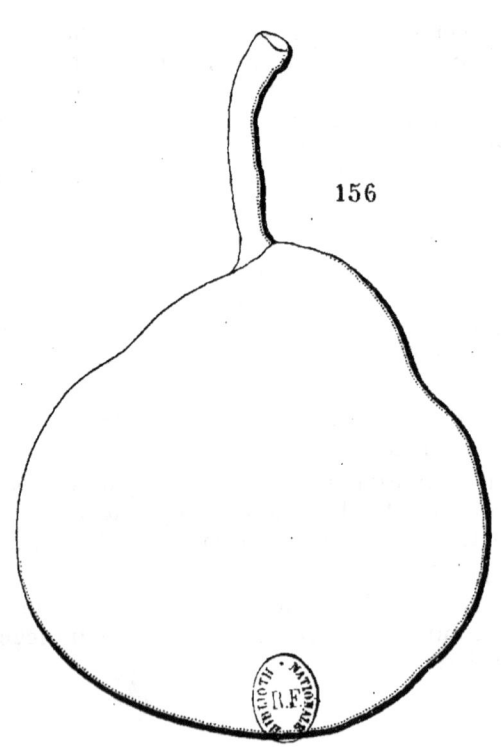

155, BON-PARENT.   156, GÉRARDINE.

Imp. E. Protat à Mâcon.

GÉRARDINE

(N° 156)

Pomone Tournaisienne. du Mortier.

Observations. — Cette variété a été obtenue par M. Grégoire, de Jodoigne. — L'arbre s'accommode assez mal de la greffe sur cognassier. Il est d'un rapport très-précoce sur ce sujet et d'une fertilité soutenue. Je ne l'ai pas expérimenté sur franc, et cependant il pourrait convenir au verger par sa rusticité et la solidité de son fruit, dont l'apparence le rendrait de bonne vente sur le marché.

DESCRIPTION.

Rameaux de moyenne force, à peine anguleux dans leur contour, droits, d'un brun rougeâtre sombre et terne; lenticelles grisâtres, assez peu nombreuses, petites et peu apparentes.

Boutons à bois petits, coniques, courts, un peu épaissis à leur base et cependant aigus, à direction parallèle ou presque parallèle au rameau, soutenus sur des supports très-peu saillants dont l'arête médiane se prolonge seule et très-peu distinctement; écailles d'un marron presque noir, presque entièrement recouvertes de gris blanchâtre.

Pousses d'été d'un vert clair, à peine lavées de rouge à leur sommet et glabres sur toute leur longueur.

Feuilles des pousses d'été petites, ovales-elliptiques, se terminant un peu brusquement en une pointe courte, un peu concaves et non arquées, bordées de dents un peu larges, peu profondes, tantôt obtuses, tantôt un peu aiguës, soutenues horizontalement sur des pétioles de moyenne longueur, grêles et redressés.

Stipules un peu longues, linéaires-étroites, un peu dentées.

Feuilles stipulaires manquant le plus souvent.

Boutons à fruit moyens, coniques-allongés, aigus; écailles d'un marron sombre et foncé, les extérieures largement bordées de gris blanchâtre.

Fleurs à peine moyennes; pétales ovales un peu allongés, souvent aigus, peu concaves, à onglet un peu long, bien écartés entre eux; divisions du calice courtes et recourbées en dessous; pédicelles de moyenne longueur, grêles et presque glabres.

Feuilles des productions fruitières un peu plus grandes que celles des pousses d'été, presque elliptiques, se terminant peu brusquement en une pointe courte, très-peu concaves, entières par leurs bords, irrégulièrement soutenues sur des pétioles bien longs, peu forts et un peu flexibles.

Caractère saillant de l'arbre : teinte générale du feuillage d'un vert tendre; feuilles des productions fruitières toutes entières et portées sur des pétioles très-longs.

Fruit moyen, turbiné, plus ou moins court et ventru, souvent un peu irrégulier ou bosselé dans son contour, atteignant sa plus grande épaisseur au-dessous du milieu de sa hauteur; au-dessus de ce point, s'atténuant promptement par une courbe peu convexe ou peu concave en une pointe courte, épaisse, le plus souvent largement tronquée et parfois seulement obtuse; au-dessous du même point, s'arrondissant par une courbe bien convexe jusque dans la cavité de l'œil.

Peau épaisse, ferme, d'abord d'un vert intense semé de points bruns, larges, se confondant souvent avec des taches d'une rouille épaisse, de même couleur et qui devient ordinairement squammeuse sur la base du fruit. A la maturité, **fin d'octobre et novembre**, le vert fondamental passe au jaune terne, la rouille se dore du côté du soleil sur lequel s'étend souvent un rouge de grenade.

Œil petit, fermé, à divisions courtes, souvent caduques, enfoncé dans une cavité profonde, lorsque le fruit est court, moins profonde et plus étroite, lorsqu'il est plus allongé, plissée dans ses parois et par ses bords qui sont assez épais et réguliers pour que le fruit puisse se tenir solidement debout.

Queue longue, grêle, implantée perpendiculairement dans une petite cavité à bords irréguliers et parfois attachée à fleur de la pointe obtuse du fruit.

Chair blanche, assez fine, beurrée, fondante, pierreuse vers le cœur, abondante en eau richement sucrée, vineuse et hautement parfumée.

PENSILVANIA

(N° 157)

The Fruits and the fruit-trees of America. Downing.
The American fruit Culturist. Thomas.
Catalogue John Scott, de Merriott.

Observations. — D'après Downing, cette variété fut obtenue par le chevalier J.-B. Smith, amateur de pomologie bien connu à Philadelphie, Pensilvanie. — L'arbre, d'une vigueur normale sur cognassier, se prête facilement aux formes régulières, surtout à celles de pyramide et de fuseau. Son fruit, d'assez bonne qualité, doit être entrecueilli, car il est sujet à mollir.

DESCRIPTION.

Rameaux de moyenne force, unis dans leur contour, presque droits, à entre-nœuds très-courts, d'un vert jaunâtre; lenticelles blanchâtres, très-petites, nombreuses et peu apparentes.

Boutons à bois petits, coniques, émoussés, à direction très-écartée du rameau, soutenus sur des supports très-peu saillants dont les côtés et l'arête médiane ne se prolongent pas; écailles d'un marron peu foncé et presque entièrement recouvert de gris blanchâtre.

Pousses d'été d'un vert clair, colorées de rouge et à peine duveteuses à leur sommet.

Feuilles des pousses d'été moyennes ou petites, obovales, se terminant brusquement en une pointe longue et fine, bien creusées en gouttière et à peine arquées, bordées de dents larges, peu profondes, tantôt émoussées, tantôt un peu aiguës, s'abaissant un peu sur des pétioles un peu longs, grêles et un peu flexibles.

Stipules longues, linéaires très-étroites, presque filiformes.

Feuilles stipulaires fréquentes.

Boutons à fruit moyens, conico-ovoïdes, un peu maigres et aigus; écailles d'un marron rougeâtre et brillant.

Fleurs petites; pétales ovales, aigus à leur sommet, concaves; divisions du calice courtes, finement aiguës et étalées; pédicelles courts, grêles et peu duveteux.

Feuilles des productions fruitières assez grandes, presque elliptiques, cependant un peu plus atténuées vers le pétiole, se terminant peu brusquement en une pointe large et courte, un peu concaves et non arquées, bordées de dents très-écartées entre elles, très-peu profondes et émoussées, assez mal soutenues sur des pétioles de moyenne longueur, grêles et divergents.

Caractère saillant de l'arbre : teinte générale du feuillage d'un vert pré peu foncé; toutes les feuilles peu profondément dentées et assez mal soutenues sur leurs pétioles remarquablement grêles.

Fruit petit ou presque moyen, ovoïde, court et épais, atteignant sa plus grande épaisseur bien au-dessous du milieu de sa hauteur; au-dessus de ce point, s'atténuant par une courbe à peine convexe ou parfois à peine concave en une pointe courte, épaisse et tronquée à son sommet; au-dessous du même point, s'atténuant par une courbe largement convexe pour diminuer un peu sensiblement d'épaisseur vers la cavité de l'œil.

Peau un peu épaisse et ferme, d'abord d'un vert clair semé de très-petits points bruns, assez nombreux et régulièrement espacés. Une rouille épaisse, de couleur canelle recouvre souvent presque entièrement la surface du fruit. A la maturité, **septembre**, le vert fondamental passe au jaune citron, la rouille s'éclaircit un peu et le côté du soleil, sur les fruits bien exposés, se couvre d'un roux doré.

Œil petit, demi-ouvert, placé dans une cavité étroite, peu profonde, ordinairement plissée dans ses parois et par ses bords.

Queue courte, grêle, ligneuse, un peu épaissie à son point d'attache au rameau, fixée le plus souvent perpendiculairement dans un pli charnu et irrégulier.

Chair d'un blanc un peu jaune, assez fine, beurrée, suffisante en eau richement sucrée et assez agréablement parfumée.

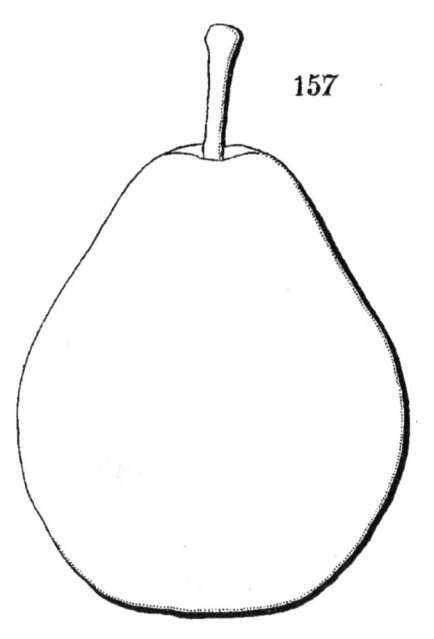

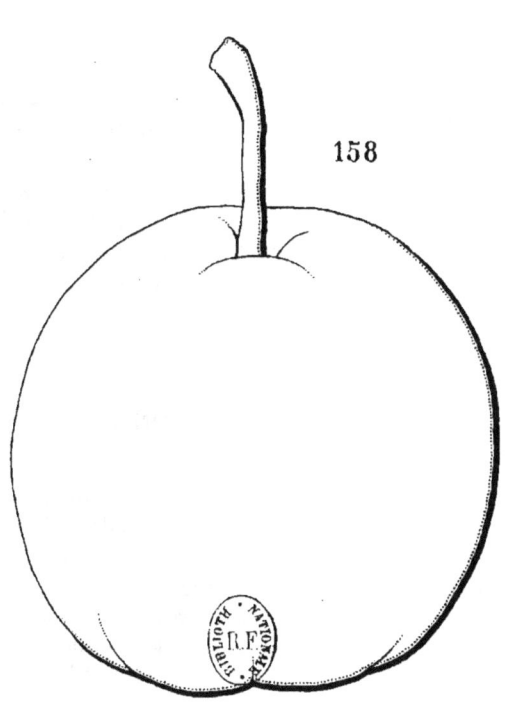

157, PENSYLVANIA.   158, BERGAMOTTE DE MARS.

Peingeon, Del.

BERGAMOTTE DE MARS

(MARCH BERGAMOT)

(N° 158)

The Fruit Manual. Robert Hogg.
The Fruits and the fruit-trees of America. Downing.
The American fruit Culturist. Thomas.
Catalogue John Scott, de Merriott.

Observations. — Cette variété est un semis de M. Knight, président de la Société d'horticulture de Londres, et les auteurs anglais nous laissent dans l'ignorance de l'époque à laquelle il a été obtenu. — L'arbre, d'une vigueur très-contenue sur cognassier, ne peut suffire qu'à de petites formes sur ce sujet. Il est toutefois rustique et d'une très-grande fertilité. Son fruit, bien attaché, indique qu'il pourrait convenir à la culture en plein vent, à la condition qu'un sol riche assure son volume.

DESCRIPTION.

Rameaux peu forts, très-obscurément anguleux dans leur contour, à peine flexueux, d'un brun rougeâtre; lenticelles blanchâtres, petites, un peu allongées, assez peu nombreuses et peu apparentes.
Boutons à bois moyens, coniques-renflés et se terminant en une pointe extraordinairement courte, à direction écartée du rameau, soutenus sur des supports peu saillants dont l'arête médiane se prolonge très-peu distinctement; écailles d'un marron rougeâtre et largement recouvertes de gris blanchâtre.

Pousses d'été d'un vert d'eau peu foncé, colorées de rouge à leur sommet et longtemps couvertes d'un duvet court et peu serré.

Feuilles des pousses d'été très-petites, ovales-elliptiques, se terminant brusquement en une pointe courte et très-finement aiguë, creusées en gouttière et un peu arquées, irrégulièrement bordées de dents peu profondes et émoussées, soutenues horizontalement sur des pétioles de moyenne longueur, très-grêles, un peu redressés et flexibles.

Stipules de moyenne longueur, filiformes.

Feuilles stipulaires fréquentes.

Boutons à fruit moyens, ovoïdes, se terminant en une pointe très-courte ; écailles d'un marron peu foncé et largement recouvertes de gris blanchâtre.

Fleurs petites ; pétales arrondis, un peu concaves, un peu bordés de rose avant l'épanouissement ; divisions du calice de moyenne longueur et un peu recourbées en dessous par leur pointe finement aiguë ; pédicelles assez courts, de moyenne force et peu duveteux.

Feuilles des productions fruitières petites, ovales, se terminant assez brusquement en une pointe un peu longue et finement aiguë, bien creusées en gouttière et arquées, bordées de dents très-peu profondes et émoussées, bien soutenues sur des pétioles courts, grêles et bien roides.

Caractère saillant de l'arbre : teinte générale du feuillage d'un vert d'eau peu foncé ; toutes les feuilles bien creusées en gouttière et finement acuminées ; pousses d'été longtemps couvertes d'un duvet persistant.

Fruit moyen ou presque moyen, sphérico-cylindrique, plus ou moins déprimé et tronqué à ses deux pôles, presque uni dans son contour, atteignant sa plus grande épaisseur au milieu de sa hauteur ; au-dessus et au-dessous de ce point, s'atténuant par des courbes de même longueur et presque également convexes pour se terminer en deux surfaces à peu près de même étendue, soit du côté de la queue, soit du côté de l'œil.

Peau bien épaisse, d'abord d'un vert d'eau pâle et semé de très-petits points bruns. Une tache d'une rouille fauve couvre la cavité de l'œil, s'étend sur la base du fruit, et parfois quelques traits de la même rouille se dispersent sur sa surface. A la maturité, **fin d'hiver et printemps**, le vert fondamental passe au jaune paille et le côté du soleil est indiqué par un ton un peu plus chaud ou par une concentration de la rouille et des points.

Œil grand, ouvert, à divisions cornées et dressées, placé dans une cavité étroite, peu profonde et souvent divisée dans ses bords par de petites côtes obscures qui se prolongent parfois un peu sur sa base.

Queue longue, un peu forte, un peu épaissie à son point d'attache au rameau, bien ligneuse, à peine arquée et insérée presque perpendiculairement ou perpendiculairement dans une cavité étroite, un peu profonde et ordinairement un peu irrégulière par ses bords.

Chair jaunâtre, peu fine, beurrée, granuleuse, pierreuse au centre, suffisante en eau sucrée, vineuse, acidulée, assez agréable lorsqu'elle n'est pas entachée d'âpreté.

SACANDAGA

(N° 159)

The Fruits and the fruit-trees of America. Downing.
Catalogue John Scott, de Merriott.

Observations — Cette variété, aussi nommée Van Vranken ou Sacandaga Seckel, fut trouvée, d'après Downing, aux environs d'Edinburgh, comté de Saratoga, Etat de New-York. — Son arbre, d'une végétation contenue sur cognassier, est d'une fertilité très-précoce et grande. Son fruit, par son apparence, ressemble à l'Osbands Summer et beaucoup aussi à la Duchesse de Berry d'été, à laquelle il succède par sa maturité et dont il se rapproche par sa qualité.

DESCRIPTION.

Rameaux peu forts, anguleux dans leur contour, droits, à entre-nœuds inégaux entre eux, jaunâtres du côté de l'ombre, teintés de rouge du côté du soleil; lenticelles très-petites, un peu allongées, rares et peu apparentes.

Boutons à bois petits, coniques, un peu épais et peu aigus, à direction parallèle au rameau, soutenus sur des supports saillants dont les côtés et l'arête médiane se prolongent distinctement; écailles d'un marron foncé.

Pousses d'été d'un vert décidé, bien colorées de rouge à leur sommet couvert d'un duvet très-court et peu serré.

Feuilles des pousses d'été petites, ovales un peu élargies, se terminant assez brusquement en une pointe un peu longue, peu repliées sur leur nervure médiane et un peu arquées, bordées de dents plus ou moins larges, bien couchées et paraissant obtuses tellement leur pointe est recourbée, bien dressées sur des pétioles un peu longs, très-grêles et bien roides.

Stipules de moyenne longueur, filiformes.

Feuilles stipulaires manquant le plus souvent.

Boutons à fruit moyens, conico-ovoïdes, un peu allongés et aigus ; écailles d'un marron foncé.

Fleurs petites ; pétales elliptiques-arrondis, concaves, à onglet peu long, très-peu écartés entre eux; divisions du calice assez courtes, bien recourbées, presque annulaires ; pédicelles de moyenne longueur, grêles et peu duveteux.

Feuilles des productions fruitières moyennes, ovales-elliptiques, se terminant presque régulièrement en une pointe longue, un peu repliées sur leur nervure médiane et arquées, bordées de dents un peu inégales entre elles, profondes, couchées, bien aiguës, s'abaissant un peu sur des pétioles longs, très-grêles et un peu flexibles.

Caractère saillant de l'arbre : teinte générale du feuillage d'un beau vert intense ; toutes les feuilles plus ou moins longuement acuminées ; tous les pétioles remarquablement grêles.

Fruit petit ou presque moyen, régulièrement turbiné-sphérique, bien uni dans son contour, atteignant sa plus grande épaisseur au-dessous du milieu de sa hauteur ; au-dessus de ce point, s'atténuant par une courbe largement convexe en une pointe courte, épaisse et tronquée ; au-dessous du même point, s'arrondissant par une courbe plus convexe pour s'aplatir ensuite un peu autour de la cavité de l'œil.

Peau fine, mince, unie, d'abord d'un vert pâle semé de points bruns, très-petits, nombreux, régulièrement espacés, à peine visibles. Quelques traces d'une rouille fauve et peu dense s'étendent dans la cavité de l'œil. A la maturité, **fin d'août**, le vert fondamental passe au jaune paille blanchâtre qui se dore seulement un peu du côté du soleil ou parfois se lave d'un rouge clair et frais.

Œil moyen, presque fermé, à divisions très-fragiles et caduques, placé dans une petite cavité en forme de soucoupe bien évasée.

Queue courte, forte, attachée le plus souvent perpendiculairement dans une petite cavité un peu profonde et bien régulière par ses bords.

Chair bien blanche, fine, entièrement fondante, abondante en eau douce, sucrée, délicatement parfumée.

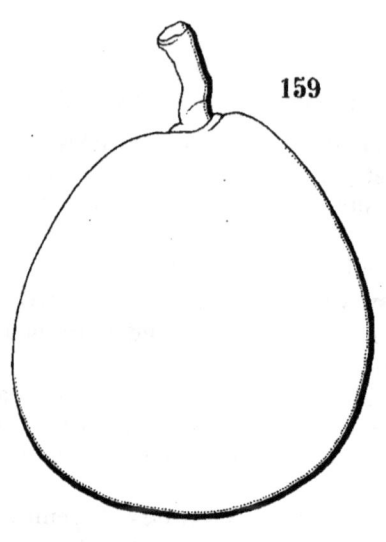

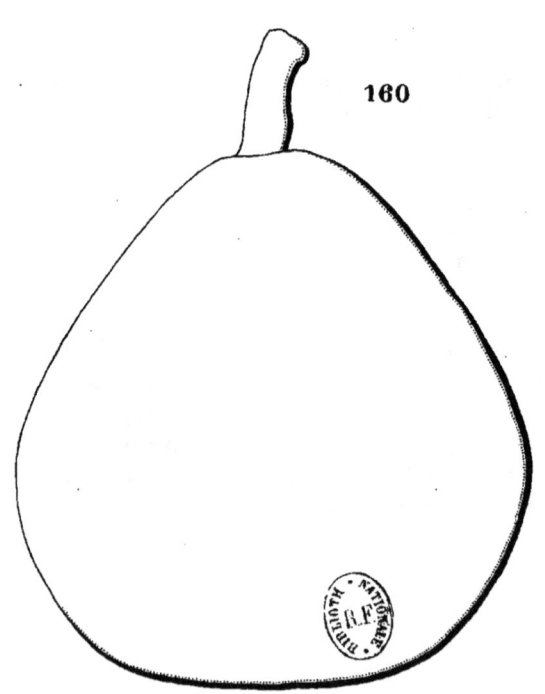

159. SACANDAGA.   160. MÉNAGÈRE SUCRÉE DE VAN MONS.

MÉNAGÈRE SUCRÉE DE VAN MONS

(VAN MONS SUSSE HAUSHALTSBIRNE)

(N° 160)

Anleitung zur Kenntniss der besten Obstes. OBERDIECK.
Handbuch aller bekannten Obstsorten. BIEDENFELD.
Pomologische Notizen. OBERDIECK.
Sichere Führer. DOCHNAL.

OBSERVATIONS. — M. Oberdieck, de qui je tiens cette variété, dit qu'elle fut obtenue par Van Mons qui avait négligé de lui donner un nom et qu'elle mérite celui qu'elle porte par son excellente qualité pour les usages du ménage. — L'arbre, d'une vigueur normale sur cognassier, est bien disposé par son bois solide à la forme de pyramide et à celle de fuseau. Toutefois, sa véritable destination est la haute tige sur franc, qui forme bientôt une tête élevée, d'un rapport précoce et riche.

DESCRIPTION.

Rameaux forts et courts, très-obscurément anguleux dans leur contour, presque droits, à entre-nœuds courts, d'un jaune verdâtre; lenticelles blanches, peu nombreuses et un peu apparentes.

Boutons à bois gros, coniques, un peu courts, un peu épaissis à leur base et cependant aigus à leur sommet, à direction écartée du rameau, soutenus sur des supports bien saillants dont l'arête médiane se prolonge peu distinctement; écailles presque noires, brillantes et presque entièrement recouvertes de gris argenté.

Pousses d'été d'un vert très-clair, lavées de rouge et peu duveteuses à leur sommet.

Feuilles des pousses d'été petites, ovales-elliptiques, se terminant un peu brusquement en une pointe un peu longue, bien creusées en gouttière et non arquées, bordées de dents très-fines, très-peu profondes, souvent peu appréciables ou même entières, soutenues horizontalement sur des pétioles de moyenne longueur, grêles et peu redressés.

Stipules assez longues, filiformes.

Feuilles stipulaires manquant le plus souvent.

Boutons à fruit moyens, coniques-allongés, maigres et finement aigus; écailles d'un marron rougeâtre brillant et uniforme.

Fleurs moyennes ou presque moyennes; pétales elliptiques-élargis, concaves, à onglet très-court, se recouvrant entre eux; divisions du calice assez courtes, larges, épaisses, bien recourbées en dessous par leur pointe; pédicelles courts, forts et laineux.

Feuilles des productions fruitières moyennes, ovales-elliptiques, se terminant assez brusquement en une pointe un peu longue et large, bien creusées en gouttière et recourbées en dessous seulement par leur pointe, bordées de dents extraordinairement fines, peu profondes et un peu aiguës, mal soutenues sur des pétioles longs, grêles et flexibles.

Caractère saillant de l'arbre : teinte générale du feuillage d'un vert tendre; toutes les feuilles bien creusées en gouttière, très-finement et très-peu profondément serretées; tous les pétioles grêles.

Fruit moyen, turbiné-conique, ordinairement uni et cependant parfois un peu irrégulier dans son contour, atteignant sa plus grande épaisseur bien au-dessous du milieu de sa hauteur; au-dessus de ce point, s'atténuant promptement par une courbe à peine convexe et parfois à peine concave en une pointe peu longue et obtuse à son sommet; au-dessous du même point, s'arrondissant par une courbe bien convexe pour ensuite s'aplatir autour de la cavité de l'œil.

Peau épaisse, d'abord d'un vert très-clair semé de points gris, très-nombreux, très-petits et cependant assez apparents. Une tache d'une rouille brune s'étale ordinairement en étoile dans la cavité de l'œil. A la maturité, **octobre**, le vert fondamental passe au jaune citron brillant et sur le côté du soleil, chaudement doré, les points deviennent plus apparents.

Œil grand, ouvert, à divisions étroites et fines, étalées dans une cavité peu profonde, bien évasée et ordinairement divisée dans ses bords par des côtes très-aplanies qui souvent se prolongent un peu jusque sur le ventre du fruit.

Queue courte, forte, attachée le plus souvent perpendiculairement dans un pli formé par la pointe du fruit.

Chair blanchâtre, demi-fine, demi-beurrée, peu abondante en eau richement sucrée et relevée d'un parfum de girofle bien appréciable, constituant un excellent fruit pour les usages de la cuisine et assez agréable pour être consommé cru.

SUZANNE

(N° 161)

Illustrirtes Handbuch der Obstkunde. OBERDIECK.
Pomologische Notizen. OBERDIECK.

OBSERVATIONS. — J'ai reçu cette variété de M. Oberdieck. Il dit qu'il la nomma ainsi après l'avoir distinguée entre trois cents sujets qu'il avait reçus sans nom de Van Mons, et après avoir constaté qu'elle ne pouvait se rapporter à aucune des variétés belges déjà connues. — L'arbre, de vigueur contenue sur cognassier, ne s'accommode pas des formes soumises à la taille et convient mieux à la haute tige dont la tête pyramidale atteint une dimension moyenne. Sa fertilité précoce, très-grande les années de rapport, est interrompue par des alternats complets. Son fruit est de bonne qualité.

DESCRIPTION.

Rameaux de moyenne force, unis dans leur contour, droits, à entrenœuds courts, d'un vert ombré de gris; lenticelles blanchâtres, peu larges et peu apparentes.

Boutons à bois assez petits, coniques, un peu maigres et aigus, à direction parallèle ou presque parallèle au rameau, soutenus sur des supports un peu saillants dont l'arête médiane ne se prolonge pas; écailles d'un marron rougeâtre peu foncé.

Pousses d'été d'un vert olive à leur base, colorées de rouge et couvertes d'un duvet grisâtre à leur sommet.

Feuilles des pousses d'été moyennes ou petites, ovales-elliptiques, se terminant brusquement en une pointe très-courte et très-fine, bien repliées sur leur nervure médiane et bien arquées, régulièrement bordées de dents fines, très-peu profondes, peu appréciables, soutenues sur des pétioles courts, grêles, fermes et redressés.

Stipules en alênes courtes et un peu dentées.

Feuilles stipulaires peu fréquentes.

Boutons à fruit assez petits, conico-ovoïdes, un peu allongés et aigus ; écailles d'un marron rougeâtre peu foncé.

Fleurs grandes ; pétales-arrondis, à peine concaves, à onglet un peu long, se touchant presque entre eux, blancs avant l'épanouissement ; divisions du calice très-longues, finement aiguës, peu réfléchies en dessous ; pédicelles assez longs, forts et un peu duveteux.

Feuilles des productions fruitières plus grandes que celles des pousses d'été, ovales-elliptiques, plus ou moins élargies, se terminant brusquement en une pointe extrêmement courte et parfois nulle, peu repliées sur leur nervure médiane ou un peu concaves, peu arquées, bordées de dents très-peu profondes et émoussées, assez bien soutenues sur des pétioles courts, grêles et cependant fermes.

Caractère saillant de l'arbre : teinte générale du feuillage d'un vert décidé ; toutes les feuilles garnies de dents peu appréciables.

Fruit assez petit, ovoïde, court et ventru, bien uni dans son contour, atteignant sa plus grande épaisseur, tantôt presque au milieu de sa hauteur, tantôt au-dessous ; au-dessus de ce point, s'atténuant plus ou moins promptement par une courbe d'abord peu convexe, puis peu concave en une pointe courte, maigre et aiguë ou un peu obtuse à son sommet ; au-dessous du même point, s'arrondissant par une courbe largement convexe jusque vers l'œil.

Peau mince, unie, d'abord d'un vert clair semé de petits points bruns extraordinairement nombreux et serrés. Tantôt on remarque quelques traces de rouille sur sa surface, tantôt elles manquent entièrement. A la maturité, **septembre**, le vert fondamental passe au jaune paille et le côté du soleil est doré ou rarement lavé d'un véritable soupçon de rouge.

Œil assez grand, demi-ouvert, à divisions dressées, placé presque à fleur de la base du fruit dans une dépression régulière et très-peu prononcée.

Queue de moyenne longueur, grêle, bien ligneuse, attachée à fleur de la pointe du fruit.

Chair d'un blanc teinté de jaune, bien fine, beurrée, entièrement fondante, suffisante en eau douce, sucrée et délicatement parfumée.

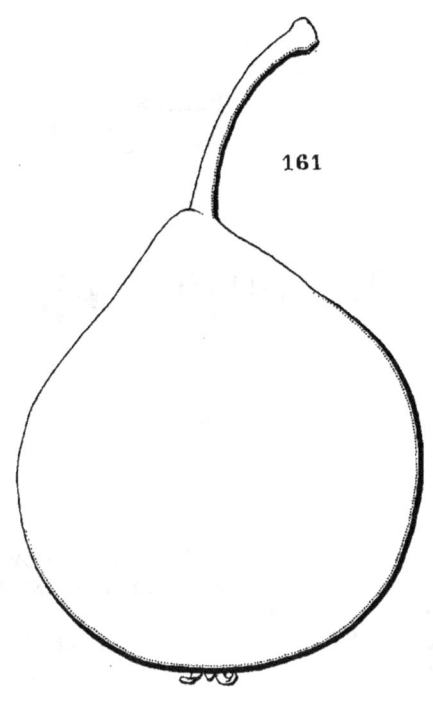
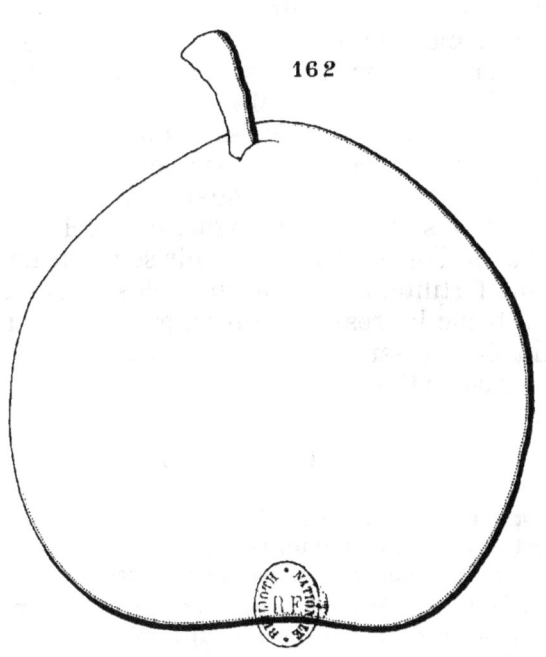

161. SUSANNE.   162. BERGAMOTTE PICQUOT.

Peingeon, Del.

BERGAMOTTE PICQUOT

(N° 162)

Album de pomologie. BIVORT.
The Fruits and the fruit-trees of America. DOWNING.
Handbuch aller bekannten Obstsorten. BIEDENFELD.
Catalogue JAMIN-DURAND. Paris.
BERGAMOTTE PICOT. *Bulletin de la Société Van Mons.*
PICQUOT'S BERGAMOTTE. *Sichere Führer.* DOCHNAHL.

OBSERVATIONS. — M. Bivort est, je crois, le premier qui ait décrit cette variété, et dit seulement qu'elle est d'origine française, mais qu'il ignore quel en est l'obtenteur. D'après les renseignements que M. Ferdinand Jamin, de Bourg-la-Reine, a eu la complaisance de m'adresser, elle serait un semis de M. Bonnet, le pomologue bien connu de Boulogne-sur-Mer. Il en aurait donné des greffes, vers 1837, à M. Jamin en l'autorisant à la dédier à la personne qu'il préférerait. Lors du premier rapport, en 1842, elle reçut le nom de M. Picquot, alors percepteur à Bar-le-Duc. — L'arbre, d'une végétation presque insuffisante sur cognassier, réclame une taille courte et des soins, si l'on veut le maintenir sous forme régulière. Il est d'une bonne fertilité. Son fruit, qui a des rapports de saveur avec le Doyenné blanc, lui ressemble aussi par son apparence extérieure, et pourrait être aussi considéré comme de première qualité, s'il était d'une maturation plus prolongée.

DESCRIPTION.

Rameaux grêles, unis dans leur contour, à peine flexueux, à entre-nœuds courts, jaunâtres ou d'un vert jaunâtre ; lenticelles blanches, très-petites, assez peu nombreuses et peu apparentes.

Boutons à bois très-petits, très-courts, épâtés et émoussés, à direction écartée du rameau, soutenus sur des supports presque nuls dont les côtés et l'arête médiane ne se prolongent pas ; écailles d'un marron noirâtre.

Pousses d'été d'un vert clair et un peu jaune, bien colorées de rouge sur une longue étendue, et couvertes d'un duvet court et peu épais à leur partie supérieure.

Feuilles des pousses d'été moyennes, un peu obovales, se terminant un peu brusquement en une pointe peu longue, bien creusées en gouttière et à peine arquées, bordées de dents un peu larges, un peu profondes, couchées et un peu aiguës, soutenues horizontalement sur des pétioles courts, forts et assez redressés.

Stipules en alênes allongées et finement aiguës.

Feuilles stipulaires très-fréquentes.

Boutons à fruit assez petits, conico-ovoïdes, un peu épais et courtement aigus; écailles d'un marron sombre et terne, largement maculées de gris blanchâtre.

Fleurs moyennes; pétales ovales-arrondis, presque plans, souvent ondulés dans leur contour, à onglet court, peu écartés entre eux; divisions du calice de moyenne longueur, très-finement aiguës et recourbées en dessous; pédicelles courts, de moyenne force et peu duveteux.

Feuilles des productions fruitières plus petites que celles des pousses d'été, obovales-allongées et étroites, se terminant presque régulièrement en une pointe très-finement aiguë, à peine repliées sur leur nervure médiane et non arquées, bordées de dents extraordinairement peu profondes, couchées, émoussées et souvent peu appréciables, s'abaissant un peu sur des pétioles de moyenne longueur, grêles et divergents.

Caractère saillant de l'arbre : teinte générale du feuillage d'un vert peu foncé et plutôt mat que brillant; feuilles les plus jeunes bien colorées de rouge; feuilles stipulaires grandes et fréquentes.

Fruit moyen, sphérico-conique, uni dans son contour, atteignant sa plus grande épaisseur peu au-dessous du milieu de sa hauteur; au-dessus de ce point, s'atténuant promptement par une courbe largement convexe, en une pointe courte, épaisse et bien obtuse à son sommet; au-dessous du même point, s'arrondissant par une courbe plus convexe jusque dans la cavité de l'œil.

Peau fine, mince, d'abord d'un vert très-clair semé de points d'un gris brun, petits, assez nombreux et assez peu apparents. Une rouille brune, un peu épaisse, couvre sur une petite étendue le sommet du fruit, forme des traits divergents dans la cavité de l'œil et se disperse rarement en taches plus ou moins larges sur sa surface. A la maturité, **octobre**, le vert fondamental passe au jaune paille pâle et le côté du soleil est seulement un peu doré.

Œil petit, fermé, un peu enfoncé dans une cavité étroite dans son fond, un peu profonde, évasée et souvent obscurément plissée par ses bords.

Queue courte, peu forte, un peu épaissie à son point d'attache au rameau, attachée un peu obliquement à fleur de la pointe du fruit ou dans un pli peu prononcé.

Chair blanche, fine, beurrée, entièrement fondante, suffisante en eau douce, sucrée et agréablement relevée.

BEURRÉ DES BÉGUINES

(N° 163)

Album de pomologie. BIVORT.
Dictionnaire de pomologie. ANDRÉ LEROY.
BEURRÉ BÉGUINES. *The Fruits and the fruit-trees of America.* DOWNING.
Catalogue JOHN SCOTT, de Merriott.
BEGUINEN-BIRNE. *Illustrirtes Handbuch der Obstkunde.* JAHN.
Sichere Führer. DOCHNAHL.

OBSERVATIONS. — Cette variété est un gain de Van Mons, et son premier rapport eut lieu en 1844. — L'arbre, d'une vigueur très-contenue sur cognassier, ne peut suffire à former sur ce sujet que de petites pyramides ou surtout des fuseaux; encore un sol riche est-il nécessaire pour assurer tout le développement de son fruit. Sa fertilité, assez précoce, grande les années de rapport, est interrompue par des alternats complets. Son fruit est d'assez bonne qualité.

DESCRIPTION.

Rameaux de moyenne force, courts et souvent un peu épaissis à leur sommet, un peu anguleux dans leur contour, presque droits, à entre-nœuds très-courts, d'un brun jaunâtre à l'ombre, d'un brun rougeâtre du côté du soleil; lenticelles blanches, très-petites, assez peu nombreuses et peu apparentes.

Boutons à bois assez gros, coniques, bien aigus, à direction peu écartée du rameau, soutenus sur des supports saillants dont l'arête médiane se prolonge assez distinctement ; écailles d'un marron rougeâtre foncé et brillant.

Pousses d'été d'un vert vif, colorées de rouge et finement soyeuses à leur sommet.

Feuilles des pousses d'été assez petites, ovales-allongées, se terminant un peu brusquement en une pointe bien longue, bien étroite et finement aiguë, peu creusées en gouttière et à peine arquées, bordées de dents peu profondes, recourbées et un peu aiguës, bien soutenues sur des pétioles courts, grêles et redressés.

Stipules très-courtes, fines et très-caduques.

Feuilles stipulaires manquant ordinairement.

Boutons à fruit gros, conico-ovoïdes, bien aigus ; écailles d'un marron rougeâtre foncé et brillant.

Fleurs moyennes ; pétales ovales un peu élargis, concaves, lavés de rose tendre avant l'épanouissement ; divisions du calice courtes et bien recourbées en dessous ; pédicelles de moyenne longueur et de moyenne force.

Feuilles des productions fruitières bien plus grandes que celles des pousses d'été, ovales-allongées et plus ou moins élargies, échancrées vers le pétiole, se terminant régulièrement en un pointe bien finement aiguë, bien creusées en gouttière et à peine arquées, entières par leurs bords, assez peu soutenues sur des pétioles un peu longs, un peu forts et un peu souples.

Caractère saillant de l'arbre : teinte générale du feuillage d'un vert bleu peu foncé et terne ; toutes les feuilles remarquablement creusées en gouttière ; direction bien perpendiculaire des branches et des rameaux.

Fruit petit, presque sphérique ou rarement sphérico-cylindrique, uni dans son contour, atteignant sa plus grande épaisseur à peu près au milieu de sa hauteur ; au-dessus de ce point, s'arrondissant par une courbe largement convexe et presque en demi-sphère ; au-dessous du même point, s'arrondissant par une courbe plus convexe jusque dans la cavité de l'œil.

Peau un peu épaisse, dont le vert est rarement visible, car il est presque toujours entièrement recouvert d'une couche de rouille épaisse et de couleur canelle, et cette rouille devient un peu squammeuse dans la cavité de l'œil. A la maturité, **octobre**, la rouille s'éclaire et le côté du soleil, sur les fruits bien exposés, est souvent lavé d'un peu de rouge orangé.

Œil grand, demi-ouvert, à divisions noirâtres et souvent caduques, placé dans une cavité étroite, un peu profonde, bien unie dans ses parois et par ses bords.

Queue courte, un peu forte, épaissie à son point d'attache au rameau, bien ligneuse, attachée le plus souvent perpendiculairement, tantôt à fleur de la pointe du fruit, tantôt dans un pli assez prononcé.

Chair un peu jaunâtre, peu fine, fondante, pierreuse vers le cœur, abondante en eau richement sucrée et parfumée.

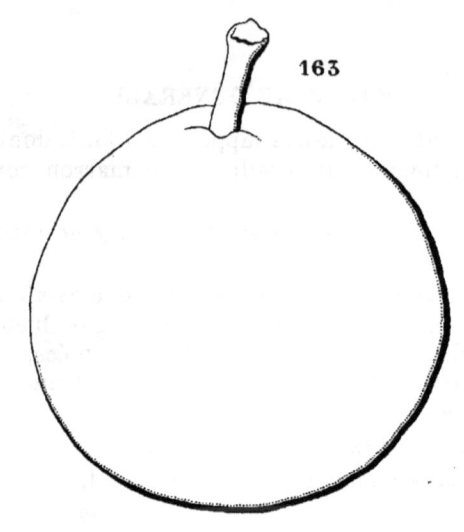
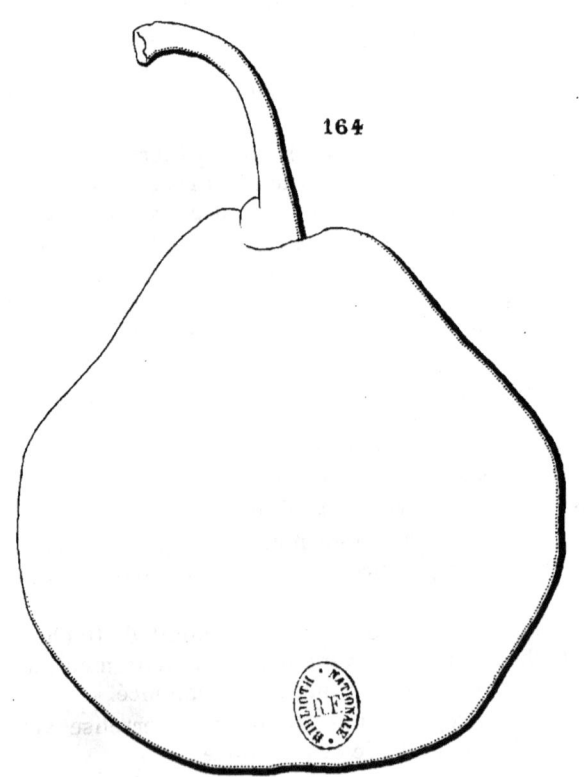

163, BEURRÉ DES BÉGUINES.   164, GROS ROMAIN.

Imp. E. Protat à Mâcon.

GROS ROMAIN

(N° 164)

Catalogue JAHN. 1864.

OBSERVATIONS. — D'après M. Jahn, M. Millet, de Tirlemont (Belgique), serait l'obtenteur ou le propagateur de cette variété. — L'arbre, d'une vigueur un peu insuffisante sur cognassier, ne s'accommode pas très-bien des formes régulières. Il convient mieux à la haute tige dont le rapport est précoce et soutenu, sans être très-abondant. Son fruit est seulement de seconde qualité.

DESCRIPTION.

Rameaux de moyenne force, finement anguleux dans leur contour, droits, à entre-nœuds courts, verdâtres; lenticelles blanches, petites, assez nombreuses et peu apparentes.

Boutons à bois assez petits, coniques, courts, épais, très-courtement aigus, à direction écartée du rameau, soutenus sur des supports saillants dont l'arête médiane se prolonge finement et distinctement; écailles d'un marron noirâtre, brillant et presque entièrement recouvert de gris argenté.

Pousses d'été d'un vert d'eau assez vif, lavées de rouge et un peu duveteuses à leur sommet.

Feuilles des pousses d'été moyennes, ovales-elliptiques, se terminant un peu brusquement en une pointe courte, repliées sur leur nervure médiane et non arquées, bordées de dents fines, un peu profondes, couchées et aiguës, assez bien soutenues sur des pétioles courts, de moyenne force et peu souples.

Stipules en alênes courtes et caduques.

Feuilles stipulaires manquant ordinairement.

Boutons à fruit assez petits, coniques un peu renflés, très-courtement aigus; écailles d'un marron noir et bien brillant, largement maculé de blanc argenté.

Fleurs moyennes; pétales elliptiques-arrondis, concaves, à onglet court, se touchant entre eux; divisions du calice courtes, étalées ou peu recourbées en dessous; pédicelles de moyenne longueur, peu forts et un peu laineux.

Feuilles des productions fruitières petites, elliptiques-arrondies, se terminant brusquement en une pointe très-courte et très-fine, bien concaves, bordées de dents extraordinairement fines, peu profondes et aiguës, bien fermes sur leurs pétioles courts, grêles et bien roides.

Caractère saillant de l'arbre : teinte générale du feuillage d'un vert d'eau peu foncé, vif et brillant; feuilles des productions fruitières remarquablement creusées en gouttière ou concaves et ne pouvant s'étaler, bien roides sur leurs pétioles.

Fruit assez gros, turbiné-court et bien ventru, ordinairement un peu bosselé dans son contour, atteignant sa plus grande épaisseur à peu près au milieu de sa hauteur; au-dessus de ce point, s'atténuant par une courbe d'abord peu convexe, puis peu concave en une pointe courte, épaisse, tantôt un peu obtuse, tantôt aiguë à son sommet; au-dessous du même point, s'arrondissant par une courbe largement convexe jusque dans la cavité de l'œil.

Peau un peu épaisse, d'abord d'un vert d'eau semé de petits points d'un gris brun, largement et régulièrement espacés et assez peu apparents. Rarement on remarque quelques traces de rouille sur sa surface. A la maturité, **commencement et courant d'hiver**, le vert fondamental passe au jaune citron clair et le côté du soleil est plus ou moins chaudement doré.

Œil grand, ouvert, placé presque à fleur de la base du fruit, entre des plis divergents, plus ou moins prononcés et qui se prolongent un peu.

Queue longue, peu forte, bien ligneuse, courbée, de couleur bois, tantôt formant exactement le prolongement de la pointe du fruit, tantôt un peu repoussée dans un pli irrégulier.

Chair blanche et un peu veinée de jaune, demi-fine, beurrée, fondante, abondante en eau douce, sucrée et légèrement parfumée.

DOYENNÉ SENTELET

(N° 165)

Catalogue VAN MONS. 1823.
Album de pomologie. BIVORT.
Notice pomologique. DE LIRON D'AIROLES.
A Guide to the Orchard. LINDLEY.
The Fruits and the fruit-trees of America. DOWNING.
Dictionnaire de pomologie. ANDRÉ LEROY.
Catalogue JOHN SCOTT, de Merriott.
SENTELETS DECHANTSBIRNE. *Illustrirtes Handbuch der Obstkunde.* JAHN.
SENTELET'S BUTTERBIRNE. *Sichere Führer.* DOCHNAHL.

OBSERVATIONS. — Cette variété, dans le Catalogue de Van Mons, est accompagnée de la mention, *par nous*, indiquant qu'elle est un de ses gains. — L'arbre, d'une végétation insuffisante sur cognassier, est plus vigoureux sur franc. Pour obtenir un fertilité qui se ferait attendre trop longtemps sur ce sujet, une taille allongée est nécessaire. Il n'est pas assez rustique et ses fleurs souffrent souvent des intempéries du printemps. Son fruit est petit, mais de bonne qualité.

DESCRIPTION.

Rameaux de moyenne force, souvent épaissis et surmontés d'un bouton à fruit à leur sommet, unis dans leur contour, presque droits, à entre-nœuds courts, verdâtres du côté de l'ombre, d'un rouge sanguin intense du côté du soleil ; lenticelles blanchâtres, larges, allongées, souvent un peu saillantes, nombreuses et apparentes.

Boutons à bois petits, coniques, maigres et un peu aigus, à direction écartée du rameau, soutenus sur des supports très-peu saillants dont les côtés et l'arête médiane ne se prolongent pas; écailles d'un rouge clair un peu bordé de gris blanchâtre.

Pousses d'été presque entièrement colorées d'un rouge vineux intense, peu duveteuses à leur sommet.

Feuilles des pousses d'été petites, régulièrement ovales, se terminant presque régulièrement en une pointe fine, presque planes, largement ondulées dans leur contour, bordées de dents peu profondes, couchées et obtuses, s'abaissant bien sur des pétioles un peu longs, très-grêles et très-flexibles.

Stipules moyennes ou assez longues, linéaires-étroites.

Feuilles stipulaires manquant ordinairement.

Boutons à fruit moyens, conico-ovoïdes, peu aigus; écailles intérieures jaunâtres; écailles extérieures entièrement recouvertes de gris blanchâtre.

Fleurs petites; pétales ovales-elliptiques, peu larges, peu concaves, à onglet court, un peu écartés entre eux; divisions du calice courtes et à peine recourbées en dessous; pédicelles courts, très-grêles et duveteux.

Feuilles des productions fruitières plus grandes que celles des pousses d'été, régulièrement ovales, se terminant peu brusquement en une pointe large et peu longue, planes ou presque planes, bordées de dents assez peu profondes, bien couchées et peu aiguës, bien soutenues sur des pétioles longs, grêles, cependant roides et souvent bien redressés.

Caractère saillant de l'arbre: teinte générale du feuillage d'un vert vif et brillant; les plus jeunes feuilles et les pousses d'été bien colorées de rouge; tous les pétioles longs et grêles.

Fruit petit, turbiné-ovoïde, souvent un peu déformé dans son contour, atteignant sa plus grande épaisseur peu au-dessous du milieu de sa hauteur; au-dessus de ce point, s'atténuant un peu promptement par une courbe tantôt convexe, tantôt d'abord convexe puis à peine concave pour se terminer en une pointe courte, un peu épaisse et obtuse à son sommet; au-dessous du même point, s'arrondissant par une courbe bien convexe pour s'aplatir ensuite un peu autour de la cavité de l'œil.

Peau fine, tendre, d'abord d'un vert décidé semé de points bruns, bien distincts et bien régulièrement espacés. On remarque souvent une tache d'une rouille brune et dense, soit sur le sommet du fruit, soit dans la cavité de l'œil, et cette rouille par les saisons humides se disperse aussi sur sa surface. A la maturité, **octobre,** le vert fondamental passe au jaune terne et le côté du soleil se distingue seulement par un ton un peu plus chaud.

Œil petit, fermé, à divisions souvent caduques, placé dans une cavité très-étroite et un peu profonde.

Queue de moyenne longueur, un peu forte, souvent un peu charnue à son point d'attache dans un pli formé par la pointe du fruit.

Chair d'un blanc jaunâtre, fine, fondante, un peu pierreuse vers le cœur, abondante en eau sucrée, vineuse, relevée d'une très-légère astringence assez agréable.

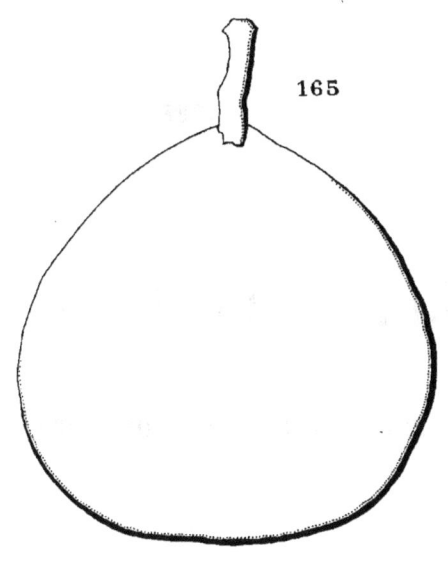
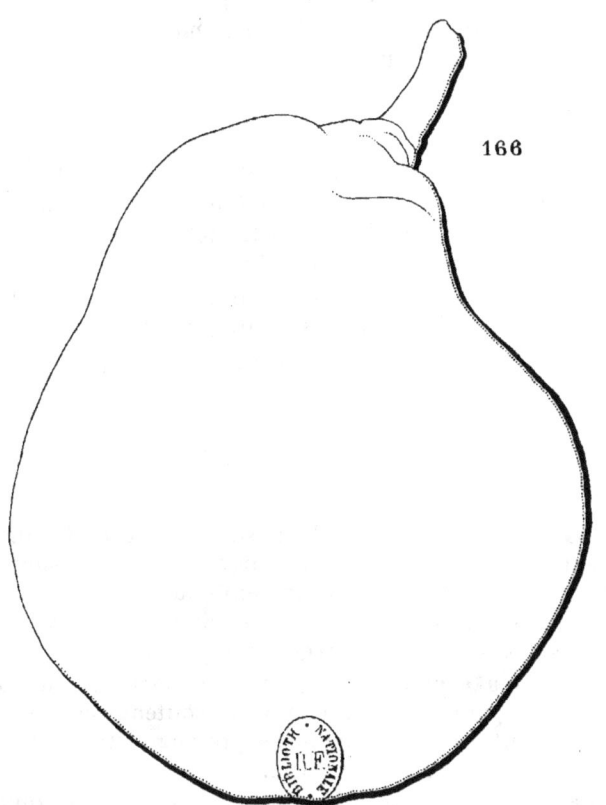

165. DOYENNÉ SENTELET. 166. BON-CHRÉTIEN DU RHIN D'AUTOMNE

Peingeon, Del.

BON CHRÉTIEN DU RHIN D'AUTOMNE

(RHEINISCHER HERBSTAPOTHEKERBIRNE)

(N° 166)

Versuch einer Systematischen Beschreibung der Kernobstsorten. DIEL.
Systematisches Handbuch der Obstkunde. DITTRICH.
Illustrirtes Handbuch der Obstkunde. OBERDIECK.
Sichere Führer. DOCHNAHL.

OBSERVATIONS. — Diel dit avoir reçu cette variété des environs de Dietz, duché de Nassau, et n'avoir aucun autre renseignement sur son origine. — L'arbre, de vigueur normale sur cognassier, s'accommode bien de la forme pyramidale et de celle de fuseau, et ses productions fruitières sont de longue durée. Sa fertilité est précoce, bonne et soutenue. Son fruit est d'une saveur assez agréable, lorsque l'acidité de son eau n'est pas trop développée.

DESCRIPTION.

Rameaux d'une bonne force bien soutenue jusqu'à leur sommet, très-obscurément anguleux dans leur contour, droits, à entre-nœuds de moyenne longueur ou assez courts, d'un brun teinté de vert du côté de l'ombre et teinté de rouge lie de vin du côté du soleil et surtout à leur partie supérieure; lenticelles blanchâtres, larges et apparentes.

Boutons à bois petits, coniques, très-finement aigus, à direction parallèle ou presque parallèle au rameau, soutenus sur des supports très-peu saillants dont l'arête médiane se prolonge très-peu distinctement; écailles d'un marron noirâtre et terne.

Pousses d'été d'un vert d'eau, colorées de rouge et duveteuses à leur sommet.

Feuilles des pousses d'été assez petites, ovales-allongées, sensiblement atténuées vers le pétiole et se terminant régulièrement en une pointe longue, étroite, aiguë et bien contournée, à peine repliées sur leur nervure médiane et largement contournées sur leur longueur, presque entières ou bordées de dents peu appréciables, bien soutenues sur des pétioles de moyenne longueur, grêles, bien redressés, parallèles à la pousse.

Stipules en alênes assez longues et un peu recourbées.

Feuilles stipulaires manquant ordinairement.

Boutons à fruit assez gros, conico-ovoïdes et bien aigus ; écailles d'un marron noirâtre et brillant.

Fleurs moyennes ; pétales ovales-elliptiques, souvent aigus à leur sommet, bien concaves, à onglet presque nul, peu écartés entre eux ; divisions du calice de moyenne longueur, bien étroites, finement aiguës et bien recourbées en dessous ; pédicelles assez courts, un peu forts et cotonneux.

Feuilles des productions fruitières plus grandes que celles des pousses d'été, ovales ou ovales-elliptiques et un peu allongées, se terminant presque régulièrement en une pointe fine, peu repliées sur leur nervure médiane et à peine arquées, parfois largement ondulées dans leur contour, entières ou bordées de dents très-fines, très-peu profondes et émoussées, assez peu soutenues sur des pétioles longs, un peu grêles et un peu souples.

Caractère saillant de l'arbre : teinte générale du feuillage d'un vert pré intense et brillant ; feuilles des pousses d'été remarquablement contournées sur leur longueur ; toutes les feuilles entières ou presque entières.

Fruit gros, piriforme-ovoïde et ventru, ordinairement bosselé ou déformé dans son contour par des côtes inégales et aplanies, atteignant sa plus grande épaisseur bien au-dessous du milieu de sa hauteur ; au-dessus de ce point, s'atténuant par une courbe d'abord convexe, puis brusquement, largement et souvent irrégulièrement concave en une pointe longue, épaisse et obtuse à son sommet ; au-dessous du même point, s'atténuant très-brusquement par une courbe peu convexe pour diminuer bien sensiblement d'épaisseur vers la cavité de l'œil.

Peau assez mince et cependant un peu ferme, d'abord d'un vert clair semé de points gris, très-petits, peu apparents et manquant souvent sur certaines parties. Parfois quelques tavelures d'une rouille fine et d'un brun clair se concentrent un peu sur le côté le mieux éclairé. A la maturité, **octobre**, le vert fondamental passe au jaune citron clair et le côté du soleil est tantôt seulement un peu doré, tantôt lavé de rouge sanguin sur les fruits les mieux exposés.

Œil petit, fermé, placé dans une cavité étroite, peu profonde, finement plissée dans ses parois et par ses bords qui offrent peu d'épaisseur.

Queue courte, forte, ligneuse, repoussée le plus souvent obliquement dans un pli irrégulier formé par la pointe du fruit.

Chair blanche, assez fine, tassée, demi-beurrée, un peu ferme, suffisante en eau sucrée, vineuse, acidulée et parfumée.

SOUVENIR FAVRE

(N° 167)

Notice pomologique. DE LIRON D'AIROLES.
Annales de pomologie belge et étrangère. DE LIRON D'AIROLES.
Dictionnaire de pomologie. ANDRÉ LEROY.
The Fruits and the fruit-trees of America. DOWNING.
Catalogue JOHN SCOTT, de Merriott.

OBSERVATIONS. — Cette variété fut obtenue par M. Favre, président de la section d'horticulture de la Société d'agriculture de Chalon-sur-Saône. Son premier rapport eut lieu en 1857, et elle fut couronnée en 1862 par la Société impériale et centrale d'horticulture de Paris. — L'arbre, d'une vigueur contenue sur cognassier, ne peut suffire qu'à de petites formes sur ce sujet. Il s'accommode bien du fuseau et de la pyramide. Sa fertilité est précoce, grande et soutenue. Le mérite de son fruit a été plusieurs fois discuté, tantôt trop vanté, tantôt trop déprécié; il est plus vrai de dire qu'il n'arrive pas toujours à la première qualité, parce que le parfum lui manque un peu dans certaines saisons, ou lorsque le sol ne lui est pas favorable.

DESCRIPTION.

Rameaux peu forts, presque unis dans leur contour, bien droits, à entre-nœuds de moyenne longueur, d'un brun verdâtre; lenticelles blanchâtres, nombreuses et apparentes.

Boutons à bois très-petits, coniques, courts et courtement aigus, à direction écartée du rameau, soutenus sur des supports très-peu saillants dont les côtés et l'arête médiane se prolongent très-peu distinctement; écailles d'un marron peu foncé.

Pousses d'été d'un vert jaune, colorées de rouge sanguin clair sur une assez grande longueur à leur partie supérieure, et duveteuses sur une assez grande partie de leur étendue.

Feuilles des pousses d'été moyennes ou assez petites, ovales-elliptiques, se terminant presque régulièrement en une pointe finement aiguë, creusées en gouttière et à peine arquées, bordées de dents peu profondes, couchées et peu aiguës ou émoussées, soutenues horizontalement sur des pétioles courts, un peu forts, fermes et un peu redressés.

Stipules en alènes longues et finement aiguës.

Feuilles stipulaires manquant ordinairement.

Boutons à fruit petits, conico-ovoïdes, peu aigus; écailles d'un marron clair et largement maculé de grisâtre.

Fleurs petites; pétales ovales, peu concaves, à onglet un peu long, écartés entre eux; divisions du calice courtes et un peu recourbées en dessous; pédicelles courts, très-grêles et duveteux.

Feuilles des productions fruitières moyennes, ovales un peu élargies, se terminant un peu brusquement en une pointe courte et un peu longue, un peu concaves et à peine arquées, bordées de dents très-peu profondes et obtuses ou presque entières dans leur contour, bien soutenues sur des pétioles courts, grêles, roides et redressés.

Caractère saillant de l'arbre : teinte générale du feuillage d'un vert pré un peu foncé et un peu brillant; feuilles des pousses d'été soutenues bien horizontalement sur leurs pétioles; tous les pétioles plus ou moins courts et roides.

Fruit assez petit ou presque moyen, conico-piriforme, un peu ventru, ordinairement uni dans son contour, atteignant sa plus grande épaisseur bien au-dessous du milieu de sa hauteur; au-dessus de ce point, s'atténuant par une courbe à peine convexe ou à peine concave en une pointe longue, assez peu épaisse, aiguë ou presque aiguë à son sommet; au-dessous du même point, s'arrondissant par une courbe largement convexe jusque dans la cavité de l'œil.

Peau bien fine, bien mince, d'abord d'un vert clair semé de points d'un gris vert, un peu larges, nombreux et apparents. Parfois, cependant assez rarement, on remarque quelques traces de rouille sur sa surface. A la maturité, **septembre**, le vert fondamental s'éclaircit un peu en jaune et le côté du soleil se reconnaît seulement à un ton un peu plus chaud.

Œil assez petit, demi-ouvert, à divisions dressées, placé presque à fleur de la base du fruit, dans une dépression peu profonde, évasée et parfois un peu plissée dans ses parois.

Queue très-courte, forte, charnue, formant la continuation de la pointe du fruit.

Chair blanchâtre, transparente, très-fine, parfaitement fondante, abondante en eau douce, sucrée et plus ou moins parfumée.

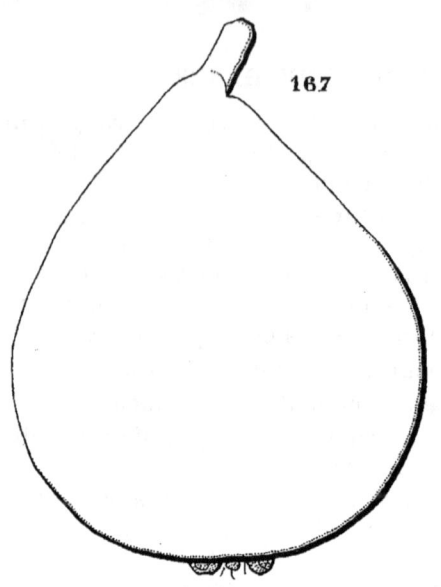
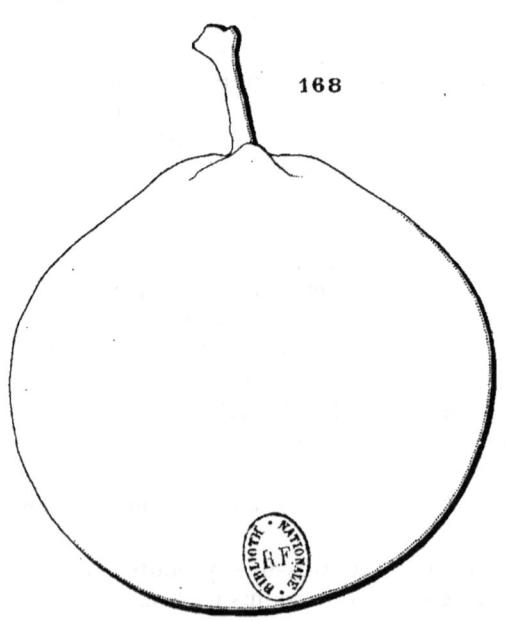

167, SOUVENIR FAVRE.   168, BEURRÉ CHRIST.

BEURRÉ CHRIST

(N° 168)

Catalogue Van Mons. 1823.
CHRIST'S SCHMALZBIRNE. *Systematische Beschreibung der Kernobstsorten.* Diel. 1821.
Handbuch der Pomologie. Hinkert.
Handbuch aller bekannten Obstsorten. Biedenfeld.
Sichere Führer. Dochnahl.

Observations. — Cette variété est inscrite au Catalogue de Van Mons, page 31, sous le numéro 139 et avec la mention, *par nous* ; elle est donc un gain de Van Mons et fut probablement dédiée par lui au pomologiste allemand Christ. — L'arbre, de vigueur normale sur cognassier, s'accommode des formes régulières. Sa fertilité est bonne et cependant sujette à l'alternat. Son fruit est d'assez bonne qualité.

DESCRIPTION.

Rameaux forts, allongés, finement anguleux dans leur contour, flexueux, à entre-nœuds longs et inégaux entre eux, d'un vert jaunâtre ; lenticelles jaunâtres, larges, allongées, assez nombreuses et apparentes.

Boutons à bois moyens, coniques, un peu élargis à leur base et finement aigus, à direction presque parallèle au rameau vers lequel ils se recourbent un peu par leur pointe ; écailles d'un marron rougeâtre peu foncé et presque entièrement recouvertes de gris blanchâtre.

Pousses d'été d'un vert vif, colorées de rouge violacé à leur sommet, et couvertes sur une assez grande longueur d'un duvet blanchâtre et très-court.

Feuilles des pousses d'été moyennes, ovales-allongées, un peu sensiblement atténuées vers le pétiole, se terminant régulièrement en une pointe extraordinairement courte et fine, repliées sur leur nervure médiane et arquées, bordées de dents très-larges, plus ou moins profondes, tantôt aiguës, tantôt bien émoussées, s'abaissant à peine sur des pétioles de moyenne longueur, de moyenne force et un peu souples.

Stipules longues, linéaires-étroites et finement aiguës.

Feuilles stipulaires manquant ordinairement.

Boutons à fruit assez petits, coniques-allongés et finement aigus; écailles d'un marron rougeâtre foncé et largement maculées de gris blanchâtre.

Fleurs assez grandes; pétales obovales-elliptiques, concaves, à onglet long, écartés entre eux; divisions du calice de moyenne longueur et souvent annulaires; pédicelles très-courts, forts et duveteux.

Feuilles des productions fruitières plus grandes que celles des pousses d'été, ovales-elliptiques et élargies, se terminant brusquement en une pointe extraordinairement courte ou nulle, à peine repliées sur leur nervure médiane et souvent largement ondulées, entières ou irrégulièrement découpées par leurs bords, retombant mollement sur des pétioles assez longs, de moyenne force et bien souples.

Caractère saillant de l'arbre : teinte générale du feuillage d'un vert herbacé vif et brillant; serrature des feuilles des pousses d'été formée de dents remarquablement larges et écartées.

Fruit moyen, turbiné bien ventru, parfois un peu bosselé dans son contour, atteignant sa plus grande épaisseur à peu près au milieu de sa hauteur; au-dessus de ce point, s'atténuant promptement par une courbe à peine convexe ou à peine concave en une pointe courte, épaisse et bien obtuse à son sommet; au-dessous du même point, s'atténuant par une courbe largement convexe pour diminuer bien sensiblement d'épaisseur vers la cavité de l'œil.

Peau épaisse, ferme, d'abord d'un vert clair et gai semé de petits points d'un gris brun, très-nombreux et peu apparents. Une rouille brune couvre le sommet de la pointe du fruit et rayonne sur sa partie supérieure. Elle est disposée de même dans la cavité de l'œil où elle prend un ton fauve. A la maturité, **octobre, novembre,** le vert fondamental passe au jaune citron mat et le côté du soleil est plus ou moins chaudement doré.

Œil grand, fermé, placé dans une cavité étroite, peu profonde, tantôt unie, tantôt sensiblement plissée dans ses parois et par ses bords.

Queue courte, un peu forte, ligneuse, boutonnée à son point d'attache au rameau, attachée le plus souvent obliquement dans un pli peu prononcé et un peu irrégulier formé par la pointe du fruit.

Chair blanchâtre, fine, beurrée, abondante en eau sucrée, acidulée et relevée d'un parfum de musc peu accentué.

FONDANTE DES CÉLESTINES

(N° 169)

Bulletin de la Société Van Mons.
Catalogue BIVORT. 1851-1852.
Catalogue des pépinières royales de Vilvorde. DE BAVAY.
Catalogue PAPELEU. Wetteren.

OBSERVATIONS. — Cette variété est un gain de Van Mons, de l'avis de tous les auteurs qui l'ont citée. M. André Leroy ne la connaissait pas probablement, lorsqu'il a employé son nom comme synonyme de Désiré Cornélis, qui n'a aucun rapport de ressemblance avec elle. — L'arbre, de bonne vigueur, aussi bien sur cognassier que sur franc, s'accommode bien des formes régulières et surtout de celle de vase. Sa fertilité est précoce et grande, mais sujette à des alternats complets. Son fruit, d'assez bonne qualité s'il a été entre cueilli, perd bientôt sa saveur s'il reste trop longtemps sur l'arbre.

DESCRIPTION.

Rameaux d'une assez bonne force et bien soutenue jusqu'à leur sommet souvent un peu épaissi en massue, obscurément anguleux dans leur contour, à peine flexueux, à entre-nœuds un peu longs, d'un vert un peu sombre ; lenticelles blanchâtres, larges, assez nombreuses et apparentes.

Boutons à bois assez petits, courts, épatés, émoussés ou peu aigus, à direction un peu écartée du rameau, soutenus sur des supports un peu saillants dont l'arête médiane se prolonge peu distinctement; écailles d'un marron sombre et terne.

Pousses d'été d'un vert très-clair, lavées de rouge et un peu duveteuses à leur sommet.

Feuilles des pousses d'été moyennes, ovales ou ovales-elliptiques, se terminant un peu brusquement en une pointe un peu longue et large, largement concaves et non arquées, très-irrégulièrement bordées de dents larges, très-peu profondes et émoussées, soutenues horizontalement sur des pétioles très-courts, grêles et redressés.

Stipules en alênes longues et fines.

Feuilles stipulaires manquant ordinairement.

Boutons à fruit moyens ou assez gros, coniques un peu renflés et peu aigus ; écailles d'un marron jaunâtre.

Fleurs…….

Feuilles des productions fruitières à peu près de même grandeur que celles des pousses d'été et de même forme, se terminant régulièrement en une pointe très-courte, peu concaves ou presque planes, presque entières par leurs bords, assez peu soutenues sur des pétioles courts, grêles et un peu souples.

Caractère saillant de l'arbre : teinte générale du feuillage d'un vert herbacé vif et brillant ; la plupart des feuilles tendant à la forme elliptique, presque entières ou garnies d'une serrature peu appréciable ; tous les pétioles courts et grêles.

Fruit assez petit ou presque moyen, turbiné-sphérique, bien uni dans son contour, atteignant sa plus grande épaisseur peu au-dessous du milieu de sa hauteur ; au-dessus de ce point, s'atténuant très-promptement par une courbe très-largement convexe en une pointe très-courte, épaisse et très-largement obtuse ; au-dessous du même point, s'arrondissant par une courbe bien convexe jusque dans la cavité de l'œil.

Peau un peu ferme, d'abord d'un vert pâle semé de points d'un gris brun, petits, nombreux et un peu apparents sur certaines parties, très-peu visibles sur d'autres. On remarque une large tache d'une rouille fauve couvrant la cavité de l'œil et s'étendant au-delà de ses bords. A la maturité, **septembre**, le vert fondamental s'éclaircit à peine en jaune et le côté du soleil est à peine reconnaissable à un ton un peu plus chaud.

Œil grand, bien ouvert, placé dans une cavité peu profonde, bien évasée, unie dans ses parois et par ses bords.

Queue assez courte, peu forte, ligneuse, attachée le plus souvent perpendiculairement à fleur de la pointe du fruit.

Chair blanche, fine, beurrée, suffisante en eau douce, sucrée et légèrement parfumée.

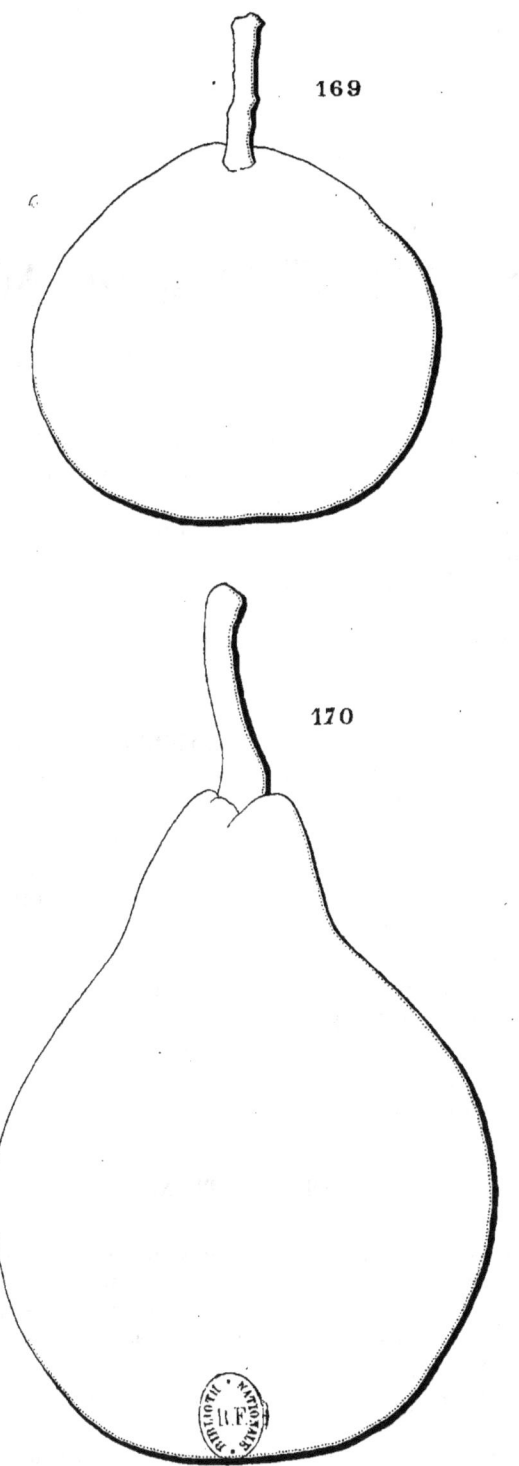

169, FONDANTE DES CÉLESTINES.   170, GROSSE ANGLETERRE DE NOISETTE.

Peingeon, Del.

GROSSE ANGLETERRE DE NOISETTE

(N° 170)

Manuel complet du jardinier. Noisette.
GROSSE POIRE D'AMANDE. *Annales de pomologie belge.* Bivort.
Catalogue John Scott, de Merriott.
Dictionnaire de pomologie. André Leroy.
POIRE D'AMANDE. *Bulletin de la Société Van Mons.* 1854.
NOISETTES GROSSE ENGLISCHE BUTTERBIRNE. *Systematisches Handbuch der Obstkunde.* Dittrich.
Anleitung der besten Obstes. Oberdieck.
Sichere Führer. Dochnahl.

Observations. — J'ai reçu cette variété de M. Bivort sous le nom de Beurré d'Angleterre de Noisette. Son origine semble des plus douteuses. M. Noisette, dans le *Manuel complet du jardinier*, annonce qu'elle a été produite dans ses pépinières, et M. Bivort dit qu'elle est cultivée en Belgique depuis au moins la fin du siècle dernier, et cependant les pomologistes semblent d'accord sur l'identité de la Grosse Angleterre de Noisette et de la Grosse Poire d'Amande. — L'arbre, de vigueur normale sur cognassier, s'accommode bien de la forme pyramidale. Il est assez rustique pour bien se comporter en haute tige et sa fertilité est bonne. Son fruit est souvent au moins de première qualité et quant à sa saveur que l'on compare à celle de l'amande, je lui trouve plutôt les plus grands rapports avec celle de la Crassane.

DESCRIPTION.

Rameaux assez forts, courts, souvent épaissis en massue à leur sommet, unis dans leur contour, presque droits, à entre-nœuds courts et inégaux entre eux, d'un brun verdâtre à l'ombre un peu teinté de rougeâtre du côté du soleil ; lenticelles jaunâtres, peu larges, assez nombreuses et un peu apparentes.

Boutons à bois gros, coniques, courts, épais et courtement aigus, à direction écartée du rameau, soutenus sur des supports bien saillants dont les côtés et l'arête médiane ne se prolongent pas ; écailles d'un marron peu foncé et bordé de gris blanchâtre.

Pousses d'été d'un vert clair, lavées de rouge et un peu soyeuses à leur sommet.

Feuilles des pousses d'été assez petites vers la partie supérieure des pousses, ovales un peu élargies, brusquement et peu atténuées vers le pétiole, convexes par leurs côtés, arquées et ondulées dans leur contour, plus grandes à la partie inférieure des pousses, ovales bien élargies ou ovales-cordiformes, se terminant peu brusquement en une pointe large, très-peu repliées sur leur nervure médiane et un peu arquées, bordées de de dents un peu profondes, couchées et assez aiguës, toutes assez bien soutenues sur des pétioles longs, grêles, redressés et peu flexibles.

Stipules très-caduques.

Feuilles stipulaires manquant ordinairement.

Boutons à fruit petits, ovo-ellipsoïdes, émoussés; écailles d'un marron clair.

Fleurs petites; pétales arrondis, bien concaves, un peu bordés de rose avant l'épanouissement; divisions du calice assez longues, larges, irrégulièrement réfléchies en dessous; pédicelles courts, grêles et laineux.

Feuilles des productions fruitières moyennes, les unes ovales-élargies, les autres moins larges ou presque étroites, se terminant régulièrement en une pointe bien finement aiguë, presque planes et un peu arquées, bordées de dents très-peu profondes, bien couchées, peu appréciables ou souvent presque entières, assez peu soutenues sur des pétioles longs, grêles et flexibles.

Caractère saillant de l'arbre : teinte générale du feuillage d'un vert pré vif et brillant; différence de forme et de grandeur bien remarquable entre les feuilles supérieures et les feuilles inférieures des pousses d'été; tous les pétioles bien grêles.

Fruit moyen ou assez gros, piriforme, ordinairement uni dans son contour, atteignant sa plus grande épaisseur bien au-dessous du milieu de sa hauteur; au-dessus de ce point, s'atténuant par une courbe d'abord peu convexe puis largement concave en une pointe longue, peu épaisse, un peu obtuse ou aiguë à son sommet; au-dessous du même point, s'arrondissant par une courbe largement convexe jusque dans la cavité de l'œil.

Peau un peu épaisse, d'abord d'un vert d'eau semé de points bruns, larges, très-nombreux, bien serrés et bien apparents, se confondant souvent avec des taches d'une rouille brune dispersées sur sa surface et qui se condensent sur le sommet du fruit et dans la cavité de l'œil en prenant un ton fauve et bien chaud. A la maturité, **fin de septembre, commencement d'octobre**, le vert fondamental passe au jaune citron intense et le côté du soleil est chaudement doré.

Œil moyen, ouvert ou demi-ouvert, placé au fond d'une cavité bien étroite dans son fond, assez profonde, parfois un peu irrégulière par ses bords.

Queue de moyenne longueur, un peu forte, ligneuse, un peu charnue à son point d'attache à fleur du sommet du fruit.

Chair jaunâtre, fine, bien fondante, un peu pierreuse vers le cœur, ruisselante en eau richement sucrée et parfumée.

BERGAMOTTE THUERLINCKX

(N° 171)

Bulletin de la Société Van Mons.

OBSERVATIONS. — J'ai reçu cette variété de la Société Van Mons et je la trouve mentionnée parmi les variétés cultivées par elle et dont les listes ont été publiées dans les *Bulletins* des années 1857, 1858, 1860 et 1862, mais sans aucun renseignement sur son origine. Aurait-elle été obtenue par M. Thuerlinck, de Malines, le promoteur de la poire Thuerlinck, ou lui aurait-elle été dédiée ? — L'arbre, d'une vigueur contenue sur cognassier, s'accommode des formes régulières, à condition de quelques soins pour la direction de ses branches de charpente. Sa fertilité est précoce et bonne. Son fruit, remarquable par sa couleur très-claire et très-nette, se distingue aussi par sa chair relevée de l'excellente saveur du Doyenné blanc.

DESCRIPTION.

Rameaux peu forts, presque unis dans leur contour, presque droits, à entre-nœuds courts, d'un brun clair et un peu verdâtre du côté de l'ombre ; lenticelles blanchâtres, petites, assez nombreuses et peu apparentes.

Boutons à bois assez petits, coniques, courts, épais, très-courtement et très-finement aigus, à direction écartée du rameau, soutenus sur des supports très-peu saillants dont les côtés et l'arête médiane se prolongent très-peu distinctement ; écailles d'un marron foncé bordé de gris blanchâtre.

Pousses d'été d'un vert très-clair, à peine lavées de rouge et un peu soyeuses à leur sommet.

Feuilles des pousses d'été petites, régulièrement ovales, se terminant presque régulièrement en une pointe bien fine, peu repliées sur leur nervure médiane et à peine arquées, bordées de dents larges, plus ou moins profondes, obtuses ou émoussées, soutenues horizontalement sur des pétioles longs, très-grêles et un peu souples.

Stipules courtes, filiformes.

Feuilles stipulaires assez fréquentes.

Boutons à fruit petits, conico-ovoïdes, courtement aigus; écailles d'un marron rougeâtre foncé et largement maculé de gris argenté.

Fleurs assez grandes; pétales elliptiques-arrondis, concaves, à onglet court, se touchant presque entre eux; divisions du calice de moyenne longueur et bien recourbées en dessous; pédicelles assez courts, assez forts et un peu duveteux.

Feuilles des productions fruitières petites, assez régulièrement ovales, se terminant presque régulièrement en une pointe fine, largement creusées en gouttière et à peine arquées, entières par leurs bords, peu soutenues sur des pétioles un peu longs, extraordinairement grêles et divergents.

Caractère saillant de l'arbre : teinte générale du feuillage d'un vert pré bien clair et un peu jaune; toutes les feuilles petites et assez exactement ovales; tous les pétioles remarquablement grêles; couleur claire des fruits longtemps avant la maturité.

Fruit moyen ou presque moyen, sphérico-cylindrique ou sphérico-turbiné, uni dans son contour, atteignant sa plus grande épaisseur à peu près au milieu de sa hauteur; au-dessus de ce point, s'atténuant par une courbe plus ou moins convexe en une pointe courte, épaisse, tantôt tronquée à son sommet, tantôt surmontée d'une sorte de petit mamelon; au-dessous du même point, s'arrondissant par une courbe plus convexe pour ensuite s'aplatir un peu autour de la cavité de l'œil.

Peau mince, unie, d'abord d'un vert très-pâle, blanchâtre, semé de points d'un fauve très-clair, très-petits, nombreux, régulièrement espacés et très-peu apparents. Une tache d'une rouille très-fine et jaunâtre rayonne en étoile dans la cavité de l'œil. A la maturité, **octobre**, le vert fondamental passe au jaune paille très-pâle, blanchâtre et seulement un peu doré du côté du soleil, sans aucune trace de rouge ni de rouille sur la surface du fruit.

Œil petit, fermé, placé dans une cavité peu profonde, souvent un peu plissée dans ses parois et évasée par ses bords.

Queue de moyenne longueur, grêle, souple, attachée tantôt dans une petite dépression un peu irrégulière, tantôt à fleur du petit mamelon qui surmonte le fruit.

Chair bien blanche, demi-fine, demi-fondante, un peu marcescente, sans pierre vers le cœur, bien abondante en eau richement sucrée et parfumée, constituant un fruit de bonne qualité.

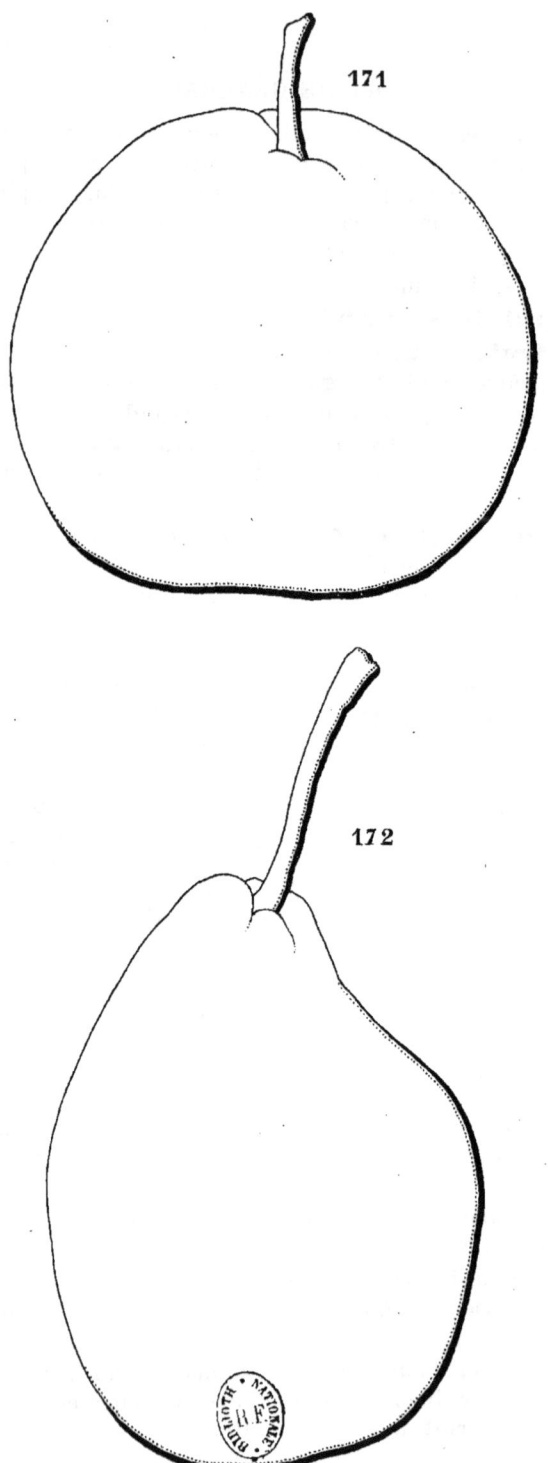

171, BERGAMOTTE THUERLINCKX.   172, SOUVENIR D'ESPEREN DE BERCKMANS.

SOUVENIR D'ESPEREN DE BERCKMANS

(N° 172)

Catalogue BIVORT. 1851-1852.
Bulletin de la Société Van Mons. 1857.
Notices pomologiques. DE LIRON D'AIROLES.

OBSERVATIONS. — M. de Liron d'Airoles dit que cette variété lui fut communiquée, en 1860, par M. Auguste Royer, président de la Commission royale de pomologie belge, et qu'elle fut obtenue par M. Berckmans, maintenant fixé aux Etats-Unis. Elle ne doit pas être confondue avec une autre variété que j'ai reçue de M. Bivort, obtenue par lui, à laquelle il donna le même nom et qui est citée dans son Catalogue de 1851-1852, dans plusieurs listes du *Bulletin* de la Société Van Mons et dans le Catalogue de M. Thiery, de Haclen, Limbourg belge. S'il fallait s'en rapporter à une liste des gains de M. Bouvier, de Jodoigne, fournie par M. du Mortier dans sa *Pomone Tournaisienne*, il existerait une autre poire Souvenir d'Esperen, ce qui me semble douteux, n'en ayant trouvé aucune mention dans les catalogues belges. M. André Leroy considère le nom de Souvenir d'Esperen comme synonyme de Belle de Noël; cependant il existe une grande différence entre cette variété et les deux Souvenir d'Esperen que je possède. — L'arbre, d'une bonne vigueur sur cognassier, s'accommode surtout de la forme pyramidale qui lui est naturelle. Sa fertilité bonne, bien régulièrement répartie sur toute la charpente, est cependant sujette à l'alternat complet.

DESCRIPTION.

Rameaux forts, souvent un peu épaissis et surmontés d'un bouton à fruit à leur sommet, obscurément anguleux dans leur contour, coudés à leurs entre-nœuds de moyenne longueur, d'un brun jaunâtre à peine lavé de rouge du côté du soleil; lenticelles grisâtres, larges, assez nombreuses, irrégulièrement groupées et apparentes.

Boutons à bois assez gros, coniques, courts, élargis à leur base, peu aigus, à direction peu écartée du rameau ou presque parallèle, soutenus sur des supports saillants dont l'arête médiane se prolonge obscurément; écailles d'un marron noirâtre et largement maculées de gris argenté.

Pousses d'été d'un vert très-clair, à peine lavées de rouge et un peu soyeuses à leur sommet.

Feuilles des pousses d'été moyennes, ovales-elliptiques, allongées et peu larges, se terminant un peu brusquement en une pointe courte, très-peu repliées sur leur nervure médiane, ordinairement bien ondulées dans leur contour, bordées de dents profondes et aiguës, s'abaissant sur des pétioles longs, de moyenne force et souples.

Stipules en alènes de moyenne longueur et très-caduques.

Feuilles stipulaires fréquentes.

Boutons à fruit moyens, conico-ovoïdes, courtement aigus ; écailles d'un marron clair ombré de marron foncé.

Fleurs grandes ; pétales elliptiques-arrondis, un peu concaves, à onglet peu long, se touchant entre eux ; divisions du calice de moyenne longueur et un peu recourbées en dessous ; pédicelles un peu longs, de moyenne force et peu duveteux.

Feuilles des productions fruitières moyennes, ovales-élargies, se terminant un peu brusquement en une pointe courte, planes ou presque planes, bordées de dents fines, un peu profondes, couchées et bien aiguës, s'abaissant bien ou mollement soutenues sur des pétioles un peu longs, grêles et souples.

Caractère saillant de l'arbre : teinte générale du feuillage d'un vert pré vif et brillant ; feuilles des pousses d'été le plus souvent ondulées dans leur contour ; toutes les feuilles s'abaissent plus ou moins sur des pétioles longs et souples.

Fruit moyen ou assez gros, conique-piriforme, souvent un peu irrégulier dans son contour ou déformé par des élévations très-aplanies, atteignant sa plus grande épaisseur au-dessous du milieu de sa hauteur ; au-dessus de ce point, s'atténuant par une courbe d'abord peu convexe puis très-largement concave en une pointe longue, un peu épaisse et plus ou moins obtuse à son sommet ; au-dessous du même point, s'atténuant par une courbe très-peu convexe pour diminuer assez sensiblement d'épaisseur vers la cavité de l'œil.

Peau fine, mince, d'abord d'un vert d'eau semé de points bruns, larges, nombreux et apparents, se confondant ordinairement avec des traits ou tavelures d'une rouille de même couleur qui se concentrent sur certaines parties et forment une tache d'un fauve rougeâtre, soit sur le sommet du fruit, soit dans la cavité de l'œil. A la maturité, **octobre**, le vert fondamental passe au jaune citron, la rouille se dore et le côté du soleil se couvre d'un ton seulement un peu plus chaud.

Œil moyen, fermé, placé dans une cavité étroite, peu profonde, plissée dans ses parois et par ses bords qui offrent peu d'épaisseur et sont cependant assez réguliers pour que le fruit puisse se tenir solidement debout.

Queue longue, peu forte, bien ligneuse, d'un brun intense, le plus souvent contournée, attachée dans un pli charnu et irrégulier formé par la pointe du fruit.

Chair d'un blanc à peine teinté de jaune, assez fine, beurrée, fondante, suffisante en eau richement sucrée et parfumée, constituant un fruit de bonne qualité.

SÉNATEUR MOSSELMAN

(N° 173)

Notices pomologiques. DE LIRON D'AIROLES.
Dictionnaire de pomologie. ANDRÉ LEROY.
The Fruits and the fruit-trees of America. DOWNING.
Catalogue JOHN SCOTT, de Merriott.
SENATOR MOSSELMAN. *Illustrirtes Handbuch der Obstkunde.* JAHN.

OBSERVATIONS. — Cette variété a été obtenue par M. Grégoire, de Jodoigne, et dédiée par lui au sénateur belge, Mosselman du Chenoy. Son premier rapport eut lieu en 1852. — L'arbre est d'une végétation normale sur cognassier et s'accommode bien de toutes formes soumises à la taille. Sa fertilité est précoce et soutenue. Il convient bien au verger. Son fruit bien attaché, résiste facilement au vent sur la haute tige et attend la cueillette tardive nécessaire à la qualité de son fruit de longue et facile conservation.

DESCRIPTION.

Rameaux peu forts, à peine anguleux dans leur contour, presque droits, à entre-nœuds très-inégaux entre eux, d'un brun rougeâtre peu foncé et un peu ombré de gris du côté du soleil; lenticelles grisâtres, petites, arrondies, assez peu nombreuses et très-peu apparentes.
Boutons à bois moyens, coniques-allongés, aigus, à direction écartée du rameau, souvent éperonnés, soutenus sur des supports peu saillants dont l'arête médiane se prolonge seule et très-peu distinctement: écailles d'un marron rougeâtre très-foncé, brillant et bordé de gris argenté.
Pousses d'été d'un vert clair un peu jaune, très-légèrement lavées de rouge clair et peu duveteuses à leur sommet.

Feuilles des pousses d'été petites, ovales-elliptiques, étroites, se terminant très-brusquement en une pointe très-courte et très-fine, un peu repliées sur leur nervure médiane et arquées, bordées de dents écartées, un peu profondes et un peu aiguës, soutenues au-dessus de l'horizontale sur des pétioles courts, grêles et bien redressés.

Stipules moyennes, en alênes un peu élargies.

Feuilles stipulaires se présentant quelquefois.

Boutons à fruit moyens, coniques-allongés, aigus; écailles d'un marron rougeâtre et brillant.

Fleurs à peine moyennes; pétales exactement ovales, obtus à leur sommet, à onglet un peu long, écartés entre eux, peu concaves, très-finement veinés de rose avant l'épanouissement; divisions du calice très-courtes, brusquement aiguës et étalées; pédicelles courts, un peu forts et un peu duveteux.

Feuilles des productions fruitières bien plus grandes que celles des pousses d'été, ovales bien allongées et étroites, se terminant en une pointe extraordinairement courte et fine, bien creusées en gouttière et arquées, bordées de dents très-écartées, assez peu profondes, tantôt obtuses, tantôt un peu aiguës, bien soutenues sur des pétioles longs, un peu forts, redressés et peu souples.

Caractère saillant de l'arbre : les plus jeunes feuilles d'un vert extraordinairement clair; pousses d'été bien allongées, bien fluettes; toutes les feuilles bien creusées en gouttière et arquées, courtement et très-finement acuminées.

Fruit petit, irrégulièrement ovoïde, ordinairement uni dans son contour, mais plus développé d'un côté que de l'autre, de telle manière que la cavité de l'œil est placée obliquement par rapport à l'axe du fruit, atteignant sa plus grande épaisseur au-dessous du milieu de sa hauteur; au-dessus de ce point, s'atténuant par une courbe largement convexe en une pointe peu longue, épaisse et obtuse; au-dessous du même point, s'atténuant par une courbe à peu près semblable pour diminuer assez sensiblement d'épaisseur vers la cavité de l'œil.

Peau mince et fine, d'abord d'un vert clair et pâle sur lequel il est difficile de reconnaître de véritables points. Une tache de rouille couvre ordinairement la cavité de l'œil, parfois le sommet du fruit, et rarement se disperse un peu sur sa surface. A la maturité, **courant et fin de printemps**, le vert fondamental passe au jaune citron et le côté du soleil est lavé d'un peu de rouge orangé.

Œil petit, demi-ouvert, à divisions courtes, fermes et un peu dressées, placé dans une cavité peu profonde, évasée et finement plissée dans ses parois.

Queue courte, un peu forte, épaissie à son point d'attache au rameau, un peu courbée et attachée à fleur de la pointe du fruit.

Chair blanchâtre, fine, serrée, demi-cassante ou demi-fondante, suivant le degré de maturité du fruit, suffisante en eau douce, sucrée, un peu vineuse, assez agréable mais sans parfum appréciable.

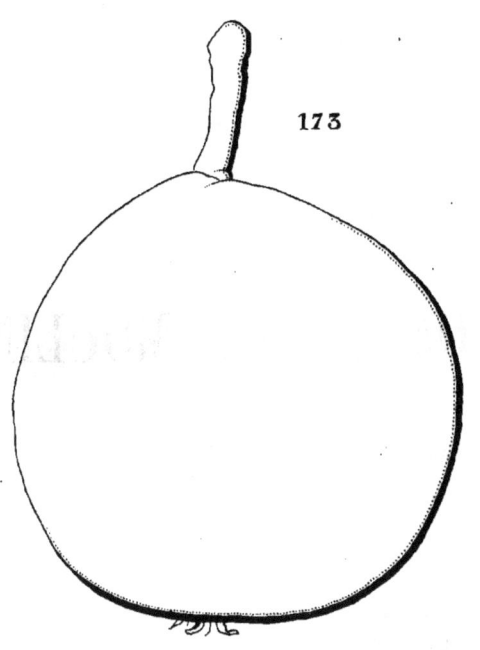
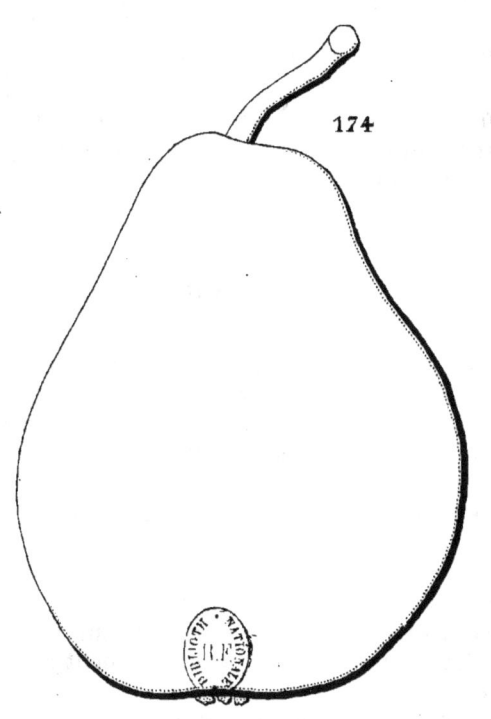

173, SÉNATEUR MOSSELMAN. 174, FONDANTE DE MOULINS-LILLE.

Peingeon, Del.

FONDANTE DE MOULINS-LILLE

(N° 174)

Dictionnaire de pomologie. ANDRÉ LEROY.
Catalogue JOHN SCOTT, de Merriott.

OBSERVATIONS. — M. André Leroy nous apprend que cette variété fut obtenue de semis de pepins du Beurré Napoléon faits par M. Grolez-Duriez, à Rouchin-lez-Lille (Nord). Elle donna ses premiers fruits en 1858. — L'arbre prend naturellement la forme pyramidale et se soumet aussi facilement à celle de fuseau. Son fruit, de première qualité, doit être cueilli un peu longtemps d'avance, sinon sa chair devient creuse et la maturation est moins prolongée.

DESCRIPTION.

Rameaux forts, obscurément anguleux dans leur contour, un peu flexueux seulement à leur partie supérieure, d'un vert jaunâtre du côté de l'ombre, d'un rouge doré du côté du soleil et colorés de rouge vineux vers les nœuds; lenticelles blanchâtres, grandes, très-allongées, peu nombreuses et bien apparentes.

Boutons à bois très-petits, très-courts, épatés et obtus, comme encastrés dans le rameau dont ils s'écartent un peu par leur pointe, soutenus sur des supports peu saillants dont l'arête médiane se prolonge seule et distinctement; écailles d'un marron terne.

Pousses d'été colorées de rouge vif sur une longue étendue à leur partie supérieure, et aussi presque entièrement recouvertes d'un duvet fin et peu serré.

Feuilles des pousses d'été bien petites, obovales-elliptiques, se terminant très-brusquement en une pointe courte et finement aiguë, bien creusées en gouttière et non arquées, bordées de dents très-peu profondes, aiguës seulement lorsqu'elles se rapprochent de l'extrémité de la feuille et souvent peu appréciables, bien soutenues sur des pétioles très-courts, grêles, très-raides, peu redressés ou presque horizontaux.

Stipules courtes, en alênes bien recourbées.

Feuilles stipulaires se présentant quelquefois.

Boutons à fruit moyens, coniques-allongés et peu aigus ; écailles un peu entr'ouvertes, d'un marron rougeâtre terne.

Fleurs assez grandes ; pétales ovales-elliptiques, tronqués à leur sommet, à onglet long, écartés entre eux, peu concaves, à peine lavés de rose avant l'épanouissement; divisions du calice de moyenne longueur, étroites et recourbées en dessous; pédicelles assez courts, forts et duveteux.

Feuilles des productions fruitières petites, exactement ovales, se terminant presque régulièrement en une pointe courte et bien aiguë, bien creusées en gouttière et à peine arquées, ondulées dans leur contour, entières par leurs bords du côté du pétiole, irrégulièrement et peu profondément dentées à leur autre extrémité, assez bien soutenues sur des pétioles un peu longs, grêles, raides et redressés.

Caractère saillant de l'arbre : teinte générale du feuillage d'un vert un peu foncé et plutôt mat que brillant ; toutes les feuilles petites ou très-petites et bien creusées en gouttière ; pousses d'été remarquablement colorées de rouge.

Fruit moyen, tantôt turbiné-ovoïde, tantôt conico-ovoïde, ordinairement irrégulier dans son contour et ventru, atteignant sa plus grande épaisseur bien au-dessous du milieu de sa hauteur; au-dessus de ce point, s'atténuant par une courbe tantôt entièrement convexe, tantôt d'abord convexe puis un peu concave en une pointe parfois courte et aiguë, d'autres fois plus longue, épaisse et bien obtuse; au-dessous du même point, s'arrondissant promptement par une courbe bien convexe pour ensuite s'aplatir largement autour de la cavité de l'œil.

Peau fine, mince, souple, d'abord d'un vert clair semé de petits points bruns, assez nombreux et se confondant avec de petites taches d'une rouille fauve qui se condensent pour recouvrir le sommet du fruit et la cavité de l'œil. Longtemps avant l'entière maturité, **octobre**, **novembre**, le vert fondamental passe au jaune citron terne, doré ou lavé d'un soupçon de rouge doré du côté du soleil.

Œil moyen, ouvert, à divisions frêles, placé dans une petite cavité qui le contient à peine.

Queue tantôt un peu longue et peu forte, tantôt courte, épaisse et semblant former la continuation de la pointe du fruit, charnue et repoussée de côté, de telle manière qu'elle prend alors une direction bien oblique.

Chair blanche, fine, serrée, entièrement fondante, abondante en eau bien sucrée et aromatisée.

BERGAMOTTE LAFFAY

(N° 175)

Notices pomologiques. DE LIRON D'AIROLES.
Catalogue JAMIN et DURAND. Paris.
Catalogue SIMON-LOUIS. Metz.
Catalogue JOHN SCOTT, de Merriott.

OBSERVATIONS. — M. de Liron d'Airoles mentionne seulement cette variété, en l'indiquant comme nouvelle et sans faire connaître le nom de son obtenteur. MM. Jamin et Simon-Louis ne donnent aussi aucun renseignement sur son origine ; nous n'avons pu que constater qu'elle diffère des autres fruits de cette classe que nous connaissons. Serait-elle un gain de M. Laffay, pépiniériste à Paris, le même qui a obtenu la Reine-Claude diaphane ? — L'arbre, de vigueur contenue sur cognassier, s'accommode bien des formes régulières et surtout de la pyramide. Sa fertilité est seulement moyenne. Son fruit n'est que de seconde qualité, de facile et assez longue conservation.

DESCRIPTION.

Rameaux de moyenne force, finement anguleux dans leur contour, à peine flexueux, à entre-nœuds de moyenne longueur et inégaux entre eux, jaunâtres et à peine teintés de rouge du côté du soleil ; lenticelles blanches, petites et peu apparentes.
Boutons à bois petits, coniques, aigus, à direction parallèle au rameau, soutenus sur des supports saillants dont l'arête médiane se prolonge finement ; écailles d'un marron peu foncé et largement bordées de gris blanchâtre.
Pousses d'été bien colorées de rouge à leur sommet et couvertes sur une assez grande longueur d'un duvet blanc et long.

Feuilles des pousses d'été moyennes, ovales-allongées et étroites, se terminant un peu brusquement en une pointe bien courte, bien fine et recourbée en dessous, creusée en gouttière et non arquées, bordées de dents un peu larges, peu profondes, un peu aiguës ou émoussées, retombant sur des pétioles un peu courts, de moyenne force, horizontaux et flexibles.

Stipules moyennes ou longues, lancéolées-étroites.

Feuilles stipulaires se présentant assez souvent.

Boutons à fruit petits, conico-ovoïdes, un peu aigus ; écailles d'un marron rougeâtre largement maculé de gris blanchâtre.

Fleurs assez petites ; pétales obovales-elliptiques, allongés, à onglet peu long, très-écartés entre eux, veinés de rose avant l'épanouissement ; divisions du calice un peu longues, bien atténuées et aiguës à leur extrémité ; pédicelles courts, forts et bien duveteux.

Feuilles des productions fruitières de même grandeur que celles des pousses d'été, obovales plus élargies, se terminant en une pointe très-petite, creusées en gouttière et arquées, bordées de dents fines, très-peu profondes et émoussées, assez mal soutenues sur des pétioles de moyenne longueur, de moyenne force et un peu souples.

Caractère saillant de l'arbre : teinte générale du feuillage d'un vert clair ; feuilles des pousses d'été remarquablement recourbées en dessous par leur pointe.

Fruit petit ou presque moyen, ovoïde plus ou moins court et plus ou moins épais, souvent irrégulier ou un peu déformé dans son contour par des élévations très-aplanies, atteignant sa plus grande épaisseur au-dessous du milieu de sa hauteur ; au-dessus de ce point, s'atténuant plus ou moins brusquement par un courbe très-largement convexe en une pointe courte et obtuse ; au-dessous du même point, s'atténuant par une courbe plus convexe pour diminuer assez sensiblement d'épaisseur vers la cavité de l'œil.

Peau assez mince, finement chagrinée, d'abord d'un vert décidé semé de très-petits points d'un vert plus foncé, très-nombreux et très-serrés. Une tache d'une rouille brune s'étale souvent en étoile sur le sommet du fruit et se disperse en traits très-fins sur sa surface. A la maturité, **courant d'hiver**, le vert fondamental s'éclaircit un peu en jaune et sur le côté du soleil, les points plus larges, plus concentrés, prennent un ton roux doré.

Œil grand, ouvert ou demi-ouvert, à divisions longues, larges, tantôt un peu dressées, tantôt presque étalées dans une cavité étroite, très-peu profonde, qui le contient à peine et dont les bords se divisent ordinairement en côtes assez prononcées et qui se prolongent un peu sur le ventre du fruit.

Queue de moyenne longueur ou longue, assez forte, un peu courbée, attachée perpendiculairement dans un pli plus ou moins prononcé et parfois un peu irrégulier.

Chair d'un blanc à peine teinté de vert, fine, fondante, un peu pierreuse vers le cœur, abondante en eau douce, un peu sucrée, acidulée et sans parfum appréciable.

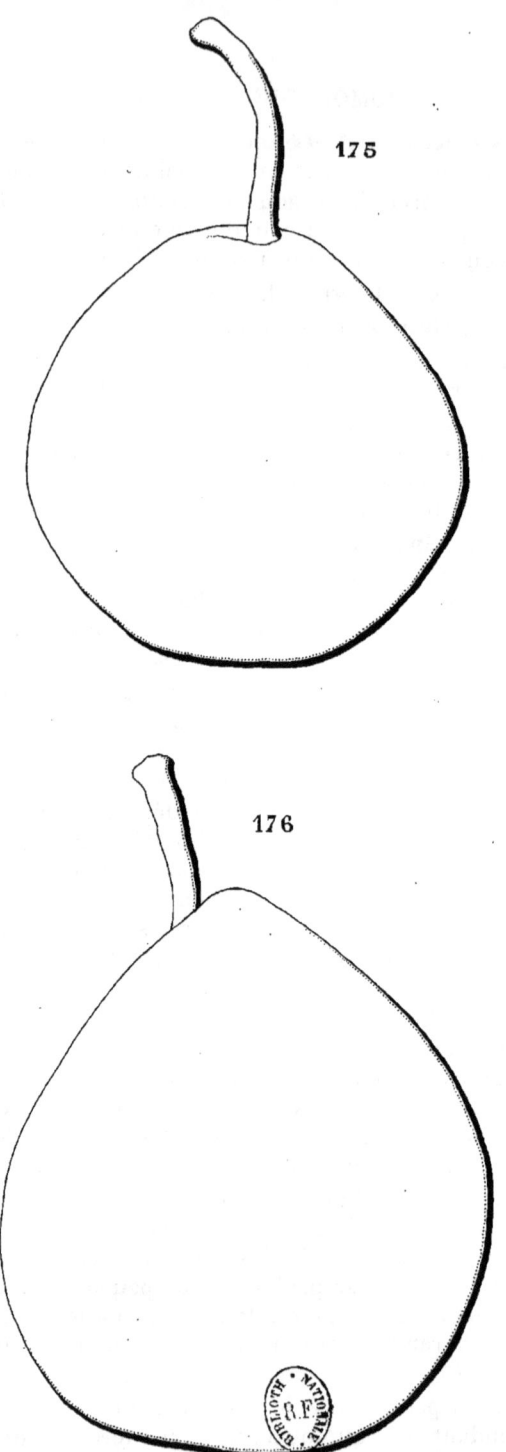

175, BERGAMOTTE LAFFAY.   176, BOUVIER D'AUTOMNE.

Imp. E. Protat à Mâcon.

BOUVIER D'AUTOMNE

(N° 176)

Album de pomologie. Bivort.
Notices pomologiques. DE LIRON D'AIROLES.
Dictionnaire de pomologie. ANDRÉ LEROY.
Catalogue JOHN SCOTT, de Merriott.
BOUVIERS HERBSTBIRNE. *Sichere Führer.* DOCHNAHL.

OBSERVATIONS. — Le Catalogue de Van Mons de 1823 porte à la page 40, n° 817, mention d'une poire Bouvier d'automne, obtenue par lui. M. Bivort annonce que ce ne peut être la même variété que nous avons reçue de lui et dont l'arbre, en 1847, semblait avoir une vingtaine d'années. — L'arbre, d'une vigueur bien contenue sur cognassier, ne peut suffire qu'à de petites formes sur ce sujet. Il se comporte bien en haute tige sur franc et forme une tête à branches érigées, de moyenne dimension, d'une fertilité précoce et bonne. Son fruit, de bonne qualité, a quelques rapports de saveur avec la Crassane.

DESCRIPTION.

Rameaux assez forts, courts et épaissis en massue à leur sommet, obscurément anguleux dans leur contour, un peu flexueux, à entre-nœuds courts, d'un brun un peu verdâtre ; lenticelles blanchâtres, petites, arrondies, nombreuses et un peu apparentes.

Boutons à bois moyens, coniques un peu épais et aigus, à direction bien écartée du rameau, soutenus sur des supports peu saillants dont l'arête médiane se prolonge peu distinctement; écailles d'un marron noirâtre, brillant et bordé de gris argenté.

Pousses d'été d'un vert vif, colorées de rouge et un peu soyeuses à leur sommet.

Feuilles des pousses d'été moyennes, ovales-élargies, s'atténuant un peu brusquement pour se terminer en une pointe longue, large et bien recourbée en dessous, peu repliées sur leur nervure médiane, bordées de dents larges, profondes, inégales entre elles et aiguës, s'abaissant bien sur des pétioles courts, forts et presque horizontaux.

Stipules courtes, fines et bien caduques.

Feuilles stipulaires manquant ordinairement.

Boutons à fruit moyens, conico-ovoïdes, bien renflés et aigus; écailles d'un marron rougeâtre foncé et brillant.

Fleurs . . . . .

Feuilles des productions fruitières souvent moins grandes que celles des pousses d'été, ovales-élargies ou ovales-elliptiques, se terminant un peu brusquement en une pointe courte, très-peu repliées sur leur nervure médiane ou presque planes, bordées de dents très-peu profondes, couchées, peu aiguës et souvent peu appréciables, mal soutenues sur des pétioles de moyenne longueur, très-grêles et souples.

Caractère saillant de l'arbre : teinte générale du feuillage d'un vert herbacé des plus vif et des plus brillant; toutes les feuilles plus ou moins élargies; pétioles des feuilles des pousses d'été remarquablement forts, tandis que ceux des feuilles des productions fruitières sont au contraire bien grêles.

Fruit moyen, turbiné-conique ou turbiné-piriforme et plus ou moins ventru, ordinairement uni dans son contour, atteignant sa plus grande épaisseur au-dessous du milieu de sa hauteur; au-dessus de ce point, s'atténuant assez promptement par une courbe peu convexe ou d'abord convexe, puis à peine concave en une pointe peu longue, un peu épaisse et un peu obtuse à son sommet; au-dessous du même point, s'arrondissant par une courbe bien convexe pour ensuite s'aplatir assez largement autour de la cavité de l'œil.

Peau épaisse, chagrinée, d'abord d'un vert intense semé de points bruns, larges, saillants, nombreux et bien apparents. Une rouille d'un fauve rougeâtre couvre le sommet du fruit et la cavité de l'œil. A la maturité, **octobre**, le vert fondamental passe au jaune citron conservant par places une teinte verdâtre, et sur le côté du soleil, les points plus concentrés donnent à cette partie un ton d'un roux bronzé.

Œil grand, ouvert, placé dans une cavité peu profonde, évasée et ordinairement régulière.

Queue de moyenne longueur, de moyenne force, bien ligneuse, attachée à fleur de la pointe du fruit ou parfois formant exactement sa continuation.

Chair blanchâtre, assez fine, beurrée, fondante, suffisante en eau sucrée, vineuse et parfumée, constituant un fruit de bonne qualité.

SAINT-GERMAIN DE PRINCE

(PRINCE'S SAINT-GERMAIN)

(N° 177)

The Fruits and the fruit-trees of America. DOWNING.
The American fruit Culturist. THOMAS.
Dictionnaire de pomologie. ANDRÉ LEROY.
PRINCE'S GERMAIN. *Handbuch aller bekannten Obstsorten.* BIEDEN-
FELD.
SAINT-GERMAIN PRINCE'S. *Catalogue* JOHN SCOTT, de Merriott.

OBSERVATIONS.—D'après Downing, cette variété a été obtenue par M. William Prince, pépiniériste à Flushing, Long-Island, état de New-York (Etats-Unis). — Sa végétation est presque insuffisante sur cognassier; meilleure sur franc, elle exige certains ménagements pour en obtenir des arbres de forme régulière et de bonne fertilité. Sa taille doit être promptement allongée, sinon, après plusieurs années de contrainte, les signes de la fertilité se montrent seulement vers le sommet des branches de charpente et les petites branches fruitières de la partie inférieure, très-maigres, déjà vieillies avant d'avoir produit, ne laissent plus, sous leur écorce durcie, un accès suffisant à la sève destinée à la formation des boutons à fruit et sont ainsi vouées à une stérilité presque irrémédiable. Son fruit est de bonne qualité, un peu variable suivant le sol et la saison.

DESCRIPTION.

Rameaux grêles, à peine flexueux, à entre-nœuds très-courts, d'un rouge brun foncé et recouvert du côté du soleil d'une pellicule grisâtre; lenticelles grises, extraordinairement petites et presque invisibles.

Boutons à bois petits, coniques, courts, un peu épaissis à leur base, peu aigus, à direction parallèle au rameau, soutenus sur des supports un peu saillants ; écailles d'un marron noirâtre finement bordé de gris argenté.

Pousses d'été teintées de rouge sur presque toute leur longueur et très-peu duveteuses à leur sommet.

Feuilles des pousses d'été moyennes, ovales un peu allongées, s'atténuant lentement pour se terminer régulièrement en une pointe un peu longue, peu repliées sur leur nervure médiane et convexes par leurs bords, bien arquées, bordées de dents larges, un peu profondes et obtuses, se recourbant sur des pétioles courts, grêles et redressés.

Stipules longues, filiformes.

Feuilles stipulaires assez fréquentes.

Boutons à fruit moyens, conico-ovoïdes, aigus ; écailles d'un marron rougeâtre un peu maculé de gris blanchâtre.

Fleurs petites ; pétales ovales-étroits, allongés et bien atténués à leur sommet, écartés entre eux, chiffonnés, peu roses avant l'épanouissement ; divisions du calice de moyenne longueur, étroites, peu aiguës et redressées ; pédicelles courts, peu forts, d'un rouge violacé et peu duveteux.

Feuilles des productions fruitières plus petites, plus étroites, plus repliées sur leur nervure médiane que celles des pousses d'été, se terminant en une pointe plus courte et quelquefois nulle, entières ou presque imperceptiblement dentées par leurs bords, bien soutenues sur des pétioles courts, grêles, roides et divergents.

Caractère saillant de l'arbre : feuilles des sommités des pousses souvent teintées de rouge ; rameaux bien grêles.

Fruit moyen, piriforme-ovoïde, assez régulier dans son contour, atteignant sa plus grande épaisseur bien au-dessous du milieu de sa hauteur ; au-dessus de ce point, s'atténuant par une courbe d'abord convexe, puis très-peu concave en une pointe un peu longue et tronquée à son sommet ; au-dessous du même point, s'arrondissant un peu brusquement pour ensuite s'aplatir, sur une petite étendue, autour de la cavité de l'œil.

Peau un peu épaisse et croquante, d'abord d'un vert décidé semé de points d'un gris noirâtre, très-petits, très-nombreux, serrés et mélangés avec quelques traits fins d'une rouille brune. A la maturité, **novembre**, le vert fondamental passe au jaune citron pâle et le côté du soleil est lavé ou moucheté d'un rouge sanguin, dense et terne.

Œil grand, ouvert, à divisions caduques, placé dans une cavité peu profonde et évasée.

Queue courte, un peu forte, ligneuse, recourbée, attachée dans une dépression parfois sillonnée par ses bords.

Chair blanche, assez fine, grenue, pierreuse vers le cœur, suffisante en eau sucrée, vineuse et plus ou moins parfumée.

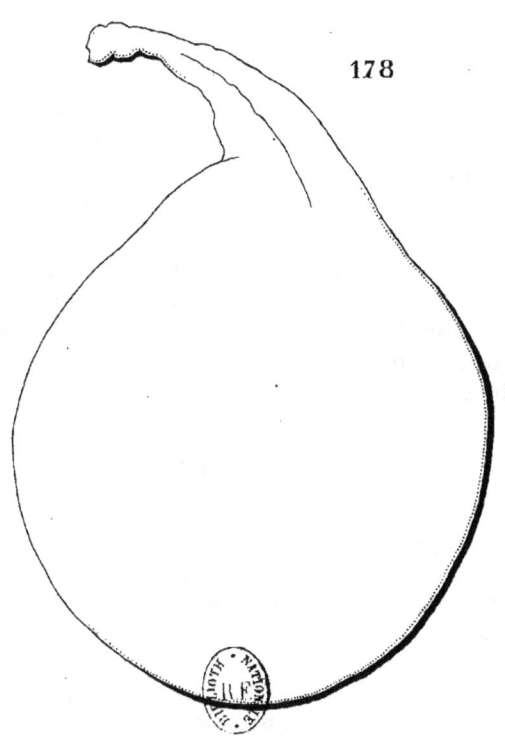

177, ST GERMAIN DE PRINCE.   178, RETOUR DE ROME.

Peingeon, Del.

RETOUR DE ROME

(N° 178)

Album de pomologie. BIVORT.
Notice pomologique. DE LIRON D'AIROLES.
The Fruits and the fruit-trees of America. DOWNING.
RÜCKKEHR VON ROME. *Sichere Führer.* DOCHNAHL.

OBSERVATIONS. — Cette variété est un gain de Van Mons, et dont le premier rapport eut lieu vers 1840. Jahn et M. André Leroy considèrent le nom de Retour de Rome comme synonyme de Nouveau Poiteau et cependant la variété que je décris ici est entièrement différente. — L'arbre, de bonne vigueur sur cognassier, est bien disposé à prendre la forme de vase ou celle de fuseau; ses productions fruitières sortent bien et sont de longue durée. Sa fertilité est précoce, bonne et peu sujette à l'alternat. Son fruit, d'assez bonne qualité, doit être cueilli un peu longtemps d'avance, car il est sujet à blettir.

DESCRIPTION.

Rameaux de moyenne force, un peu anguleux dans leur contour, droits, à entre-nœuds de moyenne longueur, verdâtres; lenticelles blanchâtres, un peu larges, assez nombreuses et apparentes.

Boutons à bois moyens, coniques, courts, épais à leur base et courtement aigus, à direction extraordinairement écartée du rameau, souvent éperonnés, soutenus sur des supports renflés, dont l'arête médiane se prolonge distinctement; écailles d'un marron noirâtre.

Pousses d'été d'un vert d'eau, un peu lavées de rouge rosat à leur sommet, couvertes sur toute leur longueur d'un duvet cotonneux.

Feuilles des pousses d'été moyennes, ovales, s'atténuant brusquement pour se terminer en une pointe étroite, recourbée ou contournée, à peine repliées sur leur nervure médiane et arquées, largement et sensiblement ondulées dans leur contour, irrégulièrement bordées de dents très-larges, un peu profondes, bien obtuses et bien soutenues sur des pétioles longs, forts, bien roides et bien redressés.

Stipules longues, linéaires-lancéolées et dentées.

Feuilles stipulaires très-fréquentes.

Boutons à fruit moyens, coniques, courts, un peu renflés et courtement aigus; écailles d'un marron foncé et peu brillant.

Fleurs assez grandes; pétales en forme de fer de lance, ondulés dans leur contour; pédicelles courts, grêles et cotonneux.

Feuilles des productions fruitières grandes, elliptiques-arrondies, se terminant brusquement en une pointe courte et recourbée, presque planes ou même un peu convexes et irrégulièrement arquées, largement ondulées dans leur contour, presque entières ou très-irrégulièrement bordées de dents peu profondes et obtuses, bien soutenues sur des pétioles longs, forts, roides et redressés.

Caractère saillant de l'arbre : teinte générale du feuillage d'un vert d'eau peu foncé; toutes les feuilles remarquablement ondulées; tous les pétioles longs, forts et roides.

Fruit ovoïde, plus ou moins court et plus ou moins ventru, parfois un peu déformé dans son contour par des côtes épaisses et bien aplanies, atteignant sa plus grande épaisseur peu au-dessous du milieu de sa hauteur; au-dessus de ce point, s'atténuant par une courbe d'abord convexe, puis très-brusquement et largement concave en une pointe maigre et aiguë à son sommet; au-dessous du même point, s'atténuant par une courbe peu convexe pour diminuer assez sensiblement d'épaisseur vers la cavité de l'œil.

Peau peu épaisse et tendre, d'abord d'un vert d'eau semé de points bruns, larges, nombreux et bien apparents, mais souvent cachés sous des taches nombreuses d'une rouille de même couleur qui se dispersent sur toute la surface du fruit et se condensent dans la cavité de l'œil en prenant un ton fauve. A la maturité, **septembre**, le vert fondamental passe au jaune citron peu intense et le côté du soleil se distingue seulement par un ton un peu plus chaud.

Œil très-grand, demi-ouvert, à divisions courtes, dressées, placé dans une dépression peu profonde, évasée et plissée dans ses parois.

Queue assez courte ou un peu longue, un peu forte, charnue et bien souple, formant exactement la continuation de la pointe du fruit.

Chair blanche, fine, beurrée, abondante en eau douce, sucrée et assez agréable.

POIRE FUSEAU

(KLÖPPELBIRNE)

(N° 179)

Versuch einer Systematischen Beschreibung. Diel.
Illustrirtes Handbuch der Obstkunde. Jahn.
Sichere Führer. Dochnahl.

Observations. — Cette variété, d'origine allemande, est d'une rusticité à toute épreuve. — L'arbre grand, vigoureux, très-fertile, s'accommode des sols et des climats les moins favorables. Son fruit, de très-longue et facile conservation, est d'un bon usage pour le ménage, mais si ses rapports de ressemblance lui ont fait donner quelquefois et avec raison le nom d'Orange d'hiver Allemande, il n'atteint pas cependant la qualité de notre Orange d'hiver Française qui, dans plusieurs contrées, est considérée comme poire à couteau.

DESCRIPTION.

Rameaux d'une bonne force et bien soutenue jusqu'à leur sommet, un peu anguleux dans leur contour, droits, à entre-nœuds longs, d'un brun jaunâtre à l'ombre et d'un brun rougeâtre au soleil, longtemps couverts sur toute leur longueur d'une sorte de poussière; lenticelles blanchâtres, très-larges, le plus souvent allongées, assez peu nombreuses et apparentes.

Boutons à bois moyens, courts, épatés, obtus, à direction un peu écartée du rameau, soutenus sur des supports très-peu saillants ou nuls ; écailles entièrement recouvertes d'un duvet gris.

Pousses d'été d'un vert pâle et terne, couvertes d'un duvet très-court, blanchâtre et cotonneux.

Feuilles des pousses d'été ovales-allongées, assez étroites, se terminant en une pointe effilée et aiguë, creusées en gouttière, arquées et souvent contournées, entières par leurs bords garnis d'un duvet blanc, soutenues à peu près horizontalement sur des pétioles très-longs, grêles et non redressés.

Stipules bien longues, filiformes.

Feuilles stipulaires se présentant quelquefois.

Boutons à fruit petits, conico-ovoïdes, bien aigus ; écailles d'un marron rougeâtre, un peu recouvertes d'un duvet farineux.

Fleurs presque petites ; pétales ovales-élargis, peu concaves ou presque plans, blancs avant l'épanouissement ; divisions du calice longues, étroites, finement aiguës et irrégulièrement recourbées en dessous ; pédicelles courts, forts et duveteux.

Feuilles des productions fruitières à peu près de la même grandeur que celles des pousses d'été et cependant un peu plus allongées, repliées sur leur nervure médiane et arquées, recourbées en dessous par leur pointe, entières par leurs bords et soutenues à peu près horizontalement sur des pétioles très-longs, grêles et assez redressés.

Caractère saillant de l'arbre : teinte générale du feuillage d'un vert d'eau foncé ; tous les pétioles bien longs et grêles ; toutes les feuilles entières.

Fruit moyen, presque sphérique, atteignant sa plus grande épaisseur à peu près au milieu de sa hauteur ; au-dessus et au-dessous de ce point, s'arrondissant par des courbes presque de même longueur et presque également convexes, soit du côté de l'œil, soit du côté de la queue, vers laquelle il s'atténue cependant un peu plus.

Peau épaisse, ferme, croquante sous le couteau, pointillée en creux comme celle d'une orange, d'abord d'un vert pâle semé de points gris, larges, nombreux et serrés. On ne remarque ordinairement aucune trace de rouille sur sa surface. A la maturité, **courant et fin d'hiver**, le vert fondamental passe exactement à la couleur orange qui brunit un peu du côté du soleil.

Œil petit, demi-fermé, à divisions fines et fermes, placé dans une cavité étroite, peu profonde et qui le contient à peine.

Queue forte, ligneuse, épaissie à son point d'attache au rameau, insérée bien perpendiculairement dans un pli peu prononcé formé par la pointe du fruit.

Chair blanche, peu fine, ferme, cassante, dont l'eau peu abondante est richement sucrée et vineuse.

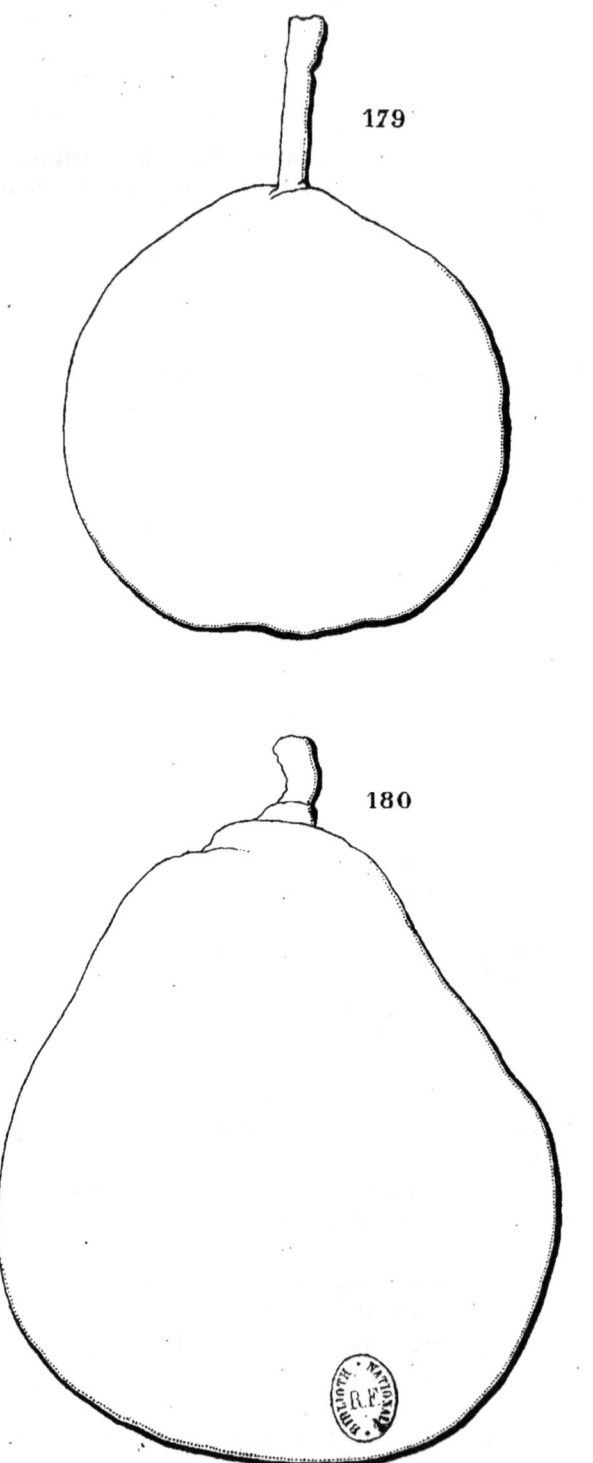

179, POIRE FUSEAU.   180, POIRE D'HIVER DE GRUMKOW.

POIRE D'HIVER DE GRUMKOW

(GRUMKOWER WINTERBIRNE)

(N° 180)

Versuch einer systematischen Beschreibung der Kernobstsorten. Diel.
Systematisches Handbuch der Obstkunde. Dittrich.
GRUMKOWER BUTTERBIRNE. *Illustrirtes Handbuch der Obstkunde.* Jahn.
GRUMKOWER. *A Guide to the Orchard.* Lindley.
The Fruits and the fruit-trees of America. Downing.
DE GRUMKOW. *Jardin fruitier du Muséum.* Decaisne.
Dictionnaire de pomologie. André Leroy.
GRUMKOW. *Catalogue* John Scott, de Merriott.

Observations. — Diel dit que cette variété fut trouvée dans le jardin d'un paysan, à Grumkow, par M. Koberstein, chantre à Rügenwald, Basse-Poméranie. C'est à tort qu'elle a été confondue par MM. Decaisne et André Leroy, avec le Beurré Morisot, comme nous l'avons annoncé à l'article de cette variété, que nous avons depuis trouvée citée dans le Catalogue qui fait suite à l'ouvrage de M. Oberdieck, intitulé : *Anleitung der besten Obstes*, et dont l'auteur était bien à même de distinguer ces deux variétés. — L'arbre est délicat chez moi, sujet à une maladie de l'écorce et ne se comporte bien qu'à l'espalier. Je crois que le franc doit être préféré comme sujet, sans que sa fertilité en soit retardée ou diminuée. Son fruit est de bonne qualité, mais sa maturité n'est pas aussi tardive que le promet son nom.

DESCRIPTION.

Rameaux de moyenne force ou assez peu forts, très-finement anguleux dans leur contour, presque droits, à entre-nœuds courts, d'un vert assez clair; lenticelles blanches, petites, nombreuses et apparentes.

Boutons à bois moyens, coniques, un peu épais et courtement aigus, à direction plus ou moins écartée du rameau, soutenus sur des supports saillants dont l'arête médiane se prolonge très-finement; écailles d'un marron rougeâtre peu foncé et largement bordé de gris blanchâtre.

Pousses d'été d'un vert très-clair et un peu teinté de jaune, non lavées de rouge et duveteuses à leur sommet.

Feuilles des pousses d'été assez petites ou petites, exactement ovales, se terminant peu brusquement en une pointe très-courte et très-fine, régulièrement concaves, bordées de dents peu profondes et bien couchées, soutenues horizontalement sur des pétioles longs, grêles et redressés.

Stipules en alènes courtes et fines.

Feuilles stipulaires peu fréquentes.

Boutons à fruit gros, conico-ovoïdes, un peu allongés et aigus ; écailles extérieures d'un marron clair ; écailles intérieures bien recouvertes d'un duvet fauve.

Fleurs presque moyennes ; pétales obovales, à onglet un peu long, écartés entre eux, lavés de rose avant l'épanouissement ; divisions du calice assez courtes, bien fines, bien aiguës et recourbées en dessous ; pédicelles de moyenne longueur et très-grêles.

Feuilles des productions fruitières à peine moyennes, ovales, souvent un peu élargies vers le pétiole, s'atténuant lentement pour se terminer presque régulièrement en une pointe très-courte et très-aiguë, un peu concaves et sensiblement ondulées dans leur contour, bordées de dents très-peu profondes, bien couchées et obtuses, assez peu soutenues sur des pétioles bien longs, bien grêles et un peu souples.

Caractère saillant de l'arbre : teinte générale du feuillage d'un vert très-clair et bien mat ; feuilles des productions fruitières ondulées d'une manière vraiment caractéristique ; tous les pétioles bien grêles.

Fruit gros ou assez gros, conique-piriforme, souvent irrégulier et presque toujours bosselé dans son contour, atteignant sa plus grande épaisseur au-dessous du milieu de sa hauteur ; au-dessus de ce point, s'atténuant par une courbe d'abord convexe puis largement concave en une pointe plus ou moins longue, plus ou moins épaisse et plus ou moins obtuse à son sommet ; au-dessous du même point, s'atténuant par une courbe largement convexe pour diminuer assez sensiblement d'épaisseur vers la cavité de l'œil.

Peau mince, fine, d'abord d'un vert clair semé de points grisâtres, larges, très-nombreux, serrés et apparents. On remarque des traces d'une rouille fauve et bien fine, soit dans la cavité de l'œil, soit sur le sommet du fruit et parfois sur sa surface. A la maturité, **automne et commencement d'hiver**, le vert fondamental passe au jaune clair conservant une teinte un peu verdâtre et le côté du soleil, sur lequel les points sont plus concentrés et d'un ton plus foncé, est parfois lavé d'un nuage de rouge terreux.

Œil petit, fermé, enfoncé dans une cavité étroite et profonde, divisée dans ses bords par des côtes plus ou moins prononcées qui se prolongent souvent jusque vers le ventre du fruit.

Queue tantôt longue, tantôt courte, droite ou courbée, ligneuse, charnue à son point d'attache au sommet du fruit dont elle semble former la continuation, et sur lequel elle est souvent repoussée obliquement.

Chair blanchâtre, fine, bien fondante, abondante en eau douce, sucrée et délicatement parfumée à la manière de la Bergamotte Silvange.

BEURRÉ FENZL

(N° 181)

Belgique horticole. CHARLES MORREN.
Handbuch aller bekannten Obstsorten. BIEDENFELD.

OBSERVATIONS. — Les explications données sur l'origine de cette variété par M. Charles Morren, dans la *Belgique horticole*, ne permettent pas d'établir qu'elle fut obtenue mais seulement observée pour la première fois par M. Denis Henrard, horticulteur à Sainte-Walburge, près Liége (Belgique). M. Morren, après en avoir reçu la communication, la dédia à M. Fenzl, professeur et directeur du jardin botanique impérial de Vienne (Autriche). — L'arbre est d'une bonne vigueur, aussi bien sur cognassier que sur franc. Il est disposé naturellement à la forme pyramidale et convient au verger par sa rusticité et la disposition de ses fruits à être facilement transportés sans dommage pour leur apparence et leur qualité.

DESCRIPTION.

Rameaux forts, obscurément anguleux dans leur contour, droits, d'un brun jaunâtre ombré de gris; lenticelles blanchâtres, larges, bien allongées, assez peu nombreuses et un peu apparentes.

Boutons à bois très-petits, coniques, un peu aigus, à direction très-peu écartée du rameau, soutenus sur des supports très-peu saillants dont l'arête médiane se prolonge parfois et très-peu distinctement; écailles d'un marron rougeâtre foncé et bordé de gris argenté.

Pousses d'été d'un vert un peu jaune, lavées de rouge sanguin et un peu duveteuses à leur sommet.

Feuilles des pousses d'été assez grandes, ovales-elliptiques, se terminant peu brusquement en une pointe très-courte, très-fine et bien aiguë, bien creusées en gouttière et non arquées, bordées de dents fines et extraordinairement peu profondes, peu appréciables, retombant mollement sur des pétioles longs, forts, un peu duveteux et très-flexibles.

Stipules longues, filiformes, caduques.

Feuilles stipulaires manquant ordinairement.

Boutons à fruit moyens, conico-ovoïdes, courts, peu aigus; écailles d'un marron très-foncé.

Fleurs à peine moyennes; pétales ovales, souvent un peu aigus à leur sommet, peu concaves, à onglet court, se touchant presque entre eux; divisions du calice de moyenne longueur et recourbées en dessous; pédicelles de moyenne longueur, de moyenne force et peu duveteux.

Feuilles des productions fruitières plus petites que celles des pousses d'été, ovales-elliptiques, se terminant peu brusquement en une pointe très-courte et finement aiguë, creusées en gouttière, entières ou presque entières par leurs bords, mal soutenues sur des pétioles un peu longs, de moyenne force et bien souples.

Caractère saillant de l'arbre : teinte générale du feuillage d'un vert gai ; toutes les feuilles presque entières ou imperceptiblement dentées; tous les pétioles bien souples.

Fruit moyen, turbiné-sphérique ou turbiné-piriforme, irrégulier dans sa forme, souvent un peu oblique et un peu déformé dans son contour par des côtes aplanies, atteignant sa plus grande épaisseur, tantôt presque au milieu, tantôt au-dessous du milieu de sa hauteur ; au-dessus de ce point, s'atténuant par une courbe d'abord largement convexe puis à peine concave en une pointe plus ou moins courte, obtuse ou tronquée; au-dessous du même point, s'atténuant par une courbe largement convexe pour diminuer un peu sensiblement d'épaisseur vers la cavité de l'œil.

Peau épaisse, d'abord d'un vert d'eau pâle et mat semé de points d'un gris vert ou entièrement verts, nombreux, assez larges et apparents. Une rouille brune, épaisse, un peu rude au toucher, couvre ordinairement la cavité de l'œil, souvent s'étend largement sur la base du fruit et parfois se disperse en un réseau irrégulier sur sa surface. A la maturité, **novembre**, le vert fondamental passe au jaune citron un peu doré du côté du soleil ou quelquefois, sur les fruits bien exposés, flammé d'un peu de rouge vermillon.

Œil grand, demi-ouvert, à divisions grisâtres et courtes, placé dans une dépression du centre de laquelle rayonnent des plis qui souvent se prolongent en côtes peu prononcées sur la hauteur du fruit.

Queue de moyenne longueur, un peu forte, un peu épaissie à son point d'attache au rameau, attachée presque perpendiculairement dans un pli charnu formé par la pointe du fruit.

Chair blanche, demi-fine, fondante, un peu pierreuse vers le cœur, abondante en eau sucrée, relevée d'un parfum rafraîchissant et agréable, constituant un fruit de première qualité.

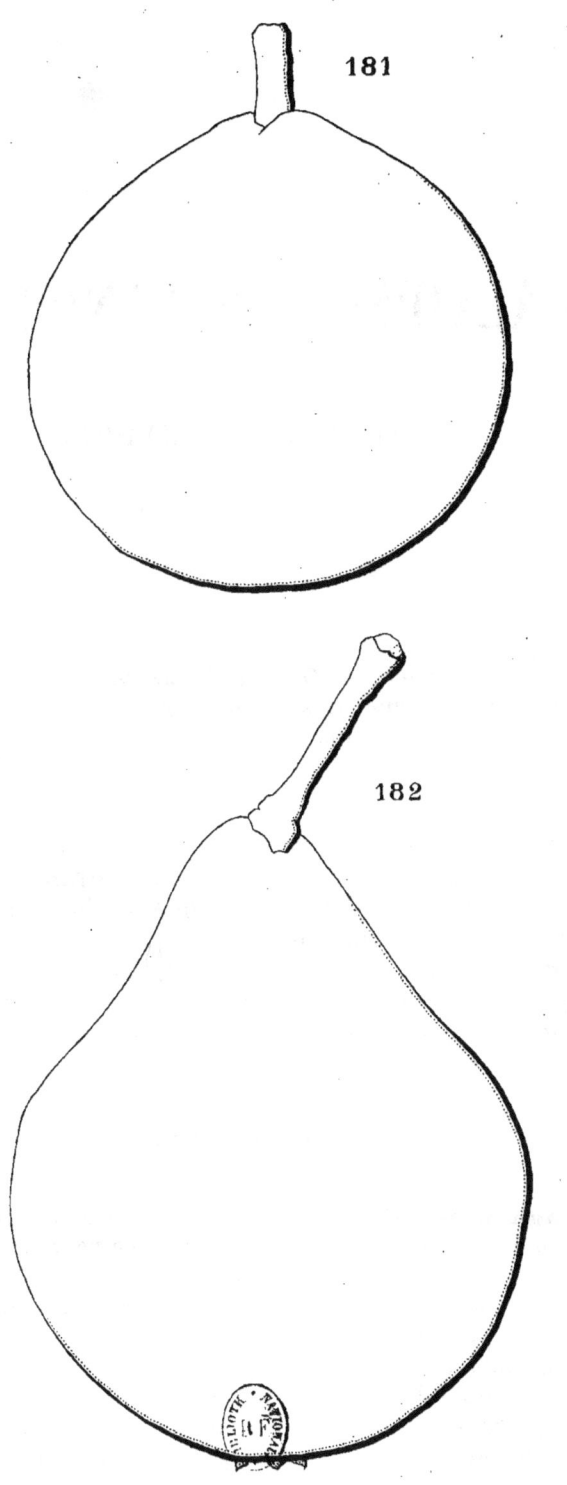

181, BEURRÉ FENZL.   182, MALVOISIE DE LANDSBERG.

Peingeon, Del.

MALVOISIE DE LANDSBERG

(LANDSBERGER MALVASIER)

(N° 182)

Illustrirtes Handbuch der Obstkunde. Jahn.
Beschreibung der neuer Obstsorten. Liegel.
Sichere Führer. Dochnahl.

Observations. — Liegel reçut cette variété, en 1838, du conseiller Burchardt, de Landsberg sur la Wartha, Brandebourg, et qui la désignait comme nouvellement obtenue par lui. Son nom lui aurait-il été donné pour la saveur un peu musquée de son fruit? — L'arbre, d'une vigueur contenue sur cognassier, s'accommode facilement de toutes formes. Sa fertilité est très-précoce et très-grande. Le beau volume et la bonne qualité de son fruit le recommandent à l'attention des amateurs.

DESCRIPTION.

Rameaux de moyenne force, presque unis dans leur contour, flexueux, à entre-nœuds très-inégaux entre eux, d'un jaune verdâtre; lenticelles blanchâtres, petites, un peu saillantes, assez nombreuses et peu apparentes.

Boutons à bois assez gros, coniques, un peu renflés sur le dos et courtement aigus, à direction peu écartée du rameau, soutenus sur des supports saillants dont l'arête médiane se prolonge très-peu distinctement; écailles fauves et bordées de gris de perle.

Pousses d'été d'un vert clair et teintées de jaune, colorées de rouge sanguin et duveteuses sur une assez grande longueur à leur partie supérieure.

Feuilles des pousses d'été moyennes, ovales, bien sensiblement atténuées vers le pétiole, se terminant brusquement en une pointe longue et recourbée en dessous, un peu repliées sur leur nervure médiane et arquées, souvent ondulées dans leur contour, irrégulièrement bordées de dents assez peu profondes, couchées et émoussées, s'abaissant un peu sur des pétioles longs, grêles et un peu souples.

Stipules de moyenne longueur ou assez longues, linéaires plus ou moins étroites.

Feuilles stipulaires se présentant quelquefois.

Boutons à fruit moyens, coniques, un peu allongés et aigus; écailles jaunâtres.

Fleurs.......

Feuilles des productions fruitières plus grandes que celles des pousses d'été, obovales-élargies, se terminant presque régulièrement en une pointe courte et bien recourbée en dessous, peu repliées sur leur nervure médiane et un peu arquées, entières ou presque entières par leurs bords, assez peu soutenues sur des pétioles longs, grêles et flexibles.

Caractère saillant de l'arbre : feuilles des pousses d'été d'un vert clair et jaune ; feuilles des productions fruitières d'un vert d'eau peu foncé et assez brillant; toutes les feuilles plus ou moins sensiblement atténuées vers le pétiole; tous les pétioles longs et souples ; pousses d'été de bonne heure colorées de rouge sur presque toute leur longueur.

Fruit assez gros, piriforme plus ou moins ventru, uni dans son contour mais souvent irrégulier dans sa forme, atteignant sa plus grande épaisseur bien au-dessous du milieu de sa hauteur; au-dessus de ce point, s'atténuant par une courbe d'abord largement convexe puis largement concave, en une pointe longue, maigre, obtuse ou presque aiguë à son sommet; au-dessous du même point, s'atténuant par une courbe largement convexe pour diminuer sensiblement d'épaisseur vers la cavité de l'œil.

Peau un peu ferme, d'abord d'un vert d'eau semé de points gris, très-inégaux entre eux et irrégulièrement espacés, plus apparents sur certaines parties et moins sur d'autres. A la maturité, **octobre**, le vert fondamental s'éclaircit à peine en jaune et le côté du soleil est lavé ou marbré d'un léger rouge rosat. Une rouille d'un gris fauve couvre la cavité de l'œil et parfois le sommet du fruit.

Œil petit, fermé ou presque fermé, placé presque à fleur de la pointe du fruit dans une cavité très-étroite, très-peu profonde, et souvent un peu plissée dans ses parois.

Queue de moyenne longueur, un peu forte, épaissie à son point d'attache au rameau, ligneuse, le plus souvent droite et attachée un peu obliquement à fleur de la pointe du fruit.

Chair blanche, assez fine, beurrée, à peine un peu granuleuse vers le cœur, consistante, suffisante en eau bien sucrée, acidulée, relevée d'une saveur rafraîchissante et un peu musquée.

HEDWIGE D'OSTEN

(HEDWIG VON DER OSTEN)

(N° 183)

Illustrirtes Handbuch der Obstkunde. Jahn.
Catalogue John Scott, de Merriott.

Observations. — Jahn dit que M. Schmidt, de Blumberg, directeur général des forêts et collaborateur du *Illustrirtes Handbuch*, reçut cette variété, sans nom, de Van Mons, sous le numéro 51, et qu'il la dédia à la fille d'un zélé pomologiste de son pays. — L'arbre, d'une végétation trop contenue sur cognassier exige le franc, si l'on veut en obtenir de grandes formes dont il s'accommode facilement, surtout de celle de pyramide. Sa fertilité est précoce et bonne. La saveur de son fruit, de bonne qualité, n'est pas toujours assez relevée dans certains sols, et si la saison ne lui a pas été favorable.

DESCRIPTION.

Rameaux de moyenne force, presque unis dans leur contour, un peu flexueux, à entre-nœuds très-inégaux entre eux, d'un vert jaunâtre; lenticelles d'un blanc jaunâtre, bien allongées, assez nombreuses et peu apparentes.

Boutons à bois moyens, coniques, courts, un peu épais et courtement aigus, à direction peu écartée du rameau, soutenus sur des supports saillants dont l'arête médiane se prolonge très-obscurément; écailles d'un marron jaunâtre.

Pousses d'été d'un vert d'eau, colorées de rouge et un peu duveteuses à leur sommet.

Feuilles des pousses d'été petites, régulièrement ovales, un peu allongées, se terminant presque régulièrement en une pointe un peu longue et recourbée, bien repliées sur leur nervure médiane et arquées, entières par leurs bords, bien soutenues sur des pétioles très-longs, grêles, assez fermes et redressés.

Stipules en alènes de moyenne longueur, finement aiguës et souvent un peu recourbées.

Feuilles stipulaires manquant ordinairement.

Boutons à fruit moyens, coniques un peu allongés et aigus ; écailles d'un marron clair.

Fleurs assez grandes ; pétales ovales bien élargis, bien concaves, à onglet peu long, se recouvrant un peu entre eux ; divisions du calice courtes, larges, un peu recourbées en dessous par leur pointe bien aiguë ; pédicelles de moyenne longueur, de moyenne force et un peu cotonneux.

Feuilles des productions fruitières petites, ovales-élargies, presque cordiformes, se terminant brusquement en une pointe extraordinairement courte, un peu concaves, entières par leurs bords, assez bien soutenues sur des pétioles un peu longs, très-grêles et un peu fermes.

Caractère saillant de l'arbre : teinte générale du feuillage d'un vert d'eau vif et brillant ; toutes les feuilles plus ou moins petites et entières par leurs bords ; tous les pétioles plus ou moins grêles.

Fruit assez petit ou presque moyen, ovoïde-piriforme, parfois à peine déformé dans son contour et du côté de l'œil par des côtes très-aplanies, atteignant sa plus grande épaisseur bien au-dessous du milieu de sa hauteur ; au-dessus de ce point, s'atténuant par une courbe d'abord peu convexe, puis largement concave en une pointe plus ou moins longue, peu épaisse et obtuse à son sommet ; au-dessous du même point, s'arrondissant par une courbe largement convexe jusque dans la cavité de l'œil.

Peau mince, fine, d'abord d'un vert d'eau semé de points bruns, petits, nombreux, apparents sur les parties les mieux éclairées, manquant souvent sur les parties à l'ombre. Une rouille brune, un peu dense, couvre ordinairement le sommet du fruit et la cavité de l'œil, et parfois se disperse sur sa surface. A la maturité, **octobre**, le vert fondamental passe au jaune paille seulement un peu doré du côté soleil.

Œil grand, ouvert, placé presque à fleur de la base du fruit dans une dépression très-peu profonde et souvent obscurément plissée dans ses parois et par ses bords.

Queue assez courte, un peu forte, bien ligneuse, attachée le plus souvent obliquement à fleur de la pointe du fruit.

Chair blanchâtre, fine, bien fondante, abondante en eau sucrée et délicatement parfumée.

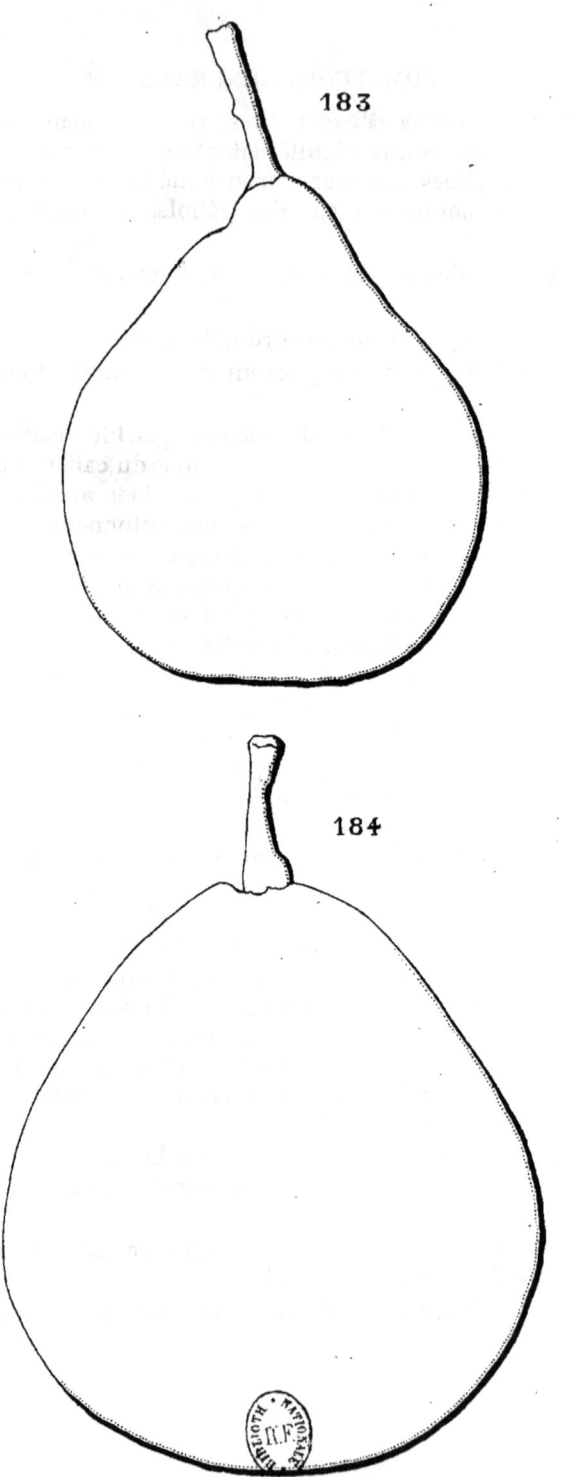

183, HEDWIGE D'OSTEN.   184, POIRE OLIVE.

POIRE OLIVE

(OLIVENBIRNE)

(N° 184)

Versuch einer systematischen Beschreibung der Kernobstsorten. Diel.
Handbuch der Pomologie. Hinkert.
Handbuch aller bekannten Obstsorten. Biedenfeld.
Sichere Führer. Dochnahl.

Observations. — Diel dit qu'il reçut cette variété d'un de ses amis de Worms et qu'elle tient son nom probablement de sa couleur. — L'arbre, de grande vigueur même sur cognassier, ne s'accommode pas facilement des formes régulières. Sa véritable destination est la haute tige dans le verger de campagne. Sa fertilité, assez précoce, est sujette à des alternats complets. Son fruit, propre seulement aux usages du ménage, doit être employé promptement, car il est disposé à blettir bientôt.

DESCRIPTION.

Rameaux assez forts, allongés et fluets à leur partie supérieure, obscurément anguleux dans leur contour, presque droits, à entre-nœuds longs, d'un brun rougeâtre à leur partie inférieure, d'un rouge sanguin peu foncé à leur partie supérieure; lenticelles jaunâtres, peu larges, assez nombreuses et un peu apparentes.

Boutons à bois très-petits, courts, épatés, obtus, à direction un peu écartée du rameau dans lequel ils sont comme encastrés, soutenus sur des supports à peine renflés et dont l'arête médiane se prolonge obscurément; écailles d'un marron noirâtre et terne.

Pousses d'été d'un vert clair et gai, non lavées de rouge et peu duveteuses à leur sommet.

Feuilles des pousses d'été moyennes, un peu obovales, se terminant très-brusquement en une pointe courte et fine, repliées sur leur nervure médiane et à peine arquées, bordées de dents larges, profondes et plus ou moins aiguës, bien soutenues sur des pétioles peu longs, un peu forts, fermes et bien redressés.

Stipules en alènes assez courtes, recourbées et très-caduques.

Feuilles stipulaires manquant ordinairement.

Boutons à fruit assez gros, coniques, courts, obtus ; écailles d'un marron peu foncé et terne.

Fleurs moyennes ; pétales elliptiques-arrondis, concaves, à onglet très-court, se recouvrant un peu entre eux ; divisions du calice très-courtes et peu recourbées en dessous ; pédicelles de moyenne longueur, de moyenne force et duveteux.

Feuilles des productions fruitières bien grandes, ovales-élargies, se terminant peu brusquement en une pointe courte, fine et bien recourbée en dessous, à peine repliées sur leur nervure médiane, bordées de dents assez larges, peu profondes, bien couchées et un peu émoussées, s'abaissant peu sur des pétioles peu longs, extraordinairement forts, raides et redressés.

Caractère saillant de l'arbre : teinte générale du feuillage d'un vert bleu assez intense et un peu brillant ; différence d'ampleur très-remarquable entre les feuilles des pousses d'été et celles des productions fruitières ; tous les pétioles peu longs et forts.

Fruit moyen ou assez gros, turbiné-conique ou turbiné-piriforme, et même piriforme ventru et un peu déformé dans son contour par des côtes aplanies, lorsqu'il atteint sa plus grande dimension, atteignant sa plus grande épaisseur au-dessous du milieu de sa hauteur ; au-dessus de ce point, s'atténuant par une courbe peu convexe ou d'abord convexe puis un peu concave en une pointe plus ou moins longue, plus ou moins épaisse et obtuse à son sommet ; au-dessous du même point, s'arrondissant par une courbe largement convexe pour ensuite s'aplatir un peu autour de la cavité de l'œil.

Peau épaisse, sensiblement chagrinée dans sa surface, d'abord d'un vert olive terne semé de points fauves, nombreux, un peu larges et plus ou moins apparents, se confondant le plus souvent sous un nuage d'une rouille de même couleur. A la maturité, **octobre, novembre,** le vert fondamental passe au jaune mat, la rouille s'éclaire, et sur les fruits bien exposés le côté du soleil est largement recouvert d'un rouge vermillon ou d'un rouge brun sur lequel ressortent peu des points gris ou d'un gris noirâtre.

Œil petit, demi-ouvert ou fermé, placé dans une cavité étroite, un peu profonde, tantôt plus, tantôt moins distinctement plissée dans ses parois et par ses bords ; et ces plis se prolongent parfois d'une manière un peu sensible sur la base du fruit.

Queue courte, peu forte, un peu épaissie à ses deux extrémités, ligneuse et cependant assez flexible, attachée à fleur de la pointe du fruit et parfois dans un pli un peu irrégulier.

Chair blanchâtre, peu fine, demi-beurrée, peu abondante en eau richement sucrée, relevée d'une saveur assez difficile à qualifier.

ROUSSELET BAUD

(N° 185)

Catalogue THIERY, d'Haelen (Limbourg belge).
Catalogue BIVORT. 1851-1852.
Handbuch aller bekannten Obstsorten. BIEDENFELD.

OBSERVATIONS. — Cette variété serait un gain de Van Mons, dédié sans doute à la même personne qui avait servi de patron au Doyenné Baud, mentionné dans son Catalogue de 1823. — L'arbre, de bonne vigueur, aussi bien sur cognassier que sur franc, convient surtout en haute tige. Il forme une tête élevée, fastigiée presque à la manière du Peuplier d'Italie. Sous forme taillée, son rapport se fait attendre trop longtemps. Son fruit résiste bien au vent et, par son agréable saveur de Rousselet, peut être rangé parmi les poires de bonne qualité.

DESCRIPTION.

Rameaux de moyenne force, très-obscurément anguleux dans leur contour, flexueux, à entre-nœuds très-inégaux entre eux, d'un vert un peu jaunâtre ; lenticelles blanches, fines, un peu allongées, assez peu nombreuses et peu apparentes.

Boutons à bois gros, épaissis à leur base, courtement aigus, à direction très-peu écartée du rameau, soutenus sur des supports un peu saillants dont les côtés et l'arête médiane se prolongent très-obscurément ; écailles presque noires et presque entièrement recouvertes de gris argenté.

Pousses d'été d'un vert bien décidé, lavées de rouge clair sur une grande partie de leur étendue et peu duveteuses à leur sommet.

Feuilles des pousses d'été moyennes, ovales-arrondies, se terminant un peu brusquement en une pointe un peu longue, concaves, plutôt relevées par leur pointe qu'arquées, régulièrement bordées de dents larges, un peu profondes et émoussées, bien soutenues sur des pétioles de moyenne longueur, de moyenne force et bien redressés.

Stipules de moyenne longueur, linéaires ou lancéolées, dentées et caduques.

Feuilles stipulaires fréquentes.

Boutons à fruit moyens, conico-ovoïdes, courtement aigus ; écailles d'un marron clair.

Fleurs moyennes ; pétales élargis, obtus ou tronqués à leur sommet, concaves ; divisions du calice de moyenne longueur, finement aiguës, un peu recourbées en dessous ; pédicelles courts et très-grêles.

Feuilles des productions fruitières bien arrondies, se terminant brusquement en une pointe bien courte ou nulle, bien concaves, bien régulièrement bordées de dents fines, peu profondes et un peu aiguës, assez bien soutenues sur des pétioles de moyenne longueur, peu forts et un peu redressés.

Caractère saillant de l'arbre : teinte générale du feuillage d'un vert intense ; toutes les feuilles plus ou moins régulièrement arrondies, sensiblement concaves et bien régulièrement dentées.

Fruit petit ou assez petit, ovoïde, plus ou moins court, plus ou moins ventru, uni dans son contour, atteignant sa plus grande épaisseur peu au-dessous du milieu de sa hauteur ; au-dessus de ce point, s'atténuant plus ou moins promptement par une courbe d'abord peu convexe, puis à peine concave en une pointe plus ou moins courte, un peu épaisse et un peu obtuse à son sommet ; au-dessous du même point, s'atténuant par une courbe largement convexe pour diminuer sensiblement d'épaisseur vers la cavité de l'œil.

Peau un peu épaisse, d'abord d'un vert d'eau mat semé de points bruns, très-petits, très-nombreux, un peu apparents, le plus souvent cachés par une couche d'une rouille de couleur canelle, formant un nuage plus ou moins dense et qui recouvre la plus grande partie de la surface du fruit. A la maturité, **octobre, novembre**, le vert fondamental passe au jaune citron, la rouille s'éclaire et se dore du côté du soleil.

Œil assez grand, ouvert ou demi-ouvert, placé presque à fleur de la base du fruit dans une cavité étroite, très-peu profonde et ordinairement régulière.

Queue courte, peu forte, bien ligneuse, un peu courbée, attachée le plus souvent perpendiculairement à fleur de la pointe du fruit.

Chair d'un blanc jaunâtre, assez fine, tassée, beurrée, fondante, suffiante en eau richement sucrée et parfumée.

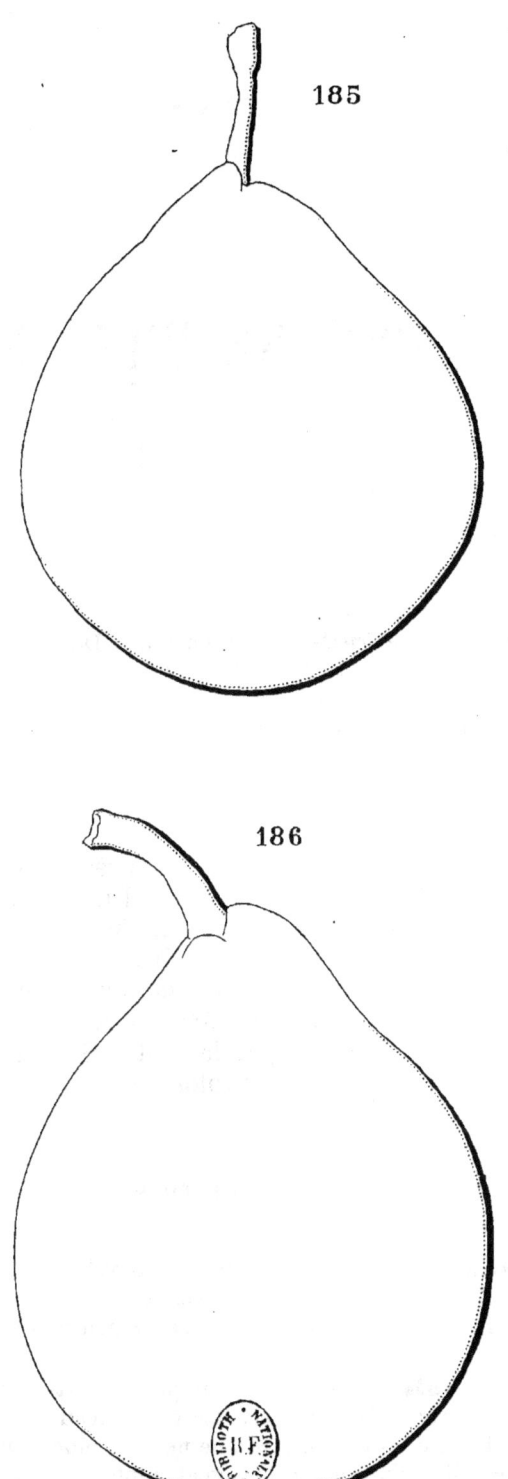

185, ROUSSELET BAUD.   186, BEURRÉ PREBLE.

BEURRÉ PREBLE

(N° 186)

The Fruits and the fruit-trees of America. Downing.
The American fruit Culturist. Thomas.
Dictionnaire de pomologie. André Leroy.
Catalogue John Scott, de Merriott.

Observations. — Cette variété, d'après Downing, aurait été obtenue par Elijah Cooke, de Raymond, Etat du Maine (Etats-Unis), et fut ainsi nommée par le pomologiste Manning, en l'honneur du commodore Edward Preble. — L'arbre, de vigueur normale sur cognassier, s'accommode assez bien de toutes formes et surtout s'il est conduit sur un treillage. Sa fertilité se fait attendre quelque temps pour devenir bonne par la suite. Son fruit est de bonne qualité et de maturation assez prolongée.

DESCRIPTION.

Rameaux assez peu forts, presque unis dans leur contour, peu flexueux, à entre-nœuds assez courts ou de moyenne longueur, d'un brun jaunâtre peu foncé ; lenticelles grisâtres, larges, assez peu nombreuses et peu apparentes.

Boutons à bois assez petits, coniques, courts, épaissis à leur base et courtement aigus, à direction écartée du rameau, soutenus sur des supports peu saillants dont l'arête médiane ne se prolonge pas ou très-peu distinctement ; écailles d'un marron rougeâtre foncé et brillant.

Pousses d'été d'un vert clair et vif, lavées de rouge et peu duveteuses à leur sommet.

Feuilles des pousses d'été assez petites, obovales-allongées, sensiblement atténuées vers le pétiole, se terminant régulièrement en une pointe étroite et aiguë, peu repliées sur leur nervure médiane et un peu arquées, bordées de dents larges, profondes et plus ou moins obtuses, s'abaissant plus ou moins sur des pétioles très-courts, peu forts et recourbés en dessous.

Stipules en alênes de moyenne longueur.

Feuilles stipulaires fréquentes.

Boutons à fruit moyens, coniques un peu renflés et brusquement aigus; écailles d'un marron rougeâtre clair et largement maculées de grisâtre.

Fleurs petites; pétales obovales, irrégulièrement découpés par leurs bords, concaves; divisions du calice de moyenne longueur, étalées et finement aiguës; pédicelles courts, un peu forts et presque glabres.

Feuilles des productions fruitières à peine de même grandeur que celles des pousses d'été, ovales, bien allongées et étroites, se terminant régulièrement en une pointe fine, un peu creusées en gouttière et un peu arquées, s'abaissant sur des pétioles courts, assez grêles, divergents et un peu souples.

Caractère saillant de l'arbre : teinte générale du feuillage d'un vert pré clair et assez brillant; toutes les feuilles allongées et peu larges ou étroites; tous les pétioles courts et souples.

Fruit moyen, conico-ovoïde et épais ou ovoïde très-court, uni dans son contour, atteignant sa plus grande épaisseur au-dessous du milieu de sa hauteur; au-dessus de ce point, s'atténuant par une courbe d'abord largement convexe puis à peine concave en une pointe peu longue, peu épaisse, un peu obtuse ou tronquée à son sommet; au-dessous du même point, s'arrondissant par une courbe largement convexe pour ensuite s'aplatir un peu autour de la cavité de l'œil.

Peau mince, tendre, d'abord d'un vert très-clair semé de points d'un gris verdâtre, petits, nombreux et un peu apparents. Une rouille fauve couvre le sommet du fruit et s'étale en étoile dans la cavité de l'œil. A la maturité, **octobre**, le vert fondamental passe au jaune citron conservant une teinte un peu verdâtre et le côté du soleil se distingue seulement par un ton un peu plus chaud.

Œil assez grand, ouvert, placé dans une dépression peu profonde, bien évasée et ordinairement régulière.

Queue courte, un peu forte, bien ligneuse, un peu courbée, attachée à fleur de la pointe du fruit ou dans un pli peu prononcé.

Chair d'un blanc à peine teinté de vert, bien fine, bien fondante, abondante en eau douce, sucrée et délicatement parfumée.

LÉONTINE VAN EXEM

(N° 187)

Notice pomologique. DE LIRON D'AIROLES.
Catalogue JOHN SCOTT, de Merriott.
LÉONTINE VANOXEM. *Bulletin de la Société Van Mons*. 1862-1866.

OBSERVATIONS. — M. de Liron d'Airoles dit que cette variété fut obtenue par M. Henri Grégoire, de Beaurechain (Belgique), frère de M. Xavier Grégoire, de Jodoigne. M. Du Mortier, dans sa *Pomone Tournaisienne*, la mentionne, probablement par erreur, comme un gain de ce dernier. Son premier rapport eut lieu en 1855. — L'arbre, d'une végétation insuffisante sur cognassier, exige des soins, si l'on veut en obtenir des formes régulières ; et une taille courte est nécessaire pour ménager sa fertilité précoce et grande. Son fruit, dont la saveur est relevée d'un véritable parfum d'amande, se recommande à l'amateur.

DESCRIPTION.

Rameaux peu forts, courts, presque unis dans leur contour, presque droits, à entre-nœuds courts, d'un brun verdâtre ; lenticelles blanchâtres, petites, peu nombreuses et peu apparentes.

Boutons à bois moyens, coniques, très-courts, bien épais, très-courtement aigus, à direction écartée du rameau, soutenus sur des supports peu saillants dont l'arête médiane ne se prolonge pas ou très-obscurément ; écailles d'un marron noirâtre largement bordé de gris argenté.

Pousses d'été d'un vert d'eau, colorées de rouge et duveteuses sur une assez grande étendue à leur partie supérieure.

Feuilles des pousses d'été moyennes, ovales-elliptiques et allongées, se terminant très-brusquement en une pointe très-courte et recourbée en dessous, bien repliées sur leur nervure médiane et bien arquées, bordées de dents profondes, écartées et aiguës, se recourbant sur des pétioles un peu longs, un peu forts et peu redressés.

Stipules longues, linéaires, aiguës.

Feuilles stipulaires assez fréquentes.

Boutons à fruit gros, coniques, assez courts, épais et courtement aigus; écailles d'un marron rougeâtre foncé.

Fleurs petites; pétales elliptiques-arrondis, bien concaves, à onglet un peu long, un peu écartés entre eux; divisions du calice assez courtes et peu recourbées en dessous; pédicelles courts, très-grêles et peu duveteux.

Feuilles des productions fruitières plus grandes et de même forme que celles des pousses d'été, se terminant brusquement en une pointe extraordinairement courte et extraordinairement fine, bien repliées sur leur nervure médiane et bien arquées, bordées de dents larges, un peu profondes et un peu aiguës, irrégulièrement soutenues sur des pétioles assez courts, grêles et bien divergents.

Caractère saillant de l'arbre : teinte générale du feuillage d'un vert bleu intense; feuilles des pousses d'été bordées de dents remarquablement profondes et acérées; toutes les feuilles repliées et arquées d'une manière vraiment caractéristique.

Fruit petit, turbiné ou turbiné-conique, uni dans son contour, atteignant sa plus grande épaisseur peu au-dessous du milieu de sa hauteur; au-dessus de ce point, s'atténuant plus ou moins promptement par une courbe peu convexe ou à peine concave en une pointe courte, maigre et aiguë à son sommet; au-dessous du même point, s'arrondissant par une courbe bien convexe jusque dans la cavité de l'œil.

Peau épaisse, d'abord d'un vert très-clair semé de points d'un vert à peine plus foncé, petits, peu apparents et manquant souvent sur certaines parties. Une rouille bien fine et d'un fauve clair couvre le sommet du fruit et la cavité de l'œil, et se disperse quelquefois en traits très-déliés sur sa surface. A la maturité, **octobre**, le vert fondamental passe au jaune paille et le côté du soleil est doré.

Œil bien grand, bien ouvert, placé dans une cavité étroite et très-peu profonde, bien régulière et qui le contient à peine.

Queue assez courte, un peu forte, ligneuse, un peu courbée, formant exactement la continuation de la pointe du fruit.

Chair blanche, fine, fondante, abondante en eau richement sucrée et parfumée d'une manière vraiment distinguée.

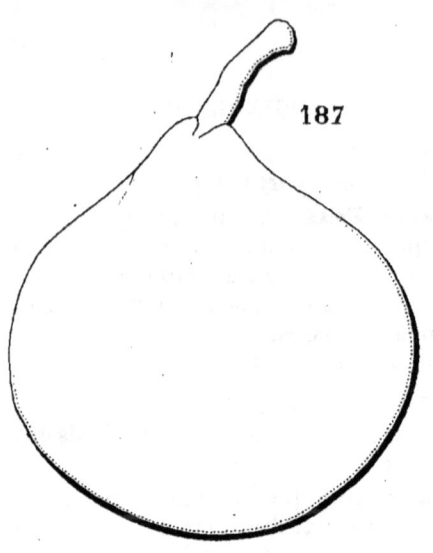
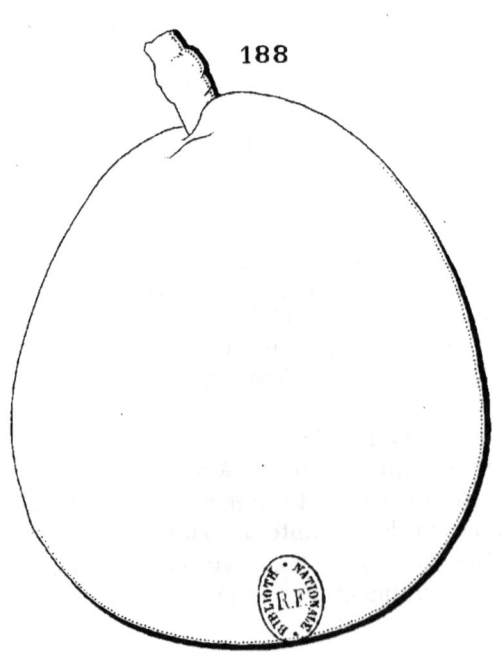

187, LÉONTINE VAN EXEM.   188, DÉLICES EVRARD.

DÉLICES EVRARD

(N° 188)

Pomone Tournaisienne. Du Mortier.
Catalogue John Scott, de Merriott.

Observations. — Cette variété, d'après M. Du Mortier, fut obtenue par M. Gabriel Evrard, en 1840, et couronnée par la Société d'horticulture de Tournay, le 2 octobre 1842. — L'arbre, de végétation contenue sur cognassier, est de vigueur moyenne sur franc et s'accommode bien sur ce sujet de la forme pyramidale qui lui est naturelle. Sa fertilité est seulement moyenne sur l'un et l'autre sujet et se fait attendre à peine un peu plus longtemps sur le franc. Son fruit, d'assez beau volume, est de bonne qualité et de maturation prolongée, s'il a été entre-cueilli à bon point d'achèvement de sa chair.

DESCRIPTION.

Rameaux assez forts, un peu courts et épaissis à leur sommet, unis ou presque unis dans leur contour, droits, à entre-nœuds très-courts, d'un jaune verdâtre; lenticelles blanchâtres, larges, assez peu nombreuses et apparentes.

Boutons à bois moyens, coniques, élargis à leur base, courtement aigus, à direction un peu écartée du rameau, soutenus sur des supports peu saillants dont les côtés ne se prolongent pas ou très-peu distinctement; écailles d'un marron foncé et brillant, maculé de gris argenté.

Pousses d'été d'un vert vif, colorées de rouge et presque glabres à leur sommet.

Feuilles des pousses d'été moyennes, ovales-elliptiques, se terminant brusquement en une pointe courte, large et cependant finement aiguë, concaves et non arquées, bordées de dents fines, peu profondes, couchées et aiguës, bien soutenues sur des pétioles de moyenne longueur, de moyenne force, un peu redressés et un peu raides.

Stipules de moyenne longueur, en forme d'alênes très-finement aiguës.

Feuilles stipulaires manquant ordinairement.

Boutons à fruit moyens, coniques, un peu allongés, peu renflés et courtement aigus; écailles intérieures d'un marron rougeâtre clair; écailles extérieures largement recouvertes de gris argenté.

Fleurs petites; pétales elliptiques-arrondis, concaves, à onglet très-court, se recouvrant entre eux; divisions du calice de moyenne longueur, épaisses et peu recourbées en dessous; pédicelles courts, forts et duveteux.

Feuilles des productions fruitières plus grandes que celles des pousses d'été, ovales ou ovales-elliptiques, se terminant brusquement en une pointe longue, large et cependant finement aiguë, concaves et non arquées, bordées de dents fines, très-peu profondes, couchées, aiguës et parfois peu appréciables, bien soutenues sur des pétioles un peu longs, grêles et cependant un peu raides.

Caractère saillant de l'arbre : teinte générale du feuillage d'un vert herbacé clair et brillant; toutes les feuilles régulièrement concaves ou creusées en gouttière et largement acuminées; pétioles souvent colorés de rose.

Fruit moyen, conique, court et épais, uni dans son contour, atteignant sa plus grande épaisseur bien près de sa base; au-dessus de ce point, s'atténuant par une courbe très-largement convexe en une pointe peu longue, bien épaisse et très-obtuse à son sommet; au-dessous du même point, s'arrondissant par une courbe assez convexe jusque dans la cavité de l'œil.

Peau un peu épaisse, d'abord d'un vert pâle semé de points d'un gris vert, larges et un peu apparents. Une tache de rouille couvre la cavité de l'œil et cette rouille se disperse aussi souvent sur la base du fruit et rarement sur le reste de sa surface. A la maturité, **octobre**, le vert fondamental passe au jaune citron et le côté du soleil, chaudement doré, est aussi souvent lavé d'un peu de rose.

Œil grand, ouvert ou demi-ouvert, placé dans une cavité très-étroite, très-peu profonde, parfois plissée bien finement dans ses parois et le contenant à peine.

Queue très-courte, forte, charnue, attachée un peu obliquement dans un pli irrégulier formé par la pointe du fruit.

Chair blanche, assez fine, beurrée, demi-fondante, abondante en eau douce, sucrée et assez agréablement parfumée.

KING

(N° 189)

The Fruits and the fruit-trees of America. Downing.
KING'S SEEDLING. *The American fruit Culturist.* Thomas.

Observations. — Downing n'indique pas l'origine de cette variété qui est probablement américaine. — L'arbre, de vigueur normale, est disposé naturellement à la forme pyramidale. Sa fertilité se fait un peu attendre et devient très-grande ensuite. Son fruit complète sa qualité par le mérite d'une maturation assez prolongée.

DESCRIPTION.

Rameaux assez forts, presque unis dans leur contour, à peine flexueux, à entre-nœuds courts, verdâtres et ombrés de gris ; lenticelles larges, un peu allongées, grisâtres, un peu saillantes, nombreuses et apparentes.

Boutons à bois petits, coniques, courts et courtement aigus, à direction peu écartée du rameau, soutenus sur des supports un peu renflés dont l'arête médiane se prolonge très-obscurément ; écailles d'un marron peu foncé et terne.

Pousses d'été d'un vert clair, lavées de rouge et peu duveteuses à leur sommet.

Feuilles des pousses d'été moyennes ou petites, ovales, parfois un peu étroites, se terminant régulièrement en une pointe très-courte et très-aiguë, creusées en gouttière et arquées, bordées de dents très-larges, inégales entre elles et obtuses, se recourbant sur des pétioles de moyenne longueur, peu forts et bien redressés.

Stipules longues, linéaires, très-étroites.

Feuilles stipulaires fréquentes.

Boutons à fruit moyens ou assez gros, coniques un peu renflés et aigus; écailles d'un marron rougeâtre clair et peu brillant.

Fleurs . . . . .

Feuilles des productions fruitières moyennes, elliptiques, se terminant un peu brusquement en une pointe courte, large et peu aiguë, à peine repliées sur leur nervure médiane, bordées de dents peu profondes, bien couchées et émoussées, assez bien soutenues sur des pétioles un peu longs, grêles, fermes et redressés.

Caractère saillant de l'arbre : teinte générale du feuillage d'un vert clair et jaune; serrature des feuilles des pousses d'été formée de dents remarquablement larges; tous les pétioles assez grêles et cependant raides.

Fruit moyen, sphérico-conique et souvent déprimé à ses deux pôles, parfois un peu bosselé dans son contour, atteignant sa plus grande épaisseur peu au-dessous du milieu de sa hauteur; au-dessus de ce point, s'atténuant par une courbe peu convexe en une pointe plus ou moins courte, bien épaisse, bien obtuse ou largement tronquée à son sommet; au-dessous du même point, s'arrondissant par une courbe largement convexe jusque dans la cavité de l'œil.

Peau fine et mince, d'abord d'un vert pâle semé de points bruns, largement et régulièrement espacés et apparents. On remarque souvent quelques traces de rouille sur sa surface et toujours une tache d'une rouille fauve dans la cavité de l'œil. A la maturité, **septembre, octobre**, le vert fondamental s'éclaircit à peine et le côté du soleil est couvert d'un ton seulement un peu plus chaud.

Œil moyen, demi-fermé, à divisions fermes, dressées, placé dans une dépression peu profonde, évasée, ordinairement unie dans ses parois et par ses bords.

Queue de moyenne longueur, peu forte, ligneuse, un peu souple, bien épaissie et charnue à son point d'attache à fleur de la pointe du fruit.

Chair blanche, peu fine, fondante, bien abondante en eau douce, sucrée et délicatement parfumée.

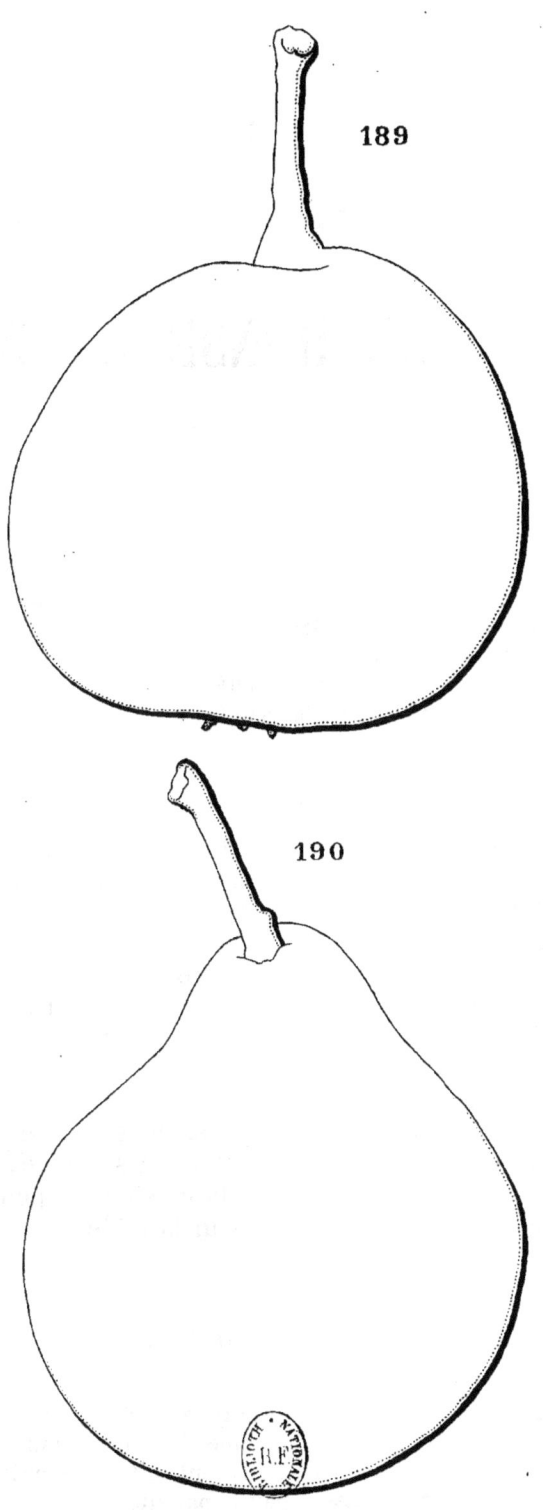

189, KING. 190, ALPHONSE KARR.

Peingeon, Del.

ALPHONSE KARR

(N° 190)

Catalogue Papeleu. 1861-1862.
Bulletin de la Société Van Mons.
Dictionnaire de pomologie. André Leroy.
Catalogue John Scott, de Merriott.

Observations. — M. Papeleu dit qu'il a reçu cette variété de M. Berckmans et comme très-recommandable ; et M. Biedenfeld reproduit dans son *Handbuch* cette indication donnée par le pépiniériste belge et sans y ajouter ni renseignements, ni un seul mot de description. Ce n'est donc pas à dire qu'elle soit depuis longtemps cultivée en Allemagne, comme le conclut de cette citation M. André Leroy. L'ouvrage de M. Biedenfeld est composé en grande partie de compilations et ce n'est pas avec connaissance des variétés que l'auteur les a réunies en si grand nombre dans son cadre.—L'arbre, d'une vigueur contenue sur cognassier, se prête bien aux formes régulières. Sa fertilité est inconstante et son fruit, excellent par sa consistance pour les usages de la cuisine, ne peut être considéré que comme de seconde qualité pour la table.

DESCRIPTION.

Rameaux assez peu forts, anguleux dans leur contour, à peine flexueux, à entre-nœuds de moyenne longueur, jaunâtres du côté de l'ombre et brunis du côté du soleil ; lenticelles blanchâtres, fines, un peu allongées, nombreuses et assez peu apparentes.

Boutons à bois moyens, coniques un peu courts, épais, renflés sur le dos, courtement aigus, à direction parallèle au rameau, soutenus sur des supports saillants dont l'arête médiane se prolonge assez distinctement; écailles presque noires et bordées de gris blanchâtre.

Pousses d'été d'un vert clair et un peu jaune, colorées de rouge et glabres à leur sommet.

Feuilles des pousses d'été moyennes, régulièrement ovales, se terminant un peu brusquement en une pointe courte, un peu concaves, bordées de dents très-peu profondes et un peu aiguës, souvent peu appréciables, s'abaissant un peu sur des pétioles courts, grêles et un peu souples.

Stipules en alênes courtes et très-fines.

Feuilles stipulaires manquant ordinairement.

Boutons à fruit assez petits, coniques, épais, courtement aigus; écailles d'un marron rougeâtre très-foncé.

Fleurs petites; pétales obovales-arrondis ou obovales-elliptiques, peu concaves, à onglet assez court, un peu écartés entre eux; divisions du calice très-courtes et peu recourbées en dessous; pédicelles de moyenne longueur, très-grêles et à peine duveteux.

Feuilles des productions fruitières assez petites, ovales-elliptiques, se terminant un peu brusquement en une pointe très-courte, un peu concaves et à peine arquées, entières ou presque entières par leurs bords, s'abaissant un peu sur des pétioles de moyenne longueur, grêles et peu redressés.

Caractère saillant de l'arbre : teinte générale du feuillage d'un vert tendre et un peu brillant; tous les pétioles grêles.

Fruit moyen, ovoïde-piriforme, ordinairement uni dans son contour, atteignant sa plus grande épaisseur au-dessous du milieu de sa hauteur; au-dessus de ce point, s'atténuant par une courbe d'abord convexe puis plus ou moins concave en une pointe peu longue, un peu épaisse et obtuse à son sommet; au-dessous du même point, s'atténuant par une courbe largement convexe pour diminuer assez sensiblement d'épaisseur vers la cavité de l'œil.

Peau d'abord d'un vert clair et décidé semé de points d'un gris brun, largement espacés, peu apparents, souvent confondus sous un réseau d'une rouille fine qui se répand sur une grande partie de sa surface et forme une tache d'une couleur fauve, soit sur le sommet du fruit, soit dans la cavité de l'œil. A la maturité, **septembre**, **octobre**, le vert fondamental passe au jaune intense, bien chaudement doré du côté du soleil.

Œil moyen, ouvert, placé dans une cavité étroite, peu profonde, régulière, le contenant exactement.

Queue de moyenne longueur, peu forte, ligneuse, attachée le plus souvent obliquement dans un pli plus ou moins prononcé formé par la pointe du fruit.

Chair un peu jaunâtre, demi-fine, demi-cassante, abondante en eau richement sucrée, vineuse, acidulée et bien parfumée.

BESI DE LA PIERRE

(N° 191)

Notice pomologique. DE LIRON D'AIROLES.
Dictionnaire de pomologie. ANDRÉ LEROY.
The Fruits and the fruit-trees of America. DOWNING.
Catalogue JOHN SCOTT, de Merriott.

OBSERVATIONS. — M. de Liron d'Airoles nous apprend que cette variété fut obtenue par M. A. de Lafarge, propriétaire au château de la Pierre, près Salers (Cantal). Son premier rapport eut lieu en 1857. — L'arbre, de bonne vigueur sur cognassier, s'accommode bien de la forme pyramidale qui lui est naturelle. Sa fertilité est précoce et grande, et son fruit est presque de première qualité.

DESCRIPTION.

Rameaux forts, allongés, presque unis ou très-obscurément anguleux dans leur contour, presque droits, à entre-nœuds assez courts, d'un rouge vineux intense; lenticelles blanchâtres, un peu larges, peu nombreuses et apparentes.
Boutons à bois très-petits, très-courts, un peu épais et obtus, à direction peu écartée du rameau, soutenus sur des supports très-peu saillants dont l'arête médiane se prolonge très-obscurément; écailles d'un marron noirâtre bordé de gris argenté.
Pousses d'été d'un vert intense et vif, lavées de rouge sanguin et soyeuses à leur sommet.

Feuilles des pousses d'été moyennes ou assez petites, ovales-elliptiques, se terminant régulièrement en une pointe bien recourbée en hameçon, largement repliées sur leur nervure médiane et parfois un peu convexes par leurs côtés, bien arquées, bordées de dents larges, un peu profondes et bien obtuses ou plutôt paraissant largement crénelées, bien soutenues sur des pétioles courts, grêles, raides et bien redressés.

Stipules longues, filiformes.

Feuilles stipulaires assez fréquentes.

Boutons à fruit assez gros, conico-ovoïdes, allongés et aigus; écailles d'un marron rougeâtre foncé.

Fleurs petites; pétales ovales-elliptiques, peu concaves, à onglet court, un peu écartés entre eux; divisions du calice un peu longues, étroites et peu recourbées en dessous; pédicelles assez courts, grêles et peu duveteux.

Feuilles des productions fruitières à peine moyennes, régulièrement ovales, souvent obtuses à leur extrémité, largement creusées en gouttière, bordées de dents bien profondes, un peu couchées et aiguës, assez peu soutenues sur des pétioles courts, grêles et flexibles.

Caractère saillant de l'arbre : teinte générale du feuillage d'un vert bleu peu foncé, bien brillant sur les jeunes feuilles et mat sur les feuilles adultes; toutes les feuilles largement et profondément dentées ou crénelées; tous les pétioles courts et assez grêles.

Fruit moyen ou presque moyen, ovoïde, épais, bien uni dans son contour, atteignant sa plus grande épaisseur bien au-dessous du milieu de sa hauteur; au-dessus de ce point, s'atténuant par une courbe peu convexe en une pointe assez courte, bien épaisse ou un peu tronquée à son sommet; au-dessous du même point, s'arrondissant par une courbe largement convexe pour diminuer assez sensiblement d'épaisseur vers la cavité de l'œil.

Peau fine, mince, unie, devenant onctueuse et odorante à la maturité, d'abord d'un vert clair semé de points d'un vert plus foncé, larges, nombreux et apparents. Une rouille fauve forme une petite tache sur le sommet du fruit mais non dans la cavité de l'œil. A la maturité, **octobre**, le vert fondamental passe au jaune citron brillant et le côté du soleil est lavé ou ponctué de rouge.

Œil assez petit, ouvert ou demi-ouvert, placé dans une cavité très-peu profonde, un peu évasée et unie dans ses parois et par ses bords.

Queue assez courte, peu forte, ordinairement courbée, attachée dans un pli peu prononcé formé par la pointe du fruit.

Chair blanche, assez fine, bien fondante, abondante en eau sucrée, finement acidulée, relevée d'une saveur rafraîchissante.

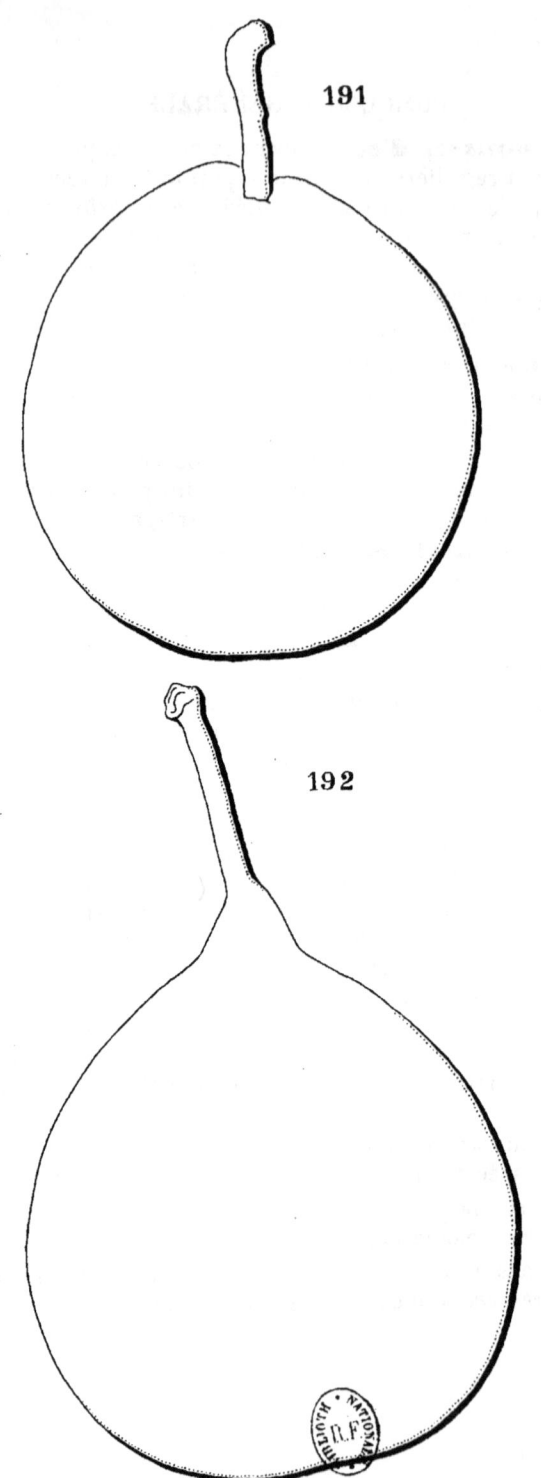

191, BESI DE LA PIERRE. 192, BEURRÉ DE NESSELRODE.

Imp. E. Protat à Mâcon.

BEURRÉ DE NESSELRODE

(N° 192)

Revue horticole. 1866. Mentionné page 423.
Catalogue Simon-Louis, de Metz.

Observations. — Cette variété est originaire de Crimée et je n'en ai encore trouvé la description nulle part. — L'arbre, de vigueur normale sur cognassier, s'accommode facilement de toutes formes. Sa fertilité est précoce et bonne, et son fruit, relevé d'une saveur distinguée, est de bonne qualité.

DESCRIPTION.

Rameaux de moyenne force, un peu anguleux dans leur contour, un peu flexueux, à entre-nœuds courts, jaunâtres du côté de l'ombre, un peu teintés de rouge du côté du soleil; lenticelles blanches, très-petites, nombreuses et un peu apparentes.

Boutons à bois petits, coniques, aigus, à direction parallèle au rameau, soutenus sur des supports saillants dont l'arête médiane se prolonge assez distinctement; écailles d'un marron clair, jaunâtre et finement bordé de blanc argenté.

Pousses d'été d'un vert jaune, colorées de rouge vif et très-peu duveteuses à leur sommet.

Feuilles des pousses d'été petites, ovales-arrondies et se terminant promptement en une pointe courte et bien fine à son extrémité, un peu concaves plutôt que repliées sur leur nervure médiane, très-peu arquées, bordées de dents très-fines, très-peu profondes, à peine appréciables, soutenues à peu près horizontalement sur des pétioles de moyenne longueur, grêles et redressés.

Stipules courtes, filiformes, bien caduques.

Feuilles stipulaires assez fréquentes.

Boutons à fruit petits, coniques, courtement aigus; écailles d'un marron rougeâtre peu foncé et finement bordé de blanc argenté.

Fleurs petites; pétales ovales un peu élargis, bien concaves, striés de rose vif avant et après l'épanouissement; divisions du calice courtes et un peu recourbées en dessous; pédicelles courts, grêles et un peu laineux.

Feuilles des productions fruitières plus grandes que celles des pousses d'été, ovales-élargies, se terminant peu brusquement en une pointe courte, peu repliées sur leur nervure médiane et arquées, bordées de dents très-fines, très-peu profondes, à peine apppéciables, se recourbant un peu sur des pétioles de moyenne longueur, grêles, raides et divergents.

Caractère saillant de l'arbre : teinte générale du feuillage d'un vert clair; les plus jeunes feuilles bien colorées de rouge; toutes les feuilles dentées d'une manière à peine appréciable.

Fruit moyen, sphérico-ovoïde, plus ou moins largement déprimé du côté de l'œil, uni dans son contour, atteignant sa plus grande épaisseur au-dessous du milieu de sa hauteur; au-dessus de ce point, s'atténuant par une courbe largement convexe pour ensuite se terminer très-brusquement par une courbe concave en une très-petite pointe aiguë; au-dessous du même point, s'arrondissant par une courbe plus convexe pour ensuite s'aplatir un peu autour de la cavité de l'œil.

Peau fine, mince, d'abord d'un vert clair semé de points d'un brun clair, un peu larges, arrondis, saillants, nombreux et serrés. On remarque ordinairement sur la surface du fruit de larges taches d'une rouille de couleur fauve, un peu transparente et qui se condense, soit sur son sommet, soit dans la cavité de l'œil. A la maturité, **octobre**, le vert fondamental passe au jaune pâle, conservant souvent un ton encore un peu verdâtre et le côté du soleil est seulement un peu doré.

Œil moyen, ouvert, à divisions longues, fines, fermes, grisâtres, appliquées aux parois d'une cavité profonde, étroite dans son fond, un peu évasée par ses bords parfois un peu ondulés.

Queue assez longue, peu forte, un peu souple, d'un brun verdâtre, formant obliquement la continuation de la pointe charnue qui termine le fruit.

Chair bien blanche, fine, beurrée, fondante, abondante en eau bien sucrée, agréable et dont le parfum est difficile à qualifier.

TABLE ALPHABÉTIQUE

DU

TOME III. — POIRES

(Les numéros d'ordre des descriptions et des planches sont indiqués à la suite de chaque fruit. Les synonymes sont en caractères italiques.

	Numéros d'ordre
Adèle Lancelot	144
Alphonse Karr	190
André Desportes	122
Angélique Leclerc	100
Aqueuse d'Esclavonie	128
Aromatique de Loire, Loire-de-Mons	151
Beauvalot	97
Belle et Bonne	140
Belle de Guasco	125
Belle de Lorient	148
Belle de septembre, Grosse de Septembre	142
Beguinen Birne, Beurré Béguines, Beurré des Béguines	163
Béquêne musqué, Béquesne	139
Béquesne	139
Beurré Christ	168
— délicat	105
— de Nesselrode	192
— des Béguines	163
— Fenzl	181
— Hamecher	146
— Léon Rey	103
— Loisel	104
— Luizet	130
— Preble	186
Bergamotte de Mars	158
Bergamotte de Millepieds	150
— Laffay	175
— Lesèble	120
— *Picot*, Picquot	162
— Picquot	162
— Poiteau	107
— Reinette	143
— Thuerlinckx	171
Besi de la Pierre	191
Bon chrétien du Rhin d'automne	166
Bon parent	155
Bouvier d'automne	176
Bouvier's herbstbirne, Bouvier d'automne	176
Chat-brûlé	127
Christ's Schmalzbirne, Beurré Christ	168
Citron d'hiver, Orange d'hiver	138
Compot Birne, Saint-Père	124
Comte de Paris	106
De Chasseur	141
De Grumkow, Poire d'hiver de Grumkow	180
Délices Evrard	188
De Saint-Père, Saint-Père	124
Des Chasseurs, De Chasseur	141
De Tonneau rouge	153
Docteur Trousseau	137

Tome III. — Poires.

TABLE ALPHABÉTIQUE

	Numéros d'ordre
D'Œuf	109
Dorsoris	119
Doyenné Sentelet	165
Eifersuchtige, Jalousie	132
Emile d'Heyst	134
Emile Heyst, Emile d'Heyst	134
Emile Minot	145
Eugène des Nouhes	129
Fondante des Célestines	169
Fondante de Moulins-Lille	174
Foote's Seckel, Seckel de Foote	117
Forme de Curtet	101
Gelbe sommer Rousselet, Rousselet jaune d'été	108
Général de Lourmel	112
Général Duvivier	114
Général von Lourmel, Général de Lourmel	112
Gérardine	156
Gilain J. J.	113
Gœmans gelbe sommerbirne, Passe-Gœmans	152
Graf von Paris, Comte de Paris	106
Grise d'été, D'Œuf	109
Grosse Angleterre de Noisette	170
Grosse poire d'amande, Grosse Angleterre de Noisette	170
Grosse de Septembre	142
Grosse septemberbirne, Grosse de Septembre	142
Gros Romain	164
Grumkow, Grumkower, Grumkower Butterbirne, Grumkower Winterbirne, Poire d'hiver de Grumkow	180
Grüne Pfundbirne, Poire Livre verte	102
Gute Gewürzbirne, Bon parent	155
Hedwige d'Osten	183
Hedwig von der Osten, Hedwige d'Osten	183
Hamechers Gewürzbirne, Beurré Hamecher	146
Héricart de Thury	154
Heyst's Zapfenbirne, Emile d'Heyst	134
Infortunée	131
Jägerbirne, De Chasseur	141
Jalousie	132
Joseph Staquet	147
Judenbirne, La Juive	136
King	189
King's Seedling, King	189
Kleiner Katzenkopf, Petit Catillac	98
Klöppelbirne, Poire Fuseau	179
Las Canas, Bon parent	155
La Cité Gomand	149
La Juive	136
Landsberger Malvasier, Malvoisie de Landsberg	182
Léontine Van Exem	187
Léontine Vanoxem, Léontine Van Exem	187
Léon Rey, Beurré Léon Rey	103
Loire-de-Mons	151
Loires Gewürzbirne, Loire-de-Mons	151
Loriol de Barny	118
Madame Delmotte	133
Malvoisie de Landsberg	182
March Bergamot, Bergamotte de Mars	158
Marmion	111
Ménagère sucrée de Van Mons	160
Mungo-Park	99
Muscadine	135
Noisettes grosse englishe Butterbirne, Grosse Angleterre de Noisette	170

TABLE ALPHABÉTIQUE

	Numéros d'ordre
Œuf, D'Œuf	109
Olivenbirne, Poire Olive	184
Orange d'hiver	138
Pain-et-vin	123
Passe-Gœmans	152
Plascart	115
Pensilvania	157
Petit Catillac	98
Picquot's Bergamotte, Bergamotte Picquot	162
Poire d'Amande, Grosse Angleterre de Noisette	170
Poire de Chenevin, Pain-et-vin	123
Poire d'hiver de Grumkow	180
Poire Fuseau	179
Poire Livre verte	102
Poire Olive	184
Poire Poiteau des Français, Bergamotte Poiteau	107
Prince's Germain, St-Germain de Prince	177
Reading	126
Retour de Rome	178
Rheinischer herbstapothekerbirne, Bon chrétien du Rhin d'automne	166
Rothe Confesselsbirne, De Tonneau rouge	153
Rousselet Baud	185
Rousselet jaune d'été	108
Rousselet musqué d'été, Rousselet jaune d'été	108
Rückkehr von Rome, Retour de Rome	178
Sacandaga	159
Saint-Germain de Prince	177
Saimpair, Saint-Père	124
Saint-Germain Prince's, St-Germain de Prince	177
Saint-Père	124
Schnabelbirne, Béquesne	139
Seckel de Foote	117
Sénateur Mosselman	173
Senator Mosselman, Sénateur Mosselman	173
Sentelet's Butterbirne, Sentelet's Dechantsbirne, Doyenné Sentelet	165
Slavonische Wasserbirne, Aqueuse d'Esclavonie	128
Sommer Eierbirne, D'Œuf	109
Souvenir Favre	167
Souvenir d'Esperen de Berckmans	172
Stone	116
Suzanne	161
Thury's Schmalzbirne, Héricart de Thury	154
Trousseau's Butterbirne, Docteur Trousseau	137
Unglucksbirne, Infortunée	131
Van Deventer	121
Van Mons süsse hausaltsbirne, Ménagère sucrée de Van Mons	160
Verbrannte Birne, Verbrannte Katze, Chat-brûlé	127
Wilkinson	110
Winter Orange, Winter Pomeranze, Winter Pomeranzenbirne, Orange d'hiver	138

EN VENTE A LA LIBRAIRIE G. MASSON
120, BOULEVARD St-GERMAIN, A PARIS

OUVRAGES DU MÊME AUTEUR:

POMOLOGIE GÉNÉRALE

Suite du VERGER

Par Alphonse MAS

Paraissant dans le même format que le VERGER, avec planches noires.

En vente: Tome I. Poires, 96 fruits............... 12 francs.
          Tome II. Prunes, 96 fruits............... 12 francs.
En souscription à 8 francs le volume :
    Tomes III, IV, V et VI, Poires............ 384 fruits.
    Tomes VII et VIII. Pommes................ 192 fruits.
    Tome IX. Prunes et Cerises................ 96 fruits.

LE VERGER

HISTOIRE, CULTURE & DESCRIPTION

AVEC PLANCHES COLORIÉES

Des variétés de Fruits les plus généralement connues

Par A. MAS

8 volumes grand in-8° jésus

Volume   I. *Poires d'hiver* .... 88 fruits.
          II. *Poires d'été* .... 120 —
         III. *Poires d'automne*................ 176 —
  IV et V. *Pommes tardives et Pommes précoces*.... 120 —
         VI. *Prunes* .... 80 —
        VII. *Pêches*......................... 120 —
      VIII. *Cerises et Abricots*............... 88 —

Prix des 8 volumes cartonnés : 200 francs.

LE VIGNOBLE

HISTOIRE, CULTURE & DESCRIPTION

AVEC PLANCHES COLORIÉES

DES VIGNES A RAISINS DE TABLE ET A RAISINS DE CUVE

LES PLUS GÉNÉRALEMENT CONNUES

Par MM. MAS & PULLIAT

CINQUIÈME ANNÉE

Le **Vignoble** publie douze livraisons par année, grand in-8° jésus. Chaque livraison contient quatre aquarelles de Raisins dessinés d'après nature, avec texte descriptif. La durée de la publication sera de six ans, à partir du 1er janvier 1874.

L'abonnement part du 1er janvier et les livraisons paraissent le 15 du mois

Paris et les Départements, UN AN : 30 FRANCS

Les pays de l'Union postale, 32 francs. — Les autres pays, le port en sus.

www.ingramcontent.com/pod-product-compliance
Lightning Source LLC
Chambersburg PA
CBHW071523160426
43196CB00010B/1633